U0268344

ChatGPT与
人工智能的应用

黄绍忠 陈书熠 宋莉莉 刘舟文 ● 著

The Application of
ChatGPT and Artificial Intelligence

经济管理出版社
ECONOMY & MANAGEMENT PUBLISHING HOUSE

图书在版编目（CIP）数据

ChatGPT 与人工智能的应用 / 黄绍忠等著. -- 北京：
经济管理出版社，2024. -- ISBN 978-7-5096-9821-1

Ⅰ. TP18

中国国家版本馆 CIP 数据核字第 202471HC99 号

组稿编辑：魏晨红
责任编辑：魏晨红
责任印制：黄章平

出版发行：经济管理出版社
　　　　　（北京市海淀区北蜂窝 8 号中雅大厦 A 座 11 层　100038）
网　　址：www. E-mp. com. cn
电　　话：（010）51915602
印　　刷：北京市海淀区唐家岭福利印刷厂
经　　销：新华书店
开　　本：720mm×1000mm/16
印　　张：21
字　　数：314 千字
版　　次：2024 年 7 月第 1 版　　2024 年 7 月第 1 次印刷
书　　号：ISBN 978-7-5096-9821-1
定　　价：68. 00 元

前　言

在数字时代下，本书是对未来的深刻思考，展现了对科技与人类未来共同演进的热切期许。这是一场与未知深度对话的尝试，一次对数字未来的激情探索。在数字时代下，技术不再仅仅是一种工具，而是我们思考、创造和塑造世界的伙伴。正是在这样的背景下，本书深入研究了以互联网思维 4.0、人工智能、ChatGPT、元宇宙以及万物互联为基础的各个方面，试图深刻理解这场数字变革的核心。

本书呈现的是对人工智能无限可能性的探求，互联网思维 4.0 是我们对世界新一轮的理解，是对未知的渴望，更是一场关于思维方式的变革。本书将努力捕捉这个时代的脉搏，试图将未来的可能性呈现在读者面前。

ChatGPT，这个与人类对话的智能伙伴是本书中的一颗璀璨之星。本书将引领读者深入探究 ChatGPT 的奥秘，探讨它如何在人机交互中扮演重要的角色。通过阅读本书，读者能够深入了解 ChatGPT 的前世今生及技术原理，并且共同融入对未来应用场景的展望。ChatGPT 的发展不仅是技术的进步，也是对人机关系、智能交互的重新定义。大数据如同 ChatGPT 的灵魂之源，为智能赋能提供源源不断的能量，从而带领读者深入了解大数据在数字时代下的价值体现。在本书中，大数据仿佛被置于聚光灯下，它的基本概念、4V 特征及其在不同领域的应用清晰可见。

人工智能作为发展新引擎，正以汹涌的姿态蓬勃发展，呈现着千行百业的融合，为未来打开了更加广阔的前景。为了更好地理解这个新引擎，本书力图为读者呈现人工智能赋能企业升级的全貌，从颠覆性思维到创新逻辑，再到商业重构和发展战略。同时，本书还将深入人工智能融合领域，探讨其如何与多行业、多领域交相辉映，引领未来数字经济的走向。

元宇宙仿佛数字时代的"仙境"，是我们对未知的美好畅想。本书将与读者一同探寻元宇宙的神秘，思考元宇宙将如何改变大众的社交娱乐、教育、文旅等。通过对元宇宙经济和商业模式进行深入思考，展望其给我们未来的生活方式和经济体系带来的冲击。

物联网让万物互联成为现实。本书将与读者一同深入挖掘物联网的本质，了解它将如何改变工业制造与生活方式。物联网作为连接一切的纽带，是对科技与生活深度融合的见证，它不仅是物与物的连接，也是我们与智能化未来的纽带。本书将从独特的视角拉开帷幕，开始一场探索数字世界的奇妙之旅。

本书并不是关于技术的描述，而是对 ChatGPT 未来的一次真挚的探索。本书的撰写过程，是一场对未知世界的勇敢追求，是一次对科技发展的思考，更是对未来世界的一次憧憬。在数字时代下，我们共同面临许多挑战，同时也有机会创造更加璀璨的未来。希望本书能够激发读者对未知的好奇心，同时，愿本书成为读者对互联网思维 4.0、ChatGPT、人工智能、元宇宙和物联网的全新认识的起点。

目 录
CONTENTS

第一章
时代的现状与发展

数字革命推动着我们探索时代的蓝海，而互联网思维的转变是探索这个时代的关键。为了顺应万物互联时代，展现数字之美，必须积极融入智能革命的浪潮，这是一个充满机遇和挑战的时代，我们需要紧密结合这些主题，以确保未来在数字时代中蓬勃发展。

学习要点

☆万物智联的场景

☆互联网思维的地位

☆决策数字化的方向

开篇案例

蓝思科技：高端智造标杆

一、企业介绍

蓝思科技股份有限公司（以下简称"蓝思科技"）作为一家高科技制造企业，以互联网思维驱动，在全球智能设备视窗、外观保护，以及结构件与电子功能件行业拥有卓越地位。蓝思科技率先将精密玻璃技术融入手机防护屏，并提供综合的解决方案，包括设计、生产和服务，充分体现互联网思维。蓝思科技还建立了一体化的垂直整合平台，涵盖互联网研发和生产能力，以满足用户需求，提供智能的、全面的解决方案。

二、业务领域硬实力

目前，我国的制造业正经历着重大变革，以实现更高质量的发展。这一变革包括经济结构的优化和朝着智能制造的方向迅速发展，这不仅是国家战略的要求，也是我国经济发展的趋势。近年来，蓝思科技积极推动产业技术的升级并进行产品结构的调整，成功实现了从传统制造向智能制造的转型升级。

1. 从"机器换人"到人机协同智能生产

蓝思科技以智能制造、人工智能、大数据与工业的全面系统集成为核心，通过自我感知、自我分析判断、自我决策和人机协同的一体化先进控制，优化技术，致力聚焦效率提升、品质改善和成本管理变革，助力构建数字化与透明化的智能制造新体系，迈向智能化高速发展，创造工业4.0的新巅峰。

面对产能规模扩大和产品不断迭代的挑战，蓝思科技着眼未来，深谋远虑，将设备的更新换代列为企业发展战略的重中之重。明确了从设备原始设计出发的首要任务，即将生产部门的需求与"标准化、模块化、通用化"的设计标准相结合，这一创新性的设计理念确保了生产的设备具有可持续的技术升级和回收再利用的潜力。

通过将物理设备与互联网思维相融合，蓝思科技实现了智能设备的远程监控和数据采集。这不仅使设备的运行状况实时可见，也为自身提供了大数据分析的基础，从而更好地优化生产过程和做出决策。数字转型还使设备之间实现互联互通，形成"万物互联"的生态系统，为协同生产和智能制造创造更广阔的空间。

蓝思科技的自制工装夹具、模具和辅材也凸显了产业配套的巨大优势。自制这些关键部件不但降低了成本，而且加强了对生产过程的控制。这种垂直整合的模式，使蓝思科技能够更加灵活地适应产品的变化和新技术的引入，从而保持竞争优势。

蓝思科技不仅是生产设备的制造商，也是智能制造的倡导者和实践者。通过采用自我感知、自我分析判断和自我决策的技术，蓝思科技为生产过程带来了更高的自动化和智能化水平，提高了生产效率和品质管理的水平。全方位系统集成的方法，使蓝思科技能够更好地应对市场的需求和竞争的挑战，加速向智能制造转型。

蓝思科技通过将数字化转型、物联网思维和产业配套优势相结合，为蓝思科技带来了更高的效率、更好的品质和更低的成本，从而为构建数字化、透明化的智能制造新体系铺平了道路。

2. 蓝思云：数字化转型的新动能

自2015年开始，蓝思科技积极投入工业互联网领域，深刻认识到信息化和工业化相辅相成的趋势。在工业升级的浪潮中，新技术的催化作用愈加显著，蓝思科技因此审视了自身所处的行业，以及核心业务中涉及的各类问题，并迅速做出积极响应，构建新的业务流程和组织结构。

多年来，蓝思科技在微服务、工业大数据、工业互联网、人工智能等领域不遗余力地进行自主研发，其崭露头角的成果就是蓝思工业互联网云平台。这一平台的建设并非孤立之举，而是为了打造一套覆盖全价值链，无缝衔接的生产、运营和服务体系，其目标在于实现降低成本和提高效益，为企业的全面发展提供强有力的支持。

在这一过程中，蓝思科技始终秉持着平台思维，深刻理解工业互联网的核心理念。平台思维强调以平台为核心，构建生态系统，促进各方合作，实现共赢。正因为有了平台思维，蓝思科技才在工业互联网领域取得了如此显著的成就。蓝思工业互联网云平台的推出不仅是一项技术创新，也是一种战略思维的转变。技术应用的普及为蓝思科技带来了极大的便利：微服务架构的配置，将原本庞大的系统拆解成更灵活、更模块化的部分，使蓝思科技可以更加高效地管理和维护系统；工业大数据的应用，为蓝思科技提供了前所未有的洞察力，帮助其更好地了解市场需求、产品质量和生产效率；工业互联网的实施，使蓝思科技能够更好地应对市场的变化，提供定制化的产品和服务；人工智能的集成，使蓝思科技生产过程更加自动化，从而降低了人力成本，提高了生产效率。

通过蓝思工业互联网云平台，蓝思科技不仅可以在生产过程中实现降本增效，也可以实现更高层次的发展。同时，该平台也促进了不同领域的合作，使产业链更加紧密相连，推动了整个行业的升级和发展。

3. 蓝思科技大数据中心

在过去的 20 年里，蓝思科技经历了蓬勃发展和积累，但同时也面临日益庞大且多元化的内部信息化系统、设备、数据和基础设施建设等挑战。其中，各类系统和设备之间的数据分散和孤立问题阻碍了信息进行有效的互动和互联互通，成为一个亟待解决的难题。

为了应对这一问题，蓝思科技积极展开布局，全面应对面临的各种挑战。通过努力，工业互联网技术得以精准赋能于多个应用场景，成功解决了在运营管理、产品研发设计、库存管理以及产品不良率等方面存在的问题，转型过程的着力点始于设计的源头，旨在打破研发信息的"孤岛"，实现设计和生产的高度一体化。

蓝思科技的工业互联网平台通过将各种数据源整合，为决策者提供了更全面、更准确的信息，使运营管理更加高效。数字转型也延伸到产品研发设计领域，通过连接设计师、工程师和生产人员，促进协作和创新。此外，工业互联网的发展还涉及万物互联，这给蓝思科技的智慧工厂带来了更多机会。通过与智能仓储系统的连接，自动物流运输系统可以实现更高效的库存管理和产品分发。

在质量控制方面，基于深度学习的智能检测算法相较于传统的人工检测优势显著，可以实现实时质量检测，从而精确控制产品的不良率。通过这样的方式，不仅减少了人力资源的需求，还降低了生产成本，提高了产品质量。

三、发展与总结

改革和发展都是不断进行的过程，永远没有终点。蓝思科技坚守平台思维和生态思维的理念，充分利用市场规律，构建了一个有机系统以保持稳健的增长。未来，蓝思科技将更加专注于技术创新和产业转型，积极推动创新，合理配置资源，打造生态系统，积极推动"先进制造业+工业互联领域"的发展。

参考文献

[1]陶冶. 蓝思科技会吃撑吗？[J]. 英才，2021(Z1)：38-39.

[2]买佳豪. 蓝思科技：中国先进制造业崛起的缩影[J]. 光彩，2020(10)：38-41.

第一节　互联网思维：探索时代蓝海

一、把握契机：万物互联

1. 万物互联仍在路上

作为万物互联的基础，物联网是指通过传感器、射频识别技术、无线通信等手段，将各类物体与互联网相连接，实现信息传递和数据交互的技术体系。崛起的物联网技术是数字化时代的必然产物，其对社会生活和经济发展的影响日益显著（王志红等，2022）。物联网产业在过去的几年中取得了长足的发展，然而，想要把握万物互联的契机，仍需要面临如图 1-1 所示的一系列挑战。

万物互联面临的挑战	产业核心技术仍然存在短板
	产业生态不健全
	规模化应用不足
	支撑体系不足

图 1-1　万物互联面临的挑战

（1）产业核心技术仍然存在短板。虽然我国在一些领域取得了一定的进展，但仍有许多关键技术受制于人，如高可靠、低功耗、低成本的通信技术，物联网标准化等。要实现万物互联，必须加强对关键核心技术的持续投入和创新，鼓励企业和科研机构加大研发力度，推动技术不断突破和成熟。

（2）产业生态不健全。物联网是一个庞大而复杂的系统，需要各类产业共同参与，形成良好的合作生态。政府可以推出政策，鼓励产业链上下游的合作与协同创新，促进传统产业和物联网技术的深度融合，形成更加完整的产业链和价值链，从而提升整体效率。

（3）规模化应用不足。物联网技术的发展需要大量实际应用场景，只有进行实际应用，才能发现问题、解决问题，推动技术的迭代和升级。政府和企业应当鼓励挖掘更多的实际应用案例，推动物联网技术在交通、医疗、农业等各个领域的深度应用，并普及规模化应用。

（4）支撑体系不足。物联网产业的发展需要完善的支撑体系，包括标准规范、技术认证、安全保障等方面。应当有相关的政策法规作为支撑，加强对物联网技术标准的制定和推广，同时加大安全领域的投入力度，确保物联网技术的安全可靠性（黄姿，2021）。

2. 把握万物互联的契机

随着科技的飞速发展，物联网已经成为推动社会进步、拉动经济增长的重要力量。在物联网新型基础设施建设中，要把握万物互联的契机，着力实现以下具体发展目标（见图1-2），推动物联网行业的蓬勃发展。

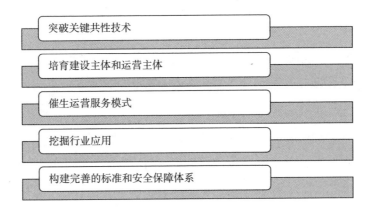

突破关键共性技术

培育建设主体和运营主体

催生运营服务模式

挖掘行业应用

构建完善的标准和安全保障体系

图1-2　万物互联的发展目标

(1)突破关键共性技术。高端传感器、物联网芯片等关键技术的水平必须有所提升，市场竞争力必须得到强化。通过持续投入研发资金，加强产学研合作，推动技术创新和知识产权保护，可以在传感器的灵敏性、功耗性、稳定性等方面取得突破，从而更好地支持物联网设备的发展和普及。同时，物联网与5G、人工智能、区块链等前沿技术的深度融合应用是关键的发展方向，通过技术的交叉融合，形成更多新的产业化突破，开创物联网新技术、新产品、新模式的时代。

(2)培育建设主体和运营主体。政府、企业等应该共同参与到物联网建设中，形成合力。政府在政策和资金扶持上发挥重要作用，为物联网企业提供优惠政策和创新支持，引导企业加大研发投入力度，培养和吸引优秀人才。同时，鼓励跨行业合作，形成产业链合作网络，加强国际合作交流，共同推动物联网的全球化发展。

(3)催生运营服务模式。在物联网的发展过程中，运营服务模式至关重要。要倡导开放共享的理念，形成多方共赢的合作格局。同时，注重可持续性，将节能环保理念融入物联网设备的设计和生产过程，推动绿色物联网的发展。为了实现可复制、可推广，需要建立健全物联网产业标准，统一各类设备的接口和数据传输格式，提高设备之间的互操作性，降低设备的集成成本，加快物联网的普及进程。

(4)挖掘行业应用。物联网的应用范围非常广泛，可以涵盖工业、农业、医疗、交通、能源等各个领域，需要重点挖掘物联网在各个行业中潜在的应用价值，推动相关技术的落地和推广。

(5)构建完善的标准和安全保障体系。物联网的发展需要建立统一的技术标准，以确保不同设备之间的互通性和兼容性。此外，物联网涉及大量的数据传输和信息交互，因此需要建立强大的数据安全保障体系，防范数据泄露和网络攻击等风险。通过构建完善的标准和安全保障体系，让人们更加放心地使用物联网设备，进一步推动物联网的普及和发展。

● 专栏 1-1 ●

三川智慧：物联网水表龙头企业

一、企业介绍

三川智慧科技股份有限公司（以下简称"三川智慧"）是一家由江西三川集团有限公司发起并创立的水务公司。三川智慧以物联网水表为核心产品，设计各类水表、水务管理应用系统、水务投资运营、智慧水务数据云平台建设。三川智慧积极响应国家号召，坚持自主创新，以其卓越的技术实力和前瞻的战略视野，积极布局物联网领域，为全球用户提供优质的智慧水务、数字经济和水务大数据解决方案。

二、把握万物互联契机

近年来，随着信息技术的迅速发展，物联网技术逐渐成为人们关注的热点话题。在万物互联的时代，三川智慧作为一家领先的智能化解决方案提供商，积极抓住物联网的发展机遇，通过一系列创新性和发展性举措，大力推动智能水表的应用和智慧化城市的建设。

1. NB-IoT 水表

三川智慧大力研发和生产智能化水表产品，是全球首家推出 NB-IoT 水表的厂商。2017 年，三川智慧与华为签署了合作协议，首次将 NB-IoT 应用于智能水表领域，同年完成江西省鹰潭市 10 万台 NB-IoT 物联网智能水表升级改造项目。NB-IoT 水表的升级改造使抄表工作变得更加便捷和高效，极大地减少了人力需求，提高了抄表的准确性和效率。借助物联网技术，三川智慧将 NB-IoT 水表产生的实时数据传输到云端平台进行分析和处理，利用大数据分析技术，对水表数据进行深度挖掘，并具有数据可视化和报表分析功能。通过对用水数据的统计和归纳，用户和水务部门可以更好地了解用水情况、发现用水问题，并采取针对性的措施进行优化。在不断拓展国内市场的同时，三川智慧还积极开拓海外市场。通过与当地企业的紧密合作，三川智慧将先进的物联网技术和智能水表带到了全球各个角落，为不同国家和地区提供定制化的服务。此外，三川智慧还结合不同国家和地区的实际情况，推出了智能燃气表、智能电表等一系列产品，可以很大程度满足不同国家和地区用户的需求。

2. 三川智慧引领智能城市建设

三川智慧在智能城市建设中发挥着重要作用。以江西省鹰潭市为例，三川智慧与鹰潭市政府合作，在城市交通管理方面开展了名为"智慧交通"的项目。通过大规模部署传感器、摄像头和智能交通信号灯等设备，实现了对城市交通运行状态的实时监测和管理。这些设备可以感知道路状况并自动调整交通信号灯的时长，减少了交通拥堵的发生。同时，三川智慧的智能交通管理系统还能够分析交通数据，为城市规划和交通决策提供科学依据，提高城市交通的效率和安全性。在智慧城市建设过程中，三川智慧积极探索智能能源管理解决方案，与当地电力公司合作，通过应用智能电表和能源管理系统，实现了对城市能源消耗情况的监测和控制。智能电表可以精确记录能源的使用情况，并将数据传输到能源管理系统进行分析和优化。通过对能源消耗的监测和管理，可以减少能源浪费，提高能源利用效率，在很大程度上降低了能源消耗。

除了交通和能源管理，三川智慧还涉足智慧医疗、智慧环保等领域。例如，在智慧医疗方面，三川智慧在某医院成功推出了远程医疗系统，利用物联网技术实现了医生与患者的远程会诊和医疗监测。通过传感器和设备的连接，医生可以实时监测患者的生命体征，并通过云端平台作出准确的诊断并提出治疗建议。这样不仅减轻了医疗资源压力，还提高了医疗服务的质量和效率。

三、发展与总结

三川智慧作为一家先进的智能化解决方案提供商，积极把握万物互联的契机，在智能水表、打造智慧化城市方面投入了大量的精力。通过在交通、能源、医疗和环保等领域的创新应用，三川智慧不断推动智能城市的发展，提高了人们的生活质量。未来，三川智慧要持续加码物联网技术的研究和发展，这样才能在信息时代的洪流中站稳脚跟。

参考文献

[1] 林俊. 解析 NB-IoT 智能水表在智慧水务中应用 [J]. 新型工业化，2022，12（7）：265-268.

[2] 智能水表：市场需求稳步提升营收业绩快速增长 [J]. 股市动态分析，2019（36）：44.

二、坚定指引：数字转型

1. 数字转型的内涵

数字转型是由数字技术广泛传播所引发和形成的组织变革。简而言之，数字转型是一种涉及投入（数字转型的驱动力）、过程（流程及业务模式的重塑）和结果（组织变革）的全面改革。

在实际应用中，对于每个组织而言，数字转型都是一次独特的旅程，具体的转型过程很大程度取决于组织文化和组织架构弹性。

因此，数字转型在不同的组织之间往往没有确定的、可复制的通用路径。每个组织需要根据自身情况和特点制定适合自己的转型策略和实施计划。

在这一转型过程中，组织需要认识到数字技术的潜力，积极投入资源，以便将数字技术融入业务流程，从而推动组织整体变革。此外，组织文化也扮演着至关重要的角色，开放、创新、适应变化的文化将有利于数字转型的成功推进。同时，组织架构的灵活性也决定了数字转型的成败，灵活的组织架构能够更好地适应数字化带来的挑战和变革，从而更好地实现数字转型的目标（张帆等，2023）。

2. 数字转型的目的

数字转型旨在为个体赋能，逐步打破空间限制，打造更具灵活性的生产组织形式和社会活动方式，以实现多方面的价值。数字转型的价值如图 1-3 所示。

图 1-3　数字转型的价值

（1）优化成本与提高效率。数字化手段可简化流程、释放人力，提升协作效率，实现成本优化。通过全量全要素的数据采集，能够实现数据互联互通、实时呈现数据报告，从而极大地提升决策质量，提高企业的核心竞争力，构成数字化转型的核心目标。

（2）全方位提升用户体验。数字转型的另一个重要目的是为用户提供更优质的体验，这里的用户不仅包括客户，也涵盖员工、合作商以及监管单位等所有参与价值链的关键节点，在协作过程中，每个节点的体验都很关键。

（3）激发组织活力。数字化手段不仅提升了用户体验和效率，同时也为整个企业的交易模式、组织模式和治理模式带来了深刻改变。数字化转型渗透到企业的"骨骼"与"血肉"中，能够彻底激发企业的活力，带来持久的变革，从而在企业内部产生积极的影响。

3. 数字转型怎么做

（1）投入：数字转型的驱动力。成功的数字转型始于企业高层管理团队的深刻意识，以及承认当前变革的紧迫需求，这种意识通常由外部因素和内部因素共同激发出来。

首先是内部因素，如今，几乎所有的企业都在不断努力提高效率、降低成本，而数字转型在其中扮演着至关重要的角色。通过引入先进的数字技术和工具，企业能够实现业务流程的优化和利润的最大化。数字化不仅是提升竞争力的有效手段，也是实现企业可持续发展的关键因素。

其次是外部因素，行业动态和用户行为的不断演变是引发数字转型的另外两大外部驱动力。企业必须密切关注行业的发展趋势，并迅速适应市场变化。随着用户需求的变化，数字化互动已经成为与用户有效沟通的必备手段。因此，现代化运营和数字化用户体验已经成为企业生存和发展的必然选择（张媛等，2023）。

（2）过程：流程及业务模式的重塑。在数字转型的强化阶段，管理层需要采取行动，其中包括创新和整合两种关键机制。这两种机制的主要目标是整合企业现有的冗余业务，并将其转化为更加高效的业务，探索与用户进行数字互动的新途径。

一方面，创新机制是指通过创建基于用户数据洞察和整体行业动态的数字业务战略，管理层通过整合新的数字产品、探索不同的商业模式对现有业务进行创新。然而，要确保数字业务战略的成功，需要员工与管理层之间的紧密合作与协调。只有通过统一协作，数字转型才能取得实质性成效。因此，在这一阶段，管理层需要慎重选择既能满足业务需求，又能让员工使用方便、发挥个人最大潜力的工具。

另一方面，整合机制能将新的数字化元素与现有的运作模式相协调，并释放出"转型思维"。整合的根本目标是制定一个契合的转型战略，以协调整个数字转型的步骤、优先级和实施过程，这也是企业真正开始看到数字转型影响的重要一步。

（3）产出：组织变革。这个阶段涵盖了组织内部的流程调整、管理风格的转变、新技术和工具的引入，以及全新的商业模式。最终，整个组织实现数字化商业生态系统的完善。

三、践行蜕变：互联网思维

1. 互联网思维的内涵

互联网思维是一种广义的概念，其内涵在于在移动互联网、大数据、云计算等科技不断发展的大环境中，对市场、用户、产品、企业价值链以及整个商业生态进行重新审视的一种思考方式。

随着科技的迅猛发展，互联网思维在商业领域逐渐成为一种趋势，并且不再仅限于互联网行业。互联网思维强调数据的重要性以及对用户需求的高度关注，通过大数据的分析和运用，企业能更准确地洞察市场和用户行为。与传统思维相比，互联网思维更加注重创新能力、快速反应能力。企业需要不断迭代和优化产品和服务，以满足不断变化的用户需求。

在互联网思维的指导下，企业的组织架构也发生了一定的变化。传统的层级式管理逐渐被打破，取而代之的是更加扁平化、灵活化的管理模式。信息的自由流通和沟通的便捷性使员工能够更好地参与决策和创新，从而提高了企业的执行效率和创新能力（Guan，2022）。

2. 互联网思维的地位

互联网思维的地位在人类社会演进中显得越发重要。每次历史上的伟大飞跃都不是单纯由物质或技术催生的，从更深层次来看，这些伟大飞跃都是由思维工具的迭代和转变带来的。这种演进与变革往往需要经历漫长的过程，一种技术从仅仅是工具的属性，逐步渗透到社会生活，最终影响和改变群体的价值观。

随着互联网的兴起，不仅信息的传播速度大大加快，人们的认知范围也逐渐拓展。互联网思维的核心在于连接与共享，倡导人们用开放的心态进行交流和合作，这种理念渗透到各个领域，推动着社会的进步和创新。

在商业领域，互联网思维带来了前所未有的机遇与挑战。传统企业经营往往是封闭的、垂直的，而互联网思维将企业置于一个开放的平台上，与用户直接交互，倾听用户需求，及时调整产品和服务，这种基于数据和用户反馈的敏捷经营方式，使企业能够更快地适应市场需求，推动创新，取得竞争优势。

3. 互联网思维的原则

互联网思维独具时代特征，以互联网技术为基础，强调对互联网的重视、适应和充分利用。其中，最突出的特点是通过数据的收集、积累和分析进行决策和行动，以数据为基准进行思考，用数据"说话"。这种思维方式并不神秘，与其他思维方式并行共存，相互交织、相互促进，形成了一个更加丰富多彩的思维世界。

在探究互联网思维的本质时能够发现，其并不是要取代传统的经济、政治、法治、道德或战略的思维。相反，互联网思维要将这些思维进行整合，并综合运用于各个领域，以开放、共享、协作的精神，与其他思维进行碰撞与融合，从而形成更加创新、高效的解决问题的方式，以推动社会的发展。

互联网思维的核心在于数据。当今社会，数据已经成为一种重要的生产要素，数据潜在的价值越发凸显。通过新一代信息技术，可以轻松获取海量的数据，从而方便获取宝贵的信息和知识。互联网思维强调对数据的挖掘和分析，让数据成为决策的参考依据，从而使决策更加科学、精准。

互联网思维的扩展还体现在其推动了信息的流动和传播。互联网的普及使信息的传播更快捷化、更全球化。这对推动知识的交流、文化的融合以及全球化合作都起到了积极的作用。互联网思维倡导分享和开放的精神，鼓励各方共享信息和资源，促进协作和创新，形成共赢局面。

另外，互联网思维也加速了各行各业的变革和创新。在传统产业中，互联网思维激发了企业的活力，使其更加注重用户体验、强调创新和灵活性。在新兴领域，互联网思维推动了数字经济的快速发展，催生了一批创新型企业和商业模式（闫小飞，2022）。

然而，互联网思维也面临着一些挑战，其中最突出的问题是数据隐私和信息安全。随着数据的广泛应用和共享，保护个人隐私和信息安全显得尤为重要。此外，数字技术的快速发展也带来了虚假信息泛滥等问题，需要理性对待信息，增强辨识能力。

四、驱动融合：智能互联

1. 更强能力

在互联网思维的指引下，智能互联能力如图 1-4 所示。

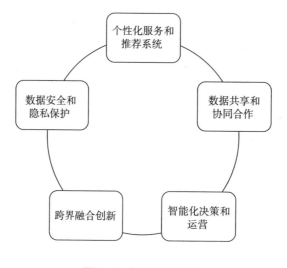

图 1-4　智能互联能力

（1）个性化服务和推荐系统。互联网思维强调数据驱动的决策和个性化定制。智能互联通过对用户的数据进行分析和挖掘，能够为用户提供更加个性化的服务和产品。通过这种方式，用户会获得更符合自己需求的体验，从而提升用户满意度和忠诚度。

（2）数据共享和协同合作。智能互联连接了各个行业和组织，促进了数据共享和协同合作。通过共享数据，企业可以更好地理解市场和用户需求，加速产品创新和优化，这种合作和信息共享有助于提高行业的整体支撑能力和效率，进一步提升用户的体验（黄津孚，2020）。

（3）智能化决策和运营。互联网思维强调数据的价值和智能化决策。智能互联的发展使越来越多的企业能够借助大数据分析和人工智能技术，作出更明智的决策，通过这样的决策，企业能够更好地满足用户需求，优化资源配置，提升运营效率。

（4）跨界融合创新。互联网思维鼓励跨界融合和创新。智能互联的发展使不同行业之间的交叉融合成为可能，如智能家居、智能医疗等。这种跨界融合创新可以为用户带来更加全面的产品和便捷的服务，优化用户体验。

（5）数据安全和隐私保护。随着智能互联的发展，数据安全和隐私保护问题日益凸显。互联网思维要求企业和组织高度重视用户的数据安全、个人隐私问题，采取有效措施保护用户的数据安全，增强用户的信任感，从而使用户更加积极地参与和使用智能互联服务。

2. 更加绿色

在互联网思维的指引下，智能互联将更加绿色。

（1）节能智能设备。互联网思维推动智能设备的发展，使设备能够更加智能化地感知和理解环境，从而有效地优化能源使用。智能家居、智能办公室和智能工业等领域的设备，如智能照明系统、智能温控系统、智能能源管理系统等，都能够根据实时的环境信息进行智能调节，最大限度地降低能源消耗。

（2）数据中心优化。互联网思维倡导数据中心的智能化管理和优化。通过引入人工智能和大数据分析技术，数据中心能够更加精确地预测和调整负载，合理分配资源，避免资源的浪费，从而降低能源消耗和碳排放。

（3）能源管理平台。互联网思维促进了能源管理平台的发展，这些平台通过智能化的算法和数据分析，可以实时监测和分析能源使用情况，帮助企业和个人合理规划能源使用策略，降低能耗，提高能源利用效率。

（4）云计算与虚拟化技术。云计算能够将多个物理服务器虚拟化成一个逻辑服务器，实现资源的共享和优化。通过虚拟化技术，企业可以更加高效地利用服务器资源，降低能源消耗，并减少硬件制造和维护所产生的开支。

（5）智慧城市建设。在互联网思维的指引下，智慧城市的建设成为可能。智慧城市利用先进的传感器和监测技术，对城市的交通、照明、供水、供电等基础设施进行智能化管理，以最优化的方式配置资源，降低城市的能源消耗和环境污染。

（6）绿色云服务。互联网思维推动了绿色云服务的发展，云服务提供商通过使用可再生能源供电数据中心，或者采取其他环保措施降低数据中心的碳排放量，从而为用户提供更加环保的云服务。

3. 更加光明：实现万物智联

万物智联的本质是通过互联网和物联网技术，实现各种设备、物体和传感器之间的连接和数据交互，使其能够感知、理解、响应环境与用户的需求。这种连接和交互使物体不再孤立地存在，而是成为一个智能化的网络节点，能够与其他物体进行实时沟通和合作。通过这种方式，万物智联可以提供智能、高效、便捷的服务和解决方案，为人们带来更加智慧、舒适的生活和工作体验。

在互联网思维的指引下，万物互联的前景会更加光明，因为互联网思维强调连接、共享和创新，将带来无缝连接、数据驱动的决策、创新与合作、智能化与自动化、公共服务改进以及人类发展的机遇，推动社会、经济和科技的发展，为人类创造便利、高效和智能的生活方式。然而，也需要妥善解决数据隐私和安全问题、数字鸿沟、伦理和法律问题，以确保技术安全、可持续和公平应用。总之，互联网思维的引导将在全球范围内创造更加智能、更加联通的未来，为人类的发展带来巨大的潜力和机遇。

第二节　互联网思维"四变"

一、用户思维

互联网思维是当今商业环境中的重要理念，其中用户思维作为首要原则，体现着"以用户为中心"的核心理念，该理念要求在整个价值链中，始终将用户需求和体验放在优先位置，从用户的角度出发，不断优化产品与服务，以提供更符合用户期望的解决方案。同时，用户思维可以更具体地理解为从用户的决策思路出发，将专业术语转化为通俗易懂的语言，关注用户所关心的核心诉求，并实质性地帮助用户进行思考和判断，使用户快速获得所需产品或服务，从而实现企业的低成本、高收益商业目标（翟伊美，2022）。

1. 用户思维核心点

在过去，由于信息和商品稀缺，用户选择比较被动、受限。随着信息时代的发展，互联网让万物皆可互联，用户获得信息的途径更加广泛，选择更为主动，用户更能够享受互联网带来的便利。对于企业用户来说，要考虑如图 1-5 所示的三个侧重点。

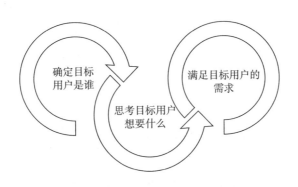

图 1-5　企业用户思维的侧重点

（1）确定目标用户是谁。企业必须明确定义目标用户的特征、喜好、需求和行为习惯。通过深入了解目标用户，企业可以更好地针对其需求开展产品开发、营销和服务，实现精准定位和市场分割。

（2）思考目标用户想要什么。在确定目标用户后，企业需要深入了解用户的期望和需求，把握用户的痛点和愿望。通过市场调研、用户反馈和数据分析，企业可以掌握用户对产品、对服务的期望和反馈，以此为基础进行产品创新和改进，提供更加贴近用户心理的解决方案。

（3）满足目标用户的需求。在确定用户需求后，企业要全力以赴满足用户的需求，提供优质的产品与服务体验。这需要企业以用户为中心，进行全方位的优化和改进，从产品设计、用户界面、交付过程到售后服务，始终保持对用户需求的高度敏感，并不断迭代优化以满足用户不断变化的需求。

2. 落实用户思维

用户思维的落地和实施涉及产品研发、市场营销、用户服务等方面。在产品研发方面，企业要通过用户反馈和数据分析，持续改进产品功能和性能，确保产品持续符合用户期望。在市场营销方面，企业要建立与用户之间的有效沟通，深入了解用户需求，精准定位目标用户，并在传播过程中突出产品的核心诉求，提高用户的关注度和参与度。在用户服务方面，企业要建立完善的用户服务体系，及时回应用户的问题和反馈，确保用户在购买和使用过程中获得良好的体验，从而增强用户的满意度和忠诚度。

然而，要真正落实用户思维，并不是一蹴而就的。此时，需要企业建立持续学习和创新的文化，不断改进和完善自身的管理和运营体系，使用户思维贯穿企业的方方面面。同时，企业需要不断引入和培养具有用户思维的人才，激励员工关注用户需求，鼓励员工提出优化建议，从而形成共同关注用户的良好氛围。

总的来说，用户思维是互联网时代企业取得成功的关键之一。通过将用户置于核心位置，站在用户角度不断优化产品与服务，满足用户需求，企业可以赢得用户的认可和信赖，从而实现低成本、高收益的商业目标。然而，用户思维不仅是一种运营策略，也是一种理念和文化，需要企业全体员工的共同努力和坚持，实现持续的创新和发展。只有将用户放在企业发展的中心位置，不断追求用户价值和体验的提升，才能在竞争中取得优势，成为市场的领导者。

二、迭代思维

1. 迭代思维的内涵

随着信息技术的飞速发展，互联网正在逐渐改变人们的思维方式、生活方式，同时还在改变商业模式。在这个不断变化的环境下，互联网思维已经经历了从互联网思维 1.0 至互联网思维 4.0 的演变，其中互联网思维 4.0 是一个重要阶段，在这一阶段，迭代思维成为互联网思维的核心，推动着持续创新和优化，实现了持续增长和发展。

迭代思维是指不断循环反馈、逐步优化的思考和行动方式。在互联网领域，迭代思维强调的是持续地推出产品、服务或解决方案，并根据用户反馈和市场变化，不断进行调整、改进和优化，从而逐步实现更好的结果。迭代思维强调的是灵活性、适应性和学习持续性，使组织能够更好地应对快速变化的市场和技术环境。

2. 迭代思维的特点

在互联网思维的影响下，迭代思维具有以下六个关键特点，如图 1-6 所示。

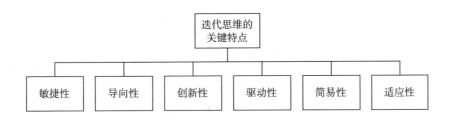

图 1-6 迭代思维的关键特点

（1）敏捷性。迭代思维鼓励企业和创新者快速行动，推出初版产品或服务，并根据用户的反馈和市场的变化，使企业能够更好地满足用户的需求。

（2）导向性。迭代思维强调将用户放在创新的中心。通过用户导向和发展导向，避免脱离顾客的实际需求，导致影响产品生产或市场秩序。

（3）创新性。迭代思维鼓励持续不断地创新。通过不断地尝试新的理念、技术和方法，加大新产品开发力度和加强营销手段的创新，以动态地满足顾客需求。

（4）驱动性。迭代思维强调数据的重要性。通过收集和分析数据，企业可以更准确地了解用户行为、市场趋势等信息，从而作出更明智的决策和调整。

（5）简易性。迭代思维倡导采用小步快走的方法，将大的问题拆解成小的可执行任务，逐步推进项目的进展，突出每个阶段的简易性。

（6）适应性。迭代思维强调持续学习和适应能力。在不断地尝试和反馈中，企业和创新者能够不断积累经验，发现问题，修正错误，从而不断提升自身的能力和竞争力。

通过迭代思维，企业能够更好地应对不断变化的市场和技术环境，不断提升产品和服务的质量，实现可持续的增长和发展。然而，迭代思维也需要注意平衡，过于频繁的迭代可能导致资源浪费和团队疲惫，因此，在实践中需要根据具体情况进行权衡和调整。

3. 培养迭代思维的步骤

在如今飞速变化的商业环境中，对于企业或组织来说，培养迭代思维是至关重要的。迭代思维不仅能够帮助企业适应快速变化的市场，还能够推动业务创新和产品优化，从而在竞争激烈的领域中取得优势。培养迭代思维分为以下三步（朱彧、王中珏，2021）。

第一步，鼓励员工勇于尝试新的理念、方法和解决方案。从管理层入手，营造支持创新和实验的文化氛围，让员工知道失败不是丢人的事情，而应从失败中获得经验，方便获取资源支持，从而找到更有效的创新方法。同时，培养迭代思维需要建立起有效的反馈机制，帮助企业了解产品或服务的表现，并及时进行调整，以上均可以通过用户调查、市场调研、数据监控等手段实现。

第二步，依靠反馈数据驱动迭代思维的普及。企业应该积极倾听用户的需求、意见和反馈，从而了解用户的期望和问题。企业需要将反馈数据作为迭代思维的强大支撑，建立数据分析的能力，以便从大量的数据中获取信息，并用于产品或服务的改进。通过收集、分析和解释数据，企业能够更好地了解用户行为、市场趋势以及产品表现。

第三步，将大的目标分解成小的可执行任务。通过设定小目标，企业可以更好地跟踪项目的进展，并及时进行调整，避免出现项目过于庞大和复杂的情况，使迭代过程更加可控和有效。

三、流量思维

1. 流量思维的本质

流量思维的本质就是用户关注度。在互联网4.0的时代背景下，流量思维成为商业战略中的关键一环，该思维战略将焦点集中在如何吸引、留住和转化用户，从而实现商业价值最大化。

在互联网时代下，用户是企业最宝贵的资源。流量思维的核心理念在于将用户关注度置于首位，通过提供有价值的内容、产品和服务吸引用户的关注，从而创造商业机会。用户关注度不仅是流量的源头，也是商业成功的基石。通过持续了解用户需求、反馈和行为，企业能够调整策略、优化产品，不断提升用户体验，从而实现持续的用户增长和价值创造。

（1）流量意味着体量，体量意味着分量。流量的积聚不仅代表着用户数量的增加，也意味着潜在商业机会的扩展。随着用户体量的增加，企业可以更充分地挖掘用户行为数据，深入了解用户兴趣和需求，大规模的用户基础为企业赋予了更强大的变现潜力，通过精准广告投放、定向推荐等手段，将用户关注转化为商业价值。

（2）流量即金钱，流量即入口。用户的目光聚集在某一平台或内容上，就会吸引商业机会的涌入。这是因为用户关注度本身已经具备了商业价值。品牌商家愿意将广告投放在用户聚集的平台上，以获取更多曝光和转化机会，从而实现销售增长。对于企业来说，流量不仅是用户关注的重点，更是商业生态系统的入口，通过构建多元化的服务和商业合作，实现收入多元化，进一步提升平台价值(张芬芬，2023)。

在互联网4.0时代下，用户需求和市场环境都在不断变化，只有通过不断迭代才能保持竞争优势。企业要随时将视野涵盖产品、营销、运营等层面，通过不断尝试、反馈、调整和优化，使产品和服务更符合用户需求，从而实现持续的用户关注度和商业价值。

2. 流量思维的价值

在流量思维中，企业往往会提供一部分免费内容、功能或服务，以吸引更多用户关注。这种免费策略实际上是在积累用户基础，建立用户黏性和信任，为之后的付费模式铺平道路。通过提供高质量的免费体验，企业能够吸引更多的用户，从而为付费服务或推出高级功能创造有利条件。

流量思维并非只停留在积累用户的过程中，而是强调在得到足够多的用户关注后，持续提升内容和服务的质量，以实现质的飞跃。当用户的关注度达到一定程度时，企业必须积极探索提升用户体验的途径，从而推动用户实现从免费用户向付费用户的转变(窦锋昌，2022)。实现这种质变的途径(见图1-7)在于企业能够为用户提供强大的附加价值，使其愿意为优质的体验支付费用。

图1-7　流量思维促成质变的途径

(1)用户基础的积累。流量思维通过提供免费内容或服务，吸引大量用户关注并注册，从而积累用户基础，为企业提供了更广阔的商业机会，如广告、付费内容等，实现收入多元化。

（2）用户黏性的提升。免费提供高质量的内容或服务可以增强用户黏性，用户黏性不仅能够带来更多的互动以及更丰富的数据积累，也能够为商业转化提供更多的机会。

（3）信任的建立。免费提供有价值的内容或服务有助于用户建立对企业的信任，这种信任是用户愿意尝试付费产品或服务的基础，从而促进用户从接受免费的产品或服务向主动购买付费的产品或服务转变。

3. 流量思维的特征

（1）关注用户体验。流量思维强调用户体验的重要性。提供有价值、易用、令人满意的体验可以吸引用户关注并延长其停留时间。

（2）数据驱动决策。流量思维依赖数据来了解用户行为和偏好。平台通过分析数据，调整策略、内容和功能，以更好地满足用户需求。

（3）平台持续优化。流量思维要求平台持续进行优化和创新。从免费到付费的转变需要不断改进用户体验，以提升用户的满意度和付费意愿。

（4）从量到质的转变。流量思维不仅关注用户数量，也关注用户的质量。当用户规模达到一定程度时，企业将着眼于提升用户价值，实现商业变现。

四、平台思维

1. 平台思维的内涵及特征

平台思维是互联网思维的核心概念之一，是在数字化、网络化、智能化背景下的新型商业思维模式，强调构建开放、共享、协同的商业生态系统，通过整合资源、连接用户、促进创新，实现多方共赢。

平台思维强调通过构建和管理平台实现价值的最大化。平台可以是数字化的基础设施、软件、应用、市场等，以此提供了一个集成的环境，使合作商和用户可以在同一平台上进行交互、合作和交易。平台思维鼓励多方参与，以创造共同价值，推动创新、扩大市场份额，并实现生态系统的良性循环(尚汤心地，2022)。

平台思维的特征有以下六点，如图 1-8 所示。

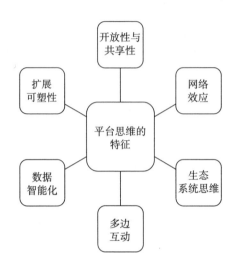

图 1-8　平台思维的特征

(1)开放性与共享性。平台思维强调开放接口、数据共享和资源整合，吸引更多的参与者加入平台，共同创造价值。开放性和共享性使创新和合作变得更加容易，推动生态系统的发展。

(2)网络效应。平台思维利用了网络效应，即随着平台上参与者数量的增加，其价值和吸引力也会增加。更多的用户和合作商加入平台，将进一步吸引更多的用户和合作商，形成良性循环，加速平台的发展。

(3)生态系统思维。平台思维强调构建生态系统，不仅要关注自身的利益，也要考虑到平台各方的利益。通过共享数据、资源和机会，各方可以互相促进、互相依赖，从而实现整体生态系统的繁荣。

(4)多边互动。平台思维鼓励多方参与互动和合作。平台作为连接不同参与者的桥梁，能够促进合作商、用户、合作伙伴之间的互动，从而加强信息流通、资源整合和价值创造。

(5)数据智能化。平台思维依赖数据的收集、分析和利用，优化用户体验和业务流程。智能技术如人工智能和大数据分析在平台思维中起到关键作用，帮助预测需求、优化资源配置等。

（6）扩展可塑性。平台思维鼓励不断创新，提供更多的服务和功能，以满足用户不断变化的需求。这种创新精神有助于吸引新用户、留住老用户，以保持市场竞争力。

2. 打造平台思维的关键点

平台思维作为互联网思维中的一种重要理念，强调多方共赢、资源整合和创新合作，具有许多关键点，如图1-9所示。

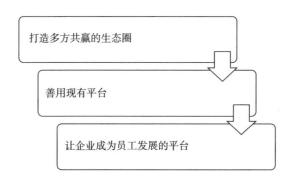

图1-9　打造平台思维的关键点

（1）打造多方共赢的生态圈。平台思维的核心之一是构建多方参与、各方共赢的生态圈。在这种生态圈中，合作商、用户等多个参与方可以通过平台进行合作、交流和创新，共同创造价值。以下三个方面是关键。

第一，开放性和互联性。平台需要具备开放的架构，以吸引更多的参与者。开放的接口和互联的特性有助于构建一个丰富的生态系统，促进不同组织和个人之间的互动。

第二，共享资源和信息。合作商可以共享产品和服务，用户可以共享反馈和需求，为创新提供更多的可能性。

第三，合作与创新。生态圈中的参与者可以共同合作，通过互相补充的优势，实现更大的价值。跨界合作和创新可以为各方带来更多机会，促进业务量的持续增长。

（2）善用现有平台。许多企业可能已经拥有已建立的平台或数字基础设施，这些现有资源可以为平台思维的实施提供强大的支持。要实现这一点，以下三个方面需要重点关注。

第一，数字化转型。将现有业务流程数字化是实施平台思维的第一步。数字化可以帮助企业更好地管理和分析数据，为平台的搭建提供基础。

第二，扩展功能和服务。利用现有平台，不断扩展功能和服务，满足用户不断变化的需求，帮助吸引更多用户，增加平台的活跃度和提高平台的吸引力。

第三，整合资源。善用现有平台也意味着整合现有的资源，包括人才、技术和信息。通过整合这些资源，可以更有效地实现创新和发展。

（3）让企业成为员工发展的平台。在平台思维的指引下，企业不仅是产品和服务的提供者，也可以成为员工的平台，为员工的成长和发展提供更多机会。要实现这一点，以下三个方面不容忽视。

第一，提供培训、学习和发展的平台，帮助员工不断提升技能和知识，兼顾员工的职业发展，有助于增强企业的创新能力和市场竞争力。

第二，鼓励员工参与企业的创新项目和合作活动，使其成为企业发展的积极参与者，员工的智慧和创意可以为企业带来更多的机会。

第三，创建员工倡导和反馈的平台，鼓励员工分享意见、建议和体验，帮助企业更好地了解员工的需求和关切（Daniel & Tommaso，2022）。

在实施平台思维的过程中，强调多方共赢、资源整合和创新合作是关键，有助于实现更具灵活性和适应性的商业模式，企业可以更好地连接各方，共同创造价值，实现长期的可持续发展，推动企业在数字化时代下取得成功。

● 专栏 1-2 ●

蓝色光标：互联网思维缔造者

一、企业介绍

北京蓝色光标数据科技股份有限公司（以下简称"蓝色光标"）是在大数据和社交网络时代为企业智慧经营赋能的数据科技公司，1996 年 7 月成立，其主营业务是全案推广服务、全案广告代理及元宇宙的相关服务。蓝色光标的服务辐射 IT、汽车、金融、医疗、快递、政府等，通过先进的数据科技和人工智能技术，助力用户实现数字化转型和升级。

二、互联网思维

蓝色光标的互联网思维体现在以用户为中心、数据驱动、平台化运营、跨界融合以及开放共享等多个方面。其中，迭代思维和平台思维是蓝色光标快速发展和壮大的重要缘由。这两种思维模式不仅使蓝色光标能够更好地适应互联网时代的市场变化和用户需求，也为其持续发展和创新提供了强有力的支撑。

1. 迭代思维

蓝色光标作为全球领先的数字化营销服务集团，一直坚持迭代思维。蓝色光标的迭代思维体现在其对技术创新的持续投入、业务模式的不断优化、人才培养的大力重视等方面。同时，这种思维使蓝色光标对市场趋势具有高度的敏感性，可以快速实现业务的转型升级。蓝色光标以适应的思想及时调整业务结构，对企业内外部环境进行预判。随着互联网行业竞争日益激烈，面对新的商业模式及科技的发展，蓝色光标有针对性地调整业务结构，通过不断自我迭代，优化产品线，以更好地服务用户。例如，面对移动互联网的崛起，蓝色光标便逐渐向移动营销和社交媒体运营转型，驾驭"互联网+"时代的精确营销。

蓝色光标将数据视作企业最重要的资产之一，利用大数据技术对用户的行为习惯进行收集和分析，从而进行精准营销。蓝色光标不断加码人工智能、区块链等新兴技术，并利用这些技术提升服务效率，有力推动了营销服务业务的优化升级。这种以技术驱动为核心的迭代思维极大增强了蓝色光标的市场竞争力。

2. 平台思维

平台思维又称平台经济，是指以互联网为基础，通过搭建开放式的共享平台，提供一个中介服务让合作商和用户可以进行交流、互动和贸易的新经济形式。与传统模式的产品思维和服务思维不同，蓝色光标的平台思维以社群商业模式为核心，通过构建一个开放的平台，将各领域的优秀资源整合在一起，为用户提供全方位的服务。这些平台包括数字广告平台、营销服务平台、国际业务平台以及元宇宙营销平台等多个领域。通过构建多样化的平台，蓝色光标能够更好地满足用户的需求，提供更加全面和创新的营销方案。

蓝色光标以平台思维为基础，形成了一种独特的组织构造。蓝色光标作为一个开放的平台，可以面向整个市场接纳各类资源，如产品、技术、人才等。公司通过内部的业务孵化器对这些资源进行深度挖掘和优化，从而为用户提供更专业、更具价值的产品和服务。同时，蓝色光标用平台的视角看待市场、用户以及合作伙伴。这种视角使其更能主动适应市场变化，满足市场需求，并在资源整合与创新中寻求突破，从而获得竞争优势。在蓝色光标的平台思维下，不同的公司、用户、团队都可以通过自由选择，形成一个动态的、开放的生态环境，最大化地提升效益。通过平台化的运营模式，蓝色光标不仅仅是某单一产品或服务的提供者，而且是跨越产品、行业、公司之间的壁垒，成为一个整合各种资源、实现价值创新及共享的组织。这样不仅提高了公司的服务效率和质量，也增强了公司的创新能力和市场竞争力。

三、发展与总结

总的来说，互联网思维已经逐渐成为蓝色光标的核心竞争力和品牌价值。蓝色光标要想在日新月异的营销服务领域中保持强大的竞争优势，站在行业的最前沿，就必须进一步深化和发展其互联网思维，持续为用户提供创新、高效、优质的营销服务。

参考文献

[1] 王俊翔. All in 不是豪赌，是有准备的全力以赴：专访蓝色光标数字营销机构首席创意官蔡祥 [J]. 中国广告，2023（9）：8-12.

[2] 李喻. 蓝色光标：科学+艺术，打造创意智能方法论：专访蓝色光标智能营销助手销博特项目负责人洪磊 [J]. 国际品牌观察，2022（6）：26-30.

第三节　万物互联时代：展现数字之美

一、物与人互动

1. 物与人互动的呈现形式

在万物互联时代，物联网的崛起为物与人互动创造了前所未有的机会。物与人互动的呈现形式如图 1-10 所示。

（1）智能环境。物联网通过将各种设备和物体连接到互联网，创造了智能环境。智能家居、智能城市等概念成为现实，人们能够通过智能手机、语音助手等与环境中的物体进行互动，通过手机远程控制家居设备，调整温度、照明等。

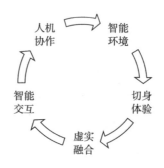

图 1-10　物与人互动的呈现形式

（2）切身体验。物联网使物体能够收集、分析个人数据，为用户提供更加个性化的体验。智能健康监测设备可以根据个人的生理指标提供健康建议，智能音箱可以根据用户的音乐偏好播放音乐，实现更贴近用户需求的互动。

（3）虚实融合。虚拟现实和增强现实技术的发展使物与人的互动更加丰富。通过 AR 技术，现实世界中的物体可以与虚拟信息结合，为用户提供更加沉浸式的体验。

（4）智能交互。物联网使人机交互界面变得更智能化、多样化。人机交互技术让人们能够以更加自然的方式与物体互动，不再局限于传统的键盘和鼠标。

（5）人机协作。物联网为人机协作提供了新的可能。在工业领域，机器人和自动化设备可以通过物联网实现更加精确地协作，提高生产效率和产品质量。

2. 物与人互动的影响

物与人互动的发展对社会、经济和个人产生了深远的影响，具体体现在如图 1-11 所示的几个方面。

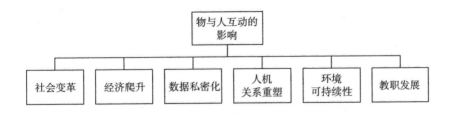

图 1-11　物与人互动的影响

（1）社会变革。物联网的兴起推动了社会的变革，智能城市、智能交通等概念的实现使城市管理更加高效、资源利用更加合理。同时，社交媒体、智能社交工具的出现也改变了人们之间的互动方式。

（2）经济爬升。物联网的发展催生了新的产业和商机。从物联网设备的制造到数据分析和云计算，涉及多个产业链条，为经济增长注入了新的动力。

（3）数据私密化。物与人互动所产生的数据涉及个人隐私，数据泄露和滥用的风险也随之增加。因此，数据隐私保护和信息安全成为亟待解决的问题。

（4）人机关系重塑。物联网的发展引发了人机关系的重塑。人们越来越依赖智能设备，但也需要保持对技术的控制和批判思维，避免技术取代人类的创造力和智慧。

（5）环境可持续性。物联网的应用可以助力实现资源的高效利用，从而对环境可持续性产生积极影响。在实际应用中，智能能源管理系统可以减少能源浪费，智能农业系统可以提高农作物产量。

（6）教职发展。物与人互动的革新也影响了教育和职业。人们需要不断地学习和适应新的技术，同时创造新的职业机会。

3. 物与人互动的地位展现

在万物互联时代，物与人互动已经成为数字化社会中不可或缺的一部分，其地位不断凸显，同时也需要考虑未来数字技术的变革和互联网思维的演进对其可能造成的影响（高石宇，2023）。

（1）当前地位的凸显。物与人互动使双方的地位日益凸显，具体转变如图 1-12 所示。

图 1-12　物与人互动地位的具体转变

第一，信息生态的中心。物与人互动在信息时代中占据核心地位。通过物联网，个体和机器能够互相沟通和交换信息，形成庞大的信息网络，推动社会、经济和文化的发展。

第二，生活方式的转变。物与人互动已经深刻改变了人们的生活方式。智能家居、智能健康监测等应用已经成为日常生活的一部分，将人们与环境、健康紧密联系在一起。

第三，经济和产业的演进。物联网的崛起推动了产业数字化以及产业智能化的转型。从制造业到服务业，物联网的应用改变了生产、供应链和销售等环节，创造了新的商机和价值。

第四，创新引擎。物与人互动为创新提供了广阔的舞台。通过将物体连接到互联网，各行各业都能够创造新的解决方案、产品和服务，推动科技和社会的不断进步。

（2）未来展望与可能的影响。

第一，数字技术的变革。随着技术的不断进步，物与人互动可能会迎来新的变革。具体来说，人工智能、量子计算等技术的发展可能赋予物体更强大的智能性和自主性，从而进一步提升物与人互动的深度与广度。

第二，互联网思维的演进。物与人互动受到互联网思维的影响，但随着互联网思维的演进，人们对互动方式和信息获取的期望可能会发生变化，促使物与人互动更加注重个性化、高效性和创新性。

二、物与物互通

随着物联网技术的不断发展和普及，人们迎来了万物互联时代，物与物的互通成为不可逆转的趋势。在这个新时代下，物与物的互通不仅是技术的突破，更是社会、经济和生活方式的深刻变革（Sudesh & Sanket, 2023）。

1. 实现物与物互通的机制

实现物与物互通的机制在于四个关键点，如图1-13所示。

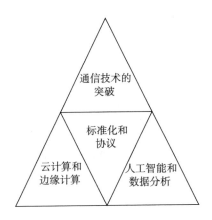

图1-13　实现物与物互通的机制

（1）通信技术的突破。物联网技术的发展使各种设备和物品能够通过无线通信协议相互连接，形成庞大的网络。例如，低功耗蓝牙、ZigBee、LoRa等通信技术的进步，降低了设备之间通信的成本和能耗。

（2）标准化和协议。制定统一的通信标准和协议是实现物与物互通的基础。物联网产业各方通过制定通用的数据传输和交互协议，确保不同设备之间可以互相识别、理解和交换数据。

（3）云计算和边缘计算。云计算技术提供了高效的数据存储和处理能力，使设备产生的大量数据能够被高效地管理和分析。边缘计算则将部分数据处理推向设备附近，减少了数据传输延迟，增强了实时性。

（4）人工智能和数据分析。物与物互通产生大量的数据，通过人工智能技术的支持，这些数据可以被分析、挖掘出有价值的信息，为决策和创新提供支持。

2. 物与物互通的积极影响

（1）生活方面。物与物互通使家居、城市和工作场所变得更加智能化。智能家居设备可以协同工作，提升生活的便利性和舒适度。城市基础设施的互通有助于提升城市管理效率和居民生活质量。

（2）产业方面。物与物互通使制造业、农业等各行各业能够实现自动化和智能化生产。通过设备之间的协同工作，生产效率得到提升，资源利用效率也得以优化。

（3）健康方面。物联网技术促进了医疗设备的互联互通，实现了远程医疗和健康监测。患者可以在家中进行监测和治疗，使医疗资源得到更好的分配。

（4）环境保护方面。物与物互通可被运用于环境监测、资源管理等领域。智能传感器可以实时监测环境数据，有助于预防自然灾害和环境污染。

3. 稳固互通势头的措施

随着物联网技术的迅速发展，物与物互通已成为数字化时代的重要特征。然而，为了确保这一势头能够持续适应日益发展的数字化环境，需采取一系列措施，如图 1-14 所示，稳固物与物互通的势头，以实现更广泛的社会效益和经济影响。

（1）加强安全保障。在物联网中，安全性是关键问题。随着设备之间的互联，网络安全威胁也会增加。为了稳固物与物互通的势头，必须投入更多资源确保网络和设备的安全，其中包括采用强大的加密技术、身份认证机制和安全审计，以防止未经授权的访问及数据泄露。

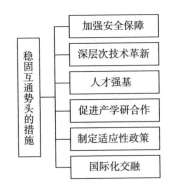

图 1-14　稳固互通势头的措施

（2）深层次技术革新。数字化时代不断涌现出新的技术和解决方案。为了保持物与物互通的竞争力，需要持续投资研发，推动通信技术、数据分析、人工智能等领域的创新。新技术的引入可以提升互通效率、降低能耗，并适应不断变化的市场需求。

（3）人才强基。物与物互通需要专业人才支持其发展和维护。建立培训计划、课程和认证机制，培养技术人才，使他们具备应对新挑战的能力。此外，提供更广泛的教育，让公众了解物与物互通的优势和潜在风险，有助于创造一个更加包容和理解的环境。

（4）促进产学研合作。产业界、学术界和研究机构之间的合作至关重要。通过共享知识、资源和经验，可以加速创新并解决技术挑战。政府可以提供支持，鼓励各方建立合作伙伴关系，推动物与物互通技术的发展和应用。

（5）制定适应性政策。快速变化的技术环境需要灵活的政策和法规框架。政府应制定鼓励创新的政策，同时关注隐私保护、数据安全及合规性等问题。适应性政策可以为物与物互通提供稳定的法律环境，同时也为企业和个人提供了信心。

（6）国际化交融。物与物互通不受国界限制，通过合作共享经验、技术和标准，可以推动全球物与物互通生态系统的协调发展。国际合作还有助于避免重复努力，促进全球创新和互通的蓬勃发展。

在数字化时代下，物与物互通的势头难以阻挡，不仅在技术层面，而且在社会和经济层面也产生了深远的影响。通过加强网络安全、持续创新、培养人才、促进合作和制定适应性政策，可以确保物与物互通不仅能够保持发展势头，还能够不断适应并引领数字化时代的发展潮流。

● 专栏 1-3 ●

芯原股份：践行物与物互感

一、企业介绍

芯原微电子股份有限公司（以下简称"芯原股份"）专注于集成电路设计及相关的研发、制造、销售和技术服务，不仅拥有领先的技术和产品，还拥有丰富的 IP 架构，能够满足不同行业以及用户的需求。芯原股份作为中国物联网行业的先驱，以"智在芯中，物尽其用"为发展战略，致力于用科技创新推动物联网行业的创新和发展。

二、打造万户互联帝国

"物与物互感"可以将物理世界中的各种"事物"与互联网连接起来，完成设备之间信息的交互和感知，从而实现数据的实时采集、传输、处理和应用。芯原股份的主营业务是提供嵌入式系统芯片（SoC）和平台解决方案。芯原股份虽然是一家集成电路设计企业，但通过提供定制化的芯片解决方案和半导体 IP 授权服务，助力实现物联网设备之间的信息交互和感知。芯原股份在万物互联时代的发展规划如下。

1. 广泛的应用领域

芯原股份致力于物联网 AI 芯片和传感器的研发和生产，打造了一整套物联网硬件设施。公司旗下的物与物互感技术主要基于无线通信和微纳电子技术，开发了多种物与物互感器模块和系统解决方案。这些解决方案可以实现对温度、湿度、压力、位移等物理量的测量和传输，同时支持无线通信和低功耗设计，适用于各种物联网设备和场景。芯原股份的产品广泛应用于智能家居、智能安防、车联网、工业自动化、智慧医疗等领域，使这些领域的智能化水平得到了显著提升。

在智能家居领域，芯原股份的芯片和解决方案可被应用于智能门锁、智能照明、智能空调等设备。通过互联网连接这些设备，用户可以通过智能设备远程控制家中的设施，从而实现节能减排和智能化管理。在智能安防领域，芯原股份的芯片和解决方案可以应用于视频监控、人脸识别等设备。这些设备可以通过互联网连接在一起，实现数据的实时传输和处理，提高安全性和效率。在智能工业领域，芯原股份的芯片和解决方案可以应用于工业机器人、智能制造设备等。在智能医疗领域，芯原股份的芯片和解决方案可以应用于医疗设备和器械，实现数据的实时采集和处理，提高医疗水平和效率。这些设备通过与互联网的连接，可以实现数据的实时采集和处理，从而更好地服务于企业的发展需求和人们的日常生活。

2. 丰富的 IP 解决方案

芯原股份从硬件设施、软件、平台和解决方案等多层面提供物与物互联的产品和服务，使物联网进入社会的各个领域。在解决方案方面，芯原股份结合 AI 技术，开发了一系列应用于行业的智能解决方案。无论是精准农业，还是环保监测，抑或智慧城市，都有芯原股份的身影。芯原股份的 IP 服务涵盖了多个领域，通过对半导体 IP 的授权，可以为用户提供独特的解决方案和服务。目前，芯原股份已经为超过 1400 个不同的晶体管制造商提供了个性化 IP 服务。芯原股份的 IP 可以满足多种应用的需求，包括可穿戴设备、室内定位、物联网、家庭娱乐等。芯原股份致力于通过低功率、低成本的方式实现有效的数据信息交流。芯原股份旗下一系列高效的 IoT IP，不仅可以提供低功耗的蜂窝通信服务，还可以被广泛地运用于各种场景，如路灯控制、无人机抄表、自动泊位、自行车管理、空气污染检测、环保监督等，为人们的日常生活带来极大的便利。

三、发展与总结

总的来说，物与物互感是物联网技术的重要发展方向之一，具有广泛的应用前景和市场空间。随着 5G 技术的普及，以及人工智能、汽车电子等领域的快速发展，芯原股份的物与物互联业务有望实现更加广泛的应用和推广。目前，全球芯片行业正在经历着快速发展和激烈竞争，芯原股份只有不断提高技术实力和创新能力，扩大自身的竞争优势，才能在市场中站稳脚跟。

参考文献

[1]芯原 AI-ISP 技术带来创新的图像增强体验[J]. 单片机与嵌入式系统应用，2022，22(11)：96.

[2]张竞扬. 芯原董事长戴伟民：做芯片设计平台即服务(SiPaaS)应当耐得住寂寞，经得起诱惑[J]. 中国集成电路，2018，27(Z1)：13-22.

三、人与人互感

1. 人与人互感的特点

随着物联网技术的崛起，宣告了万物互联时代的到来，其中最引人注目的现象之一是"人与人互感"。通过互联设备、传感器和数字平台等手段，实现了实时的、双向的信息交流与共享，从而使人们之间的联系更加紧密。这种"人与人互感"具有以下特点，如图 1-15 所示。

即时互动　　灵敏感知　　跨越时空　　多元连接

图 1-15　人与人互感的特点

（1）即时互动。物联网技术使人们能够实时地分享自己的状态、位置、情感等信息，从而使沟通变得更直接、更即时。社交媒体、聊天应用和实时定位共享等服务为人们提供了实时互动的平台，使人们能够随时随地与朋友、家人甚至陌生人进行交流。

（2）灵敏感知。通过物联网设备的互联互通，人与人之间的信息传递更加快速，方便将感知环境的变化分享给其他人，从而让大家更好地理解彼此。

（3）跨越时空。物联网技术让人与人之间的互感不再受限于时空。即使身处不同的地理位置，人们也能够通过视频通话、远程协作工具等实现面对面的交流，从而缩小了地域带来的隔阂。

（4）多元连接。借助物联网技术，人与人之间的互感不再是单一的通信方式，而是更个性化和多样化的连接。个人可以根据自己的兴趣、需求选择与谁互动，以及何时何地进行互动，从而建立更加贴近自己意愿的社交关系。

2. 社会与经济影响

人与人互感作为万物互联时代的独有现象，将对社会和经济产生深远的正向影响。

（1）社交关系重构。人与人互感加强了人际关系的纽带，使人们之间的联系更加紧密，促进了社交关系的重构，有助于促进社会凝聚力和社区感，同时也为新的社交形式和模式创造了机会。

（2）跨界融合创新。物联网技术的发展催生了不同领域的融合创新。人与人之间的互感将促进跨学科合作，从而催生出更多创新的商业模式、产品和服务，推动科技、艺术、医疗等领域的发展（寇军、张小红，2023）。

（3）工作与生活方式转变。人与人互感使远程工作和协作更加普遍，改变了人们传统的工作和生活方式。这种灵活性可以提高员工的满意度和工作效率，同时也有助于减少交通拥堵和环境污染。

（4）决策数字化。物联网技术产生的海量数据为决策提供了更加全面的依据。通过分析人与人互感产生的数据，政府和企业可以更好地了解人们的需求和偏好，从而更有针对性地制定政策和提供产品与服务。

（5）新兴产业崛起。人与人互感催生了许多新的产业机会，包括智能设备制造、物联网平台开发、数据分析等，产业的发展不仅创造了就业机会，而且推动了经济的增长。

第四节　智能革命三大浪潮

一、人工智能：淬炼传统

人工智能的迅猛发展正在为社会的进步和个人的生活带来革命性的改变，同时也在加速渗透到越来越多的传统产业中，为它们注入新的活力和可能性。这一发展趋势从不同角度呈现：一方面，万物互联的红利逐渐显现；另一方面，人工智能不仅是为产品赋能，更是在为整个企业的转型升级提供强大的助力。

1. 万物互联红利开启

"物联网"这一概念正在以前所未有的速度融入人们的生活和工作。家居、交通、医疗等领域的设备和物品都开始实现互联互通。从智能家居中的智能音箱、智能家电，到城市中的智能交通系统，再到工厂中的智能生产设备都通过互联网实现了数据的交换和共享。互联将信息流、物流和价值流紧密连接，为效率的提升和资源的优化创造了可能（张帆、胡建华，2023）。

2. 从赋能产品到赋能企业转型升级

过去，人工智能主要被用来为产品赋能，如智能手机中的语音助手、推荐算法等。目前，人工智能已经超越了产品层面，成为企业转型升级的关键驱动力。企业不再满足于单一产品的开发，而是在整个价值链中寻求创新和优化（Ayub et al.，2023）。人工智能在数据分析、预测、优化等方面的能力，使企业能够更好地洞察市场趋势，优化生产流程，提高效率。例如：零售业引入人工智能分析用户的购物行为和偏好，从而精准定制营销策略，提高销售额；制造业则通过智能监控设备实现了设备的远程监控和预测维护，降低了停机时间和维护成本。

同时，人工智能也在推动着企业的商业模式变革。以共享经济为例，通过人工智能平台，个人和企业能够更方便地共享资源，实现资源利用的最大化，此类基于人工智能技术的新型商业模式正改变着传统的产业格局。

人工智能的赋能意味着将其技术应用于现实场景，从而提升效率，优化创新和智能化水平。为了理解这种赋能过程，可以从人工智能技术的实际应用出发。目前，实现人工智能技术的落地应用对于特定场景的要求十分严格，通常需要依赖大数据、物联网和云计算等先进技术的支持（李宁宁，2023）。随着5G通信技术的迅猛推进，物联网领域预计将成为人工智能技术重要的应用领域，因此，许多企业已经将目光投向物联网的构建。

传统行业中的企业为了实现人工智能技术的赋能，需要执行两项关键任务。首先，企业应充分考虑自身所在行业的特点，以此为基础规划人工智能的发展路线；其次，完成人才结构的升级也同样不可或缺，毕竟人才是推动人工智能创新的核心驱动力。

尽管人工智能领域已经取得了重大进展，但其仍然处于发展的初期阶段。随着技术的不断成熟，人工智能技术的赋能方式也会持续演变，这种演变可能涵盖从更高级别的自主决策到更加复杂的问题解决能力，从而进一步提高各个行业的效率和创新水平。

总体而言，人工智能赋能是充满希望和挑战的领域。理解赋能的核心在于将技术应用于实际场景，并根据不同行业的需求制定相应的策略。通过深入考虑行业特点，升级人才结构，以及不断关注技术发展，企业能够更好地实现人工智能技术的赋能，从而在竞争激烈的市场中保持竞争优势（Rita et al.，2023）。随着时间的推移，人工智能技术将不断得到创新，为各个领域带来更多的机遇和变革。

●专栏1-4●

凌云光：视觉人工智能领跑者

一、企业介绍

凌云光技术股份有限公司（以下简称"凌云光"）是一家以光技术创新为基础的科技企业，专注机器视觉与光纤光学领域的研究和开发。自2002年成立以来，一直聚焦机器视觉业务，是我国较早进入机器视觉领域的企业之一。

二、淬炼传统与推陈出新

目前，全球视觉人工智能行业还处于发展的早期阶段。但我国工业机器视觉行业起步较晚，较国际领先水平还有一定的差距。随着全球整体机器视觉技术的成熟与开源算法的普及，我国有望在算法驱动阶段追上全球步伐。凌云光作为我国视觉人工智能领域的领跑者，在追赶世界领先水平和开拓海外市场上担负着重大的责任。

1. 淬炼传统

凌云光从成立之初就充分理解并认识到，只有深入了解和遵循行业传统，才能更好地在国内外市场中立足。凌云光在视觉人工智能领域充分发挥传统图像采集和视觉处理技术的优势。凌云光通过不断改进和优化传统的图像处理算法，以提高图像的质量和清晰度为后续的人工智能算法提供良好的基础。同时，凌云光积极将机器学习技术与传统图像采集技术相结合。传统的图像处理技术能够提取图像的底层特征，而机器学习算法可以通过学习和训练提取图像的高层语义特征，能够更有效地处理图像信息，为用户提供更准确、更全面的视觉人工智能解决方案。凌云光淬炼传统还体现在不断探索和开发可视化工具上。视觉人工智能技术的应用往往需要处理大量的数据和复杂的算法，凌云光为了让用户能够更直观地理解和应用这些技术，其开发了具有人性化界面的可视化工具。这些工具能够将复杂的算法和分析结果转化成简单直观的可视化展示，使用户可以清晰地观察图像的处理和分析的过程，以及结果的可信度和可行性。通过可视化工具，用户可以更轻松地理解和应用视觉人工智能技术，提高工作效率、改善用户体验。

2. 推陈出新

凌云光注重研发投入，设立大量的研发经费，引入先进的研发设备和优秀的研发人才。凌云光专注于光电设备的研发领域，攻克了精准成像、智能算法等诸多难题，成功研制出具有自主知识产权的高新技术产品，引领了光电设备的行业规范，走在了国内同行业的前列。凌云光持续聚焦视觉人工智能赛道，在消费电子、新能源以及文化元宇宙等领域取得了较好的业务突破与收入增长。在可配置视觉系统方面，不断提升旗下产品质量，推动产品的创新和大力发展国产替代，进一步扩大了市场份额。同时，凌云光实现了手机结构件智能检测设备的批量交付，积极服务于国内制造业的转型升级，助力提升智能化和数字化发展。在模型和算法的优化方面，凌云光旗下的科研团队深入研究光学原理和信息处理流程，并通过调整算法结构、改进训练模型和增加数据样本等方式，有效提高了模型的准确率。凌云光在优化模型的同时也提高了算法的准确性和实时性能。凌云光的研发团队通过不断尝试和试验，进一步改进和优化了现有的算法。凌云光通过优化其计算效率以及硬件系统的配置，保证系统能够在实时场景中快速、准确地处理大量数据。凌云光持续探索和拓展视觉人工智能的应用场景，研发团队与行业伙伴紧密合作，深入了解不同行业的需求和问题，致力于将其应用于更多的行业和领域。

三、发展与总结

总的来说，凌云光坚持淬炼传统、推陈出新的战略，积极在视觉人工智能领域不断迭代升级。但面对我国视觉人工智能技术起步晚、国际水平领先的困境，凌云光还需要不断加强技术的积累和创新，及时根据市场需求变化调整策略，这样才能为用户提供更好的解决方案，才能在激烈的竞争中站稳脚跟。

参考文献

[1]孙彬. 赢在智能[J]. 印刷工业, 2023(1)：44, 46.

[2]尤大伟. 凌云光：以机器视觉为抓手, 助力印刷行业转型腾飞[J]. 印刷杂志, 2022(3)：15-17.

二、元宇宙：打造数字领域

元宇宙这一前沿概念，已经在全球范围内引起了广泛而深入的讨论，其所带来的影响，既显得遥远而虚幻，又近在眼前且真实可感。从互联网到数字经济，元宇宙的概念正在开创一片崭新的发展探索领域，如同突破了互联网流量的世界性天花板，在打通互联网、智能硬件与流量的新想象空间方面发挥着无可比拟的作用，同时也孕育着互联网与硬件融合发展的未来。元宇宙被寄予厚望，将作为虚拟世界与现实世界融合的载体，引领着数字科技在新的维度中延展（詹远志、颜媚，2023）。

1. 打造身临其境的体验

如今，数字技术的融合已经发展到能够构建元宇宙的阶段。元宇宙被看作相对于现实空间的一个立体数字空间，在这个空间中，线下的展览能够以惊人的3D形式呈现。然而，这种情景并不是技术发展的终点，而是技术不断演进的过渡阶段。未来，元宇宙可能会有更加强大的版本，将展示体验推向新的高峰。

元宇宙将过去与未来紧密地联系在一起，构建了一个对话的平台和场域，元宇宙天生具有多元性和包容性，这种特性不仅体现在形式上，也体现在内容上。科技的力量在元宇宙中得以在时间和空间上延展，为人类带来前所未有的体验。

2. 线上线下的完美融合

元宇宙所构建的虚拟空间归根结底是为用户所服务的，这一点凸显了去中心化的特点。与此同时，元宇宙的场景建设追求高度还原，实现了数字化的呈现。这正是元宇宙的技术优势，跨越了现实与虚拟世界之间的数字鸿沟（郭涛、陈友梅，2023）。

在元宇宙中，线上和线下的界限逐渐模糊。虚拟世界为现实生活带来了全新的可能性，让人们能够在虚拟空间中探索、创造和互动。与此同时，现实世界的经验和资源也为元宇宙的丰富性贡献了重要因素，使虚拟世界更加丰富多彩。

3. 科技的纵深延伸

元宇宙的出现不仅是科技的革命，更是科技的纵深延伸，将过去的记忆和未来的幻想连接在一起，打破了时间和空间的束缚，让人们在这个数字化的宇宙中自由穿梭。这种纵深延伸的特点，让元宇宙成为一个探索未知、展望未来的平台，鼓励人们超越现实的限制，勇敢创新。

元宇宙不仅是技术的进步，更是思维的飞跃，催生了新的文化、新的艺术表达方式，为创作者提供了一个无限的创作舞台。在复杂的数字宇宙中，人们可以通过虚拟身份实现自我表达，创造出属于自己的独特世界。

4. 人类前进的方向

元宇宙的到来让大众重新审视了人类前进的方向，鼓励人们敞开心扉，敢于突破传统的边界，勇敢地探索未知。科技的发展是不仅是为了满足人们的物质需求，更是为了满足人类精神层面的渴望。人类不再只是生活在现实的世界中，而是可以在现实与虚拟之间创造出更加多彩的人生（夏佳雯，2023）。

总之，元宇宙的涌现标志着人类社会迎来了一个全新的时代。这不仅是科技的进步，更是人类思维和创造力的结晶。通过打造身临其境的体验，实现线上线下的完美融合、延伸科技的纵深，以及引领人类前进的方向，元宇宙必将引领人类迈向一个更加辉煌的未来，共同探索这个数字宇宙中的无限可能性。

三、工业互联网：拓展数字经济空间

近年来，随着新一代信息技术的融合，工业互联网正逐步渗透到经济社会的各个领域中，深刻地改变着发展的方方面面。在新的科技革命和产业变革浪潮的推动下，发展数字经济已成为一项战略选择，而工业互联网作为抓住这一新机遇、迎接新挑战的关键举措，势必引领数字经济的崭新崛起，开启全新的时代篇章。

1. 工业互联网的四大体系

工业互联网将为数字经济的演进带来翻天覆地的变革。尽管消费互联网曾是数字经济的先驱，以其低成本的共享平台和创新渠道为特点，推动了平台经济的迅速崛起。然而随着时间的推移，数字经济正在迈入一个新的阶段，即工业互联网时代。在这一时代下，数字世界与实体经济将深度融合，物质实体与信息世界将高度耦合，为经济增长注入全新的动力（高佳萌等，2023）。

作为新一代信息通信技术与工业经济的深度融合体现，工业互联网扮演着塑造新型工业生态、打造关键基础设施和创造新型应用模式的关键角色。它不仅是数字化产业发展的新引擎，也是实现产业数字化转型的重要基础（薛益，2023）。工业互联网构建了网络、平台、数据和安全四大体系，为数字经济提供了坚实的基石，确保了其稳健发展。

在网络体系方面，工业网络正在经历着第三次演进，借助新型工业网络技术，以更好地应对第四次工业革命中对网络的新要求，如扁平化、确定性、低时延和定制化。这一趋势不仅将引领企业内部网络的整体变革，还将为工业应用提供高质量的、全程全网的确定性保障。

在平台体系方面，工业互联网平台已成为推动产业数字化、创造新业务模式的核心载体。当前，工业互联网平台呈现综合型、特色型和专业型三种主要类型。这些平台具备数据汇聚、知识复用、建模分析和应用创新四大主要功能，为企业提供全方位的数字化支持。

在数据体系方面，数据已被视为生产要素，在产业数字化的进程中不可或缺。工业互联网将数据视为宝贵资源，通过采集、整合和分析，为产业链上的各个环节赋能，从而实现高效、精准的生产模式。

在安全体系方面，工业互联网涵盖设备、控制、网络、平台、数据以及标识解析等多个方面。确保工业互联网的安全是维护数字经济稳定发展的重要保障，每个环节的防护都不可或缺。

2. 工业互联网的作用

工业互联网安全形势日益严峻，与传统互联网安全相比，其特点显而易见：涉及范围广、造成影响大、企业防护相对薄弱。然而，这种形势的背后也孕育着巨大的机遇，工业互联网在进一步推动数字经济高质量发展方面具有突出的作用和潜力。

首先，工业互联网可以加快新型工业网络产业的发展，从而促进工业数据的采集、共享和应用。随着物联网技术的不断进步，越来越多的工业设备和传感器能够实时获取大量的生产数据。这些数据蕴含着宝贵的信息，可以帮助企业优化生产流程、提高生产效率，甚至创造新的商业模式。通过建立开放的工业数据平台，不仅能够实现数据的跨企业共享，还能够激发创新，推动产业链的升级与优化。

其次，工业互联网平台在工业和数字经济发展中具有巨大的带动作用。这些平台可以整合不同领域的资源，实现供应链、价值链的高效连接，加速产品从概念到市场的转化。通过工业互联网平台，企业可以更好地洞察市场需求，精准确定产品定位，从而提高市场竞争力。同时，这些平台也为中小企业提供了进入市场的机会，促进了产业的多元化发展。

再次，为了保障工业互联网安全，建立起贯穿横向和纵向的安全体系至关重要。在横向上，不同企业之间应加强信息共享，共同应对安全威胁；在纵向上，从底层设备到应用系统，都需要有完善的安全策略和机制，其中包括设备级的身份认证、数据加密，以及系统级的入侵检测、应急响应等措施。只有通过建立全面的安全体系，才能有效防范和减轻潜在的威胁（谢露莹、吴交树，2023）。

最后，工业数据的应用和价值挖掘也是推动数字经济发展的关键一环。随着数据的不断积累，企业可以通过数据分析、人工智能等技术，深入挖掘数据中的规律和价值。具体来说，通过对生产数据的分析，企业可以及时发现生产异常，避免生产事故的发生；通过对市场数据的分析，企业可以更好地预测市场趋势，调整生产计划。数据驱动的智能决策，将有效提升企业的竞争力和创新能力。

篇末案例

大华股份：数智化践行者

一、企业介绍

浙江大华技术股份有限公司（以下简称"大华股份"），是全球领先的智能物联解决方案提供商、智能物联运营服务商。大华股份秉承 Dahua Think#战略，专注城市和企业两大核心领域。坚定地推进两项重要技术战略——AIoT 和物联数智平台紧密迎合用户需求，全面推动城市和企业的数字化转型，为各行各业的智能化升级创造更多的价值。

二、智能化解决方案

1. 城市层面

（1）智慧城市。大华股份在互联网思维的指导下，提出了智慧城市数字转型解决方案，旨在构建数字化城市治理模型和现代化城市治理体系，实现智慧城市的顶层架构建设。这一革命性方案的核心目标是构建一个应用牵引和数字赋能的智慧城市。在这一数字化转型的背景下，大华股份积极探索并提出了智慧城市数字转型解决方案，为城市治理的发展提供了坚实的基础。方案明确定义了数字政府、数字社会的核心要素，使城市治理体系的现代化成为可能。

数字转型是大华股份关键的推动力，涵盖了多维感知、人工智能、云计算和大数据等前沿技术，这些技术的整合为城市管理手段、管理模式和管理理念的革新提供了强大的支持。这一综合性的方案不仅是技术的应用，还是一种思维方式的革命，融合了互联网思维，引领城市治理迈向全新的境界。

为了实现这一愿景，大华股份构建了一整套核心技术方案，并以城市运营管理中心为核心。这个中心将通过一体化的感知平台、集约化的基础设施平台、共建共享的数据资源平台和统一开放的业务资源平台等进行赋能，推动流程的优化再造和数字化应用的创新。这一系统互通和数据互通的方法有助于促进技术、数据和业务的有机融合，使城市治理体系实现全面数字化。

在这一数字化的新生态下，城市的公共安全、社会治理、公共服务、经济运行和环境保护都得以实现数字化。数字转型为城市感知提供了更加实时的数据，使决策过程更加精准，而智能化的调度指挥系统可以更好地协调各个城市要素，为城市的可持续发展奠定了坚实的基础。

此外，大华股份的数字转型还使万物互联成为可能。通过连接城市的各个层面，从交通管理到环境监测，从市民服务到工业生产，数字转型打破了"信息孤岛"，实现了各个领域的互联互通，提高了城市的整体效率和生活质量。大华股份的智能城市解决方案能从以下几个方面赋能。

第一，可视化城市管理。通过实时数据获取，将原本需要人工发现和逐级上报的问题呈现为可视化信息，使问题的发现和处理变得更加直观，能够快速响应，实现全程追踪。这不仅显著降低了行政成本，还提高了管理效率，增进了市民满意度。

第二，实时监测与预警系统。建立城市四级预警系统，依托"实时监测、及时预警、联动处置、跟踪闭环"的原则，提前识别潜在安全风险，迅速发布突发应急事件的警报，并通过城市运营管理中心实现多部门之间的紧密协作和全程监控。

第三，数字化智能决策支持。打造一个"以数据为核心"的智慧系统，不断完善"以数据为基础的决策和监管"模式，推动数字城市建设，有力地支持城市治理体系和治理能力的现代化。

第四，现代治理能力的全面提升。通过数据共享和业务流程的协同衔接，促进各部门间高效合作处理各类事件，使社会治理体系更加完善，同时激励群众参与，推动社会协同治理，提高公众满意度。

（2）智慧交管。大华股份致力于打造智慧交通管理方案，以信息技术为核心，强调平台思维，依托计算机通信网络和智能化指挥控制管理，构建了一体化的智慧交通管理平台。该平台以信息互联为基础，推动了交通管理的现代化，使管理数字化、信息网络化、办公自动化成为现实，显著提升了交警部门的道路交通管理水平。

在大华股份的努力下，成功建立了结构合理、负载均衡、内外沟通的交管视频云综合管控系统。这一网络系统不仅为交警提供了高效的工作环境，还为日常办公和管理工作提供了所需的软件环境。与此同时，大华股份还专注于开发各类信息库和应用系统，实现了各智慧交通管理系统的互联和协同，推动各类数据资源的高度共享和集中管理，为各部门提供了充分的网络信息服务，真正实现了万物互联的愿景。

2. 企业层面

（1）智慧建筑。大华股份在智慧建筑领域提供全面的解决方案，充分考虑地产商、业主、物业管理、监管部门、建工集团的实际需求。大华股份始终以视频物联为核心，深度结合人工智能技术，从建筑工地，再到投入运营环节，全流程涵盖了智慧工地、智慧小区、智慧物业、智慧综合体、智慧酒店和智慧写字楼等多个解决方案。这些方案深入用户业务场景，通过 AI 的赋能，持续为用户创造实际的价值。

（2）智慧教育。大华股份致力于提供智慧教育解决方案，基于《智慧校园总体框架》构建，通过物联感知、全网智能分析、云计算等前沿技术的深度结合，实现各类场景业务的智慧化，普及数据应用。这一综合解决方案包括智慧安保、智慧后勤、智慧教学以及校园大数据等，为校园信息化建设提供了一体化的解决方案。通过技术手段的应用，校园安全、后勤管理、教学质量和数据应用得到全面提升。

（3）智慧金融。随着人工智能、大数据、物联网、5G等新兴技术的不断涌现，银行安保管理以及金融业务正面临迭代革新的需求。大华股份在人工智能技术、大数据技术方面的积累十分丰富，通过紧密结合金融行业的现状，始终把"数智融合"作为指引发展的建设理念，以"可视化、智能化、物联网、大数据"为技术手段，助力金融行业持续提升安全监管能力，打造业内领先的内控合规水平，提高运营能力的数字化程度，共同创造科技金融新局面。

（4）智慧物流。大华股份的智慧物流解决方案专注于物流过程和场景，分别在运输、仓储、中转、配送四个主要环节提供全方位支持。通过自动化、智能化和可视化手段，解决了安全、作业和运营三大业务领域的挑战，该解决方案以端到端的场景化设计为特色，分别从人、车、货、场四个对象入手实现全面管理，提升了安全和防范能力，为业务运营管理提供辅助作用，有效提高了物流的质量和效率。

三、发展硬实力

经过20多年的发展历程，大华股份经历了从单一的视频监控领域逐渐演进为以智慧物联解决方案为核心的提供商与运营服务商。大华股份面向城市级与企业级市场，提供全链路的支持，包括硬件、软件、算法、解决方案和服务等。不再局限于单一的产品或解决方案，大华股份已经实现了整体战略布局的转变。

大华股份积极寻求与合作伙伴的联合，以共同建设、共同获益、共同生存的智慧物联生态共同体。这一举措旨在为城市数字化创新和企业数字化转型提供支持，从而促进经济社会的可持续、绿色和高质量发展。

1. 战略更新：多元化发展成为主流

大华股份的创始人傅利泉一直保持着对技术的执着，这种态度塑造了公司的企业文化，使其高度重视技术投入，并一直保持持续创新的动力。傅利泉坚信创新驱动是成功的关键，因此大华股份一直秉持这一工作原则，保证研发高投入的持续性，以确保核心技术的领先地位。随着行业的不断变化，大华股份积极应对新的产业挑战，将持续创新作为应对变革的核心决策。

为了加速数智产业化的发展，大华股份不仅坚持技术研发和创新投入，还积极探索数字化实践。除了将数字化赋能用户，大华股份还致力于自身创新和数字化技术的实际应用与探索。大华股份推陈出新，以其"未来工厂"为智慧制造的杰出典范。通过对软件系统的智能升级，大华股份积极推动"互联网+制造业"的深度融合，实现人流、物流、车流、信息流、工程流、产品流的全面互联互通。这一创新举措旨在构建一个可视化、可追溯的数字化园区，为制造业数字化、网络化和智能化转型升级提供有力支持。在这一使命下，大华股份不仅追求智慧制造的发展，更致力于打造可推广、可复制的新制造、新模式和新方案。大华股份将持续增加研发投入和技术创新，以加速制造业数字化和智能化的融合进程。数字化工厂的不断升级成为公司的重中之重，为推动智慧制造的高质量发展奠定基础。同时，大华股份还积极促进数字安防产业群落的发展，成为区域创新的重要代表。

在这一不断发展的过程中，大华股份将追求"万物互联"的愿景，实现各种元素的全面互联。其中，物联网技术的广泛应用，使生产流程更加智能和高效。此外，大华股份将探索更多的前沿技术，如人工智能和大数据分析，以提高生产流程的质量和效率，进一步推动数字化工厂的发展。

2. 数智化发展是未来的主旋律

数智化升级已经推动了产业智能进入第三阶段，即 AI 物联网时代。在这一时代下，大量的数据不仅变得更加有意义，而且开创了广阔的蓝海市场。大华股份在激烈的市场竞争中，竞争力不断增强。

　　大华股份凭借其数字化技术、软硬件实力和云布局能力，位居行业第一梯队。在多年的场景应用积累叠加下，赋予了大华股份独特的 AI 流水线生产和定制化服务能力。在 AIoT 领域，大华股份的业务经营、布局实力以及应用范围都在不断扩展，呈现更加全面的发展态势。

　　AIoT 的兴起不仅推动了行业的新发展，还催生了以视频为核心的新能力，这一能力源于大华股份内部的孵化，为更多自主创新业务的发展提供了有力支持。这一战略选择对于大华股份来说至关重要，标志着其在前行的道路上迈出了重要的一步。

　　大华股份已明确了其业务战略，将聚焦于城市服务和企业解决方案两个主要业务领域。在技术方面，大华股份将依托 AIoT 和物联数智平台两个核心支撑支柱。

　　随着城市服务领域的稳健发展，大华股份将不断加大对企业解决方案的投入力度，以构建公司发展的新引擎。另外，为了提高核心能力，将以"全感知""全智能""全连接""全计算"四大核心能力为基础，加大研发投资力度，持续提升关键技术的自主领先地位。

　　当前，大华股份正处于数智化转型的初级阶段。在这一阶段，企业和用户需要在技术方面付出更多的努力，以满足明确定义的需求。然而，一旦迈入下一个阶段，无论是技术的成熟度、解决方案的完备性，还是用户的专业水平，都将得到显著提升，市场前景将进一步扩大。

　　这个新阶段将对大华股份提出更高的挑战，着重考验其产业化实施能力。在这一阶段，关键在于协助用户以更快速、更专业、更具成本效益的方式提供服务，这将成为企业的核心竞争优势。大华股份将全面开放其技术、业务和服务领域，与众多合作伙伴合作，以共同构建、共同获益、共同发展的理念，贯彻全生态战略，建立智能物联共同体，推动企业数字化升级，以确保科技更大程度地发挥效能。

3. 绿色发展是企业使命

　　大华股份将绿色发展视为其智能化发展的主要目标，同时也将其视为智能化发展的最终形态。如今，绿色低碳发展已不再是企业社会责任的可选方案，而是提升市场竞争力的必要手段。

碳达峰与碳中和旨在通过改变当前的经济发展模式，实现经济社会绿色低碳可持续发展的总体目标。要实现碳中和，科技创新是关键，而数字化技术是大华股份在这一关键道路上取得成功的利器。

大华股份积极运用其在智慧物联产业的领先技术，大力研发智慧用电解决方案，旨在协助用户实现能源节约减排目标，切实推动城市和企业的双重碳减排计划落地。同时，大华股份还利用数智化技术对其办公园区进行智能改造，已初步实现对空调和照明的全面智能化管理，取得了显著成效，节电率达到20%。大华股份的每一步举措都与国家发展的关键节点密切相关，未来将继续密切关注国家战略和行业发展方向，充分发挥技术优势，为经济社会发展和企业数字化转型贡献力量。

四、发展与总结

大华股份从技术、业务及服务等多个方面进行全面开放，与众多合作伙伴携手合作，共同建设、共享成果、共同发展，践行全方位互联网思维，构建智慧物联共同体。未来，大华股份将加快数字化产业落地，助力各行各业享受科技带来的便利与美好，为构建一个和谐美好的世界而不断努力。

参考文献

[1] 大华股份[J]. 中国建设信息化, 2023(4): 81.

[2] 同辉. 爱芯元智与大华股份共筑高质量合作伙伴关系[J]. 电器, 2022(7): 14.

本章小结

本章主要讨论了时代的现状与发展的相关内容。在互联网思维4.0的指引下，时代的发展格局迎来翻天覆地的变化。第一节从万物互联、数字转型、互联网思维以及智能互联阐述了互联网思维带来的深刻影响，对探索时代蓝海具有指引作用；第二节以互联网思维催生的四大思维为切入点，揭示了用户思维、迭代思维、流量思维、平台思维的运行机制与逻辑；第三节针对万物互联的数字之美进行阐述，分别从物与人、物与物、人与人三个角度展示万物互联的广泛性；第四节介绍了智能革命三大浪潮，分别从人工智能、元宇宙、工业互联网出发进行了阐述。

第二章
人工智能

　　人工智能的基础与演进进程仍在持续，同时人工智能还作为新引擎赋能企业升级，并在不同领域进行融合应用。作为一项跨领域的前沿技术，人工智能已经历了几个关键的演进阶段。从最初的符号推理到深度学习和强化学习，人工智能不断取得突破性进展，为各行各业带来了革命性的改变。

人工智能是引领这一轮科技革命和产业变革的战略性技术，具有溢出带动性很强的"头雁"效应。我们深切体会到，今天我们比以往任何时候都需要源头技术创新，否则我们所有的创新努力，都将是在别人的院子里建大楼。

——科大讯飞董事长　刘庆峰

学习要点

☆人工智能的社会影响

☆数字经济的发展态势

☆人工智能的商业价值

开篇案例

中科金财：区块链与金融科技的开拓者

一、企业介绍

北京中科金财科技股份有限公司（以下简称"中科金财"）成立于 2003 年 12 月，是国内领先的综合服务商，专注于区块链技术和金融科技领域。中科金财以打造领先的产业互联网科技赋能平台为使命，以金融科技解决方案和数据中心综合服务为核心，深耕金融、教育等多个行业。中科金财的服务对象包括中国人民银行、银保监会、证监会、银联、银行间交易商协会、支付清算协会等近 600 家银行金融机构总部用户，为其提供全面的科技支持和先进的解决方案，以满足不同行业的需求。

二、发展硬实力

1. 中科金财区块链

中科金财区块链作为企业级区块链基础平台，致力于解决其他区块链系统中存在的吞吐量低和交易慢的问题，并能够满足广泛的企业链和联盟链的业务需求。以下是中科金财在区块链底层技术研发上的突破创新，展示了其在交易效率、储存能力、隐私保护能力、跨链标准、区块链即服务能力（BaaS）以及国密等领域的领先优势。

（1）交易效率提升了 20 倍。中科金财采用异步分组拜占庭共识算法，与传统的拜占庭共识算法相比，共识效率提升了 20 倍，这意味着每秒可以处理 2 万笔交易。此外，中科金财正在试验高速区块链共识算法，预计交易处理效率可达 10 万笔/秒。

（2）储存能力提升了百万倍。中科金财采用了大数据区块 P 级储存技术，与比特币相比，储存能力提升了百万倍，与原生 Fabric 相比，储存能力提升了 10 万倍。这种大幅的储存能力提升可以支持更多的数据存储需求，使企业链和联盟链能够处理大规模数据的交易和存储。

（3）隐私保护能力提升了 2 倍。为了保护交易数据的安全和隐私，中科金财采用了双重加密技术对区块链数据和通信链路进行保护，使隐私保护能力提升了 2 倍。这种加密技术有效地防止了交易数据在传输过程中被窃取或在存储后被非授权解密。通过提升隐私保护能力，中科金财确保了企业链和联盟链中敏感数据的安全性和机密性。

（4）制定跨链标准协议。中科金财制定了跨链标准协议，使其区块链系统能够与异构区块链网络兼容。这种标准化协议提升了中科金财的可拓展性，使其能够与金融、监管、民生等领域的现有区块链平台进行对接和交互，实现跨链交易和信息共享。

（5）区块链即服务能力。中科金财提供了区块链即服务能力，该能力具有秒级启动、按需分配和开箱即用的特点。企业和联盟可以根据自身需求快速启动和部署区块链应用，无须花费大量时间和资源搭建底层技术，从而降低了区块链应用的开发和运维成本。

（6）自主知识产权。中科金财区块链平台支持国密算法，具备自主可控的特点，并拥有完全的知识产权。这意味着中科金财在技术实现和算法设计方面不依赖外部技术，并能够确保系统的安全性和稳定性。同时，自主知识产权还使中科金财能够满足特定行业和国家对安全和数据隐私的要求。

2. 金融科技整体解决方案

（1）金融大数据运营服务。中科金财与运营商、银行、公安、教育等数据资源方开展全面合作，获得合法大数据源。通过机器收集大量异构、多样化的信息，对数据的采集和分析，运用机器学习及复杂网络等创新的模型算法技术，对数据进行深度挖掘。使用分布式人工智能平台建立目标用户画像、用户流失模型、信用评分卡模型和反欺诈云服务等，形成"营销—运营—风险"的全闭环管理。

（2）数据隐私保护。中科金财采用端到端安全加密措施，使用 SM2 算法、数字签名验签、公网 IP 地址白名单等技术，在场景企业、中台、银行后台间搭建加密隧道，对场景企业连接中台、中台连接银行后台 API 的访问请求进行加密及真实性核验，防范非法接入，保障从场景企业到中台的数据不可见、不留存，数据最终在银行端解密并存储，有效保护场景数据及用户个人隐私的安全。

（3）智能中台。中科金财构建多渠道触达用户、智能化场景的非接触银行，是普惠金融用户经营新趋势。智能客服、智能外呼、视频银行、App 智能助手、精准营销，是非接触智能银行的主要场景。过去"烟囱化"的系统建设方案，先天存在渠道孤立、能力离散，数据割裂的弊端。而基于智能中台，零代码构建智能化业务场景，同时支持未来全行智能化多场景的统一落地，避免智能场景"烟囱化"、智能流程和算法"孤岛化"，用户智能交互数据"碎片化"，是科技赋能新金融的创新方案。

3. 数据中心综合服务

（1）智能运维系统。智能运维系统，用以满足智慧机场建设、IT 运维优化过程中的流程管理要求、网格化管理要求、精细化管理要求、合规管理要求；把以前凌乱的 IT 运维系统给整合起来，统一管理，互联互通。

（2）数据中心自动化管理。围绕用户数据中心日常运维场景下，提供运维自动化、作业自动化、巡检自动化及容灾自动化的综合性解决方案，实现数据中心系统管理的标准化、流程化、自动化。支持异构及复杂多中心环境的部署方式，支持构建或纳入统一的自动化运维平台，提升运维效率，降低错误操作。经过商业银行及大型企业的用户生产系统验证，满足商业银行最高等级的监管标准。

（3）数据中心建设。中科金财具备构建数据中心关键基础设施的建设资质和技术实力，满足数据中心机房空间、供电、制冷、消防、环保等方面的设计和建设需求，致力于为用户提供全方位的服务，包括计算、存储、网络、安全等基础架构软硬件资源的实施。通过专业的能力和技术支持，为用户打造可靠、安全、弹性、绿色的模块化数据中心。

三、核心竞争力

1. 具备前瞻且全面的金融科技服务能力

多年以来，中科金财一直致力于为上百家银行和金融机构用户提供全面的金融科技服务。通过对金融行业的深刻理解，中科金财能够敏锐地洞察传统金融行业的需求，并通过提前规划和发展布局，成功抢占市场先机。在智能银行、开放银行等领域，中科金财持续保持着领先优势，同时深入推进人工智能、大数据、云服务和区块链等科技创新业务。由此，中科金财已经基本具备覆盖金融科技全业务链的服务能力。

2. 弘扬开放经营理念和人才培养吸引力

凭借多年的实践和经验总结，中科金财成功构建并实施了多层级的合伙人经营责任制。这一创新制度将中科金财划分为独立的经营单元，采用独立核算制度进行运营，为员工提供更直接参与经营管理的机会，实现其与市场更加密切地互动。中科金财的多层级合伙人经营责任制强调发现和培养卓越的经营人才，注重以用户为中心、全局观念和组织协同性。

该制度通过打破传统企业部门之间的隔阂，有效激发了员工参与经营管理的自主性和积极性，不仅提升了员工的经营热情，更增强了员工的主人翁意识。

3. 提供产业互联网科技赋能

中科金财凭借丰富的专业经验和优质用户资源，在金融、政府与公共事业以及企业 IT 领域积累了长期的实践经验。中科金财注重于满足中小企业的需求，为产业链上下游的销售合作伙伴和解决方案伙伴提供全面的科技赋能服务，该服务体系包括科技赋能、经营赋能、管理赋能、商业模式赋能以及资本赋能等多个方面，旨在全方位提升合作伙伴的竞争力，助力其实现业绩增长。中科金财的核心理念是产业互联网科技赋能，并积极践行价值共享的原则。通过与合作伙伴紧密合作，共同成长，推动整个产业链的协同发展。

四、发展与总结

中科金财的发展源于金融科技，同时深植于价值互联。未来，中科金财将以区块链公共服务平台为基础，不断打造业内领先的科技金融服务，优化监管，深耕特有的行业场景，帮助产业链上下游的用户实现全链路的技术升级。

参考文献

[1]占济舟，张格伟．区块链供应链金融模式创新与保障机制研究[J]．供应链管理，2023，4(4)：32-40.

[2]王思瑶．区块链技术在金融创新中的应用分析[J]．全国流通经济，2023(5)：165-168.

第一节　人工智能的基础与演进历程

一、人工智能概述

随着互联网技术的高速进步，大数据已经成为影响生产力的关键要素和行业资源。在这个信息爆炸的时代，大数据蕴含的巨大价值引发了人们对人工智能的兴趣与热情。人工智能作为大数据时代的产物，正逐渐显现出前所未有的智能化特征(赵志君、庄馨予，2023)。

2012 年，深度学习模型 AlexNet 在 ImageNet 竞赛中的惊人表现，对图像识别分类领域产生了革命性的影响。这一突破性进展不仅在技术上超越了传统的计算机视觉算法，更标志着深度学习时代的开启，为人工智能的崛起奠定了基础。

近年来，人工智能技术取得了一系列引人注目的成就。2015 年，ResNet 模型展现出惊人的能力，其在图像识别方面的准确性已经超越了人眼的分辨率，彰显了人工智能在高级视觉任务上的巨大潜力。

2016 年，谷歌旗下的人工智能"阿尔法狗"（AlphaGo）战胜了韩国围棋大师李世石，这一事件震惊了全世界。在这场人机对弈中，人工智能"阿尔法狗"的胜利不仅展示了人工智能在复杂智力游戏中的强大能力，也让世人切身体会到了人工智能蕴含的巨大潜能。

这些重要事件所揭示的只是人工智能发展的冰山一角。在大数据的支持下，人工智能已经在多个领域取得了突破性进展。从自然语言处理到医疗诊断、从自动驾驶到智能制造，人工智能正逐渐渗透到人们生活的各个角落。其应用不仅在提高生产效率和降低成本方面发挥着重要作用，更在解决社会问题、创新科学研究等方面作出了卓越贡献。

在漫长的过程中，人工智能经历了多个阶段，不断融合和创新。尤其是近年来，随着数据收集和存储技术的进步、计算能力的大幅提升，以及先进算法的涌现，人工智能技术在诸多领域取得了突破性进展。这不仅归功于技术本身的发展，还得益于全球范围内学术界、产业界和政府部门的密切合作。各方的共同努力推动了人工智能技术的不断演进，进而为社会带来了深远的影响。国内外越来越多的专家学者纷纷投身于将人工智能和深度学习模型运用到各行各业。从安防领域中的人脸识别应用到交通领域中的自动驾驶技术，从国际会议中的实时多语言翻译到智能家居中的语音识别，人工智能技术的影子无处不在。因此，人工智能已经成为新时代产业数字化和科技革命的核心驱动力，也在全球经济环境变革中扮演着崭新的角色。

随着人工智能技术中的机器学习和知识图谱等的蓬勃发展，社会各界正从庞大的非结构化数据中提取、获取宝贵的知识。在这个数字化与信息化不可逆转的时代背景下，各行业的系统改革也势在必行，而这正是国内外相关领域蓬勃发展的必然趋势（朱梦珍等，2023）。

令人欣喜的是，移动互联网、大数据分析、云计算等多个领域的技术正在与不同的领域紧密融合，为这一变革提供强有力的推动力。新兴技术和服务模式正迅速渗透到社会发展的各个环节，这不仅是一场变革，更是人们生活方式的革命性改变。在这一过程中，各行各业也迎来了前所未有的发展机遇。

二、人工智能的起源与发展

人工智能在智能学科中处于关键地位，其核心目标是深入研究智能的本质，创造出一种类似于人类智能反应方式的新型智能机器。研究领域涵盖广泛，如机器人学、语言识别、图像识别、自然语言处理和专家系统等。随着人工智能理论和技术的不断成熟，应用领域也在快速扩展。人工智能的发展为科技产业注入了新的活力，未来将孕育出更多承载人类智慧的科技产品。

人工智能的发展旨在模拟人类意识和思维的信息处理过程，努力在行为上实现类人的表现。虽然人工智能本身并非人类智能的复制，但它具备类似人类思考的能力，甚至有可能在某些领域超越人类的智能水平（邓晓芒，2022）。

一般观点认为，人工智能的概念源于1956年举行的达特茅斯会议。这次历史性的会议聚集了来自各个学科领域的杰出科学家，他们共同探讨了如何通过机器模拟人类智能等一系列问题。正是在此次会议上，"人工智能"这一术语首次问世，并对人工智能研究的使命进行了划定，即让机器行为表现得像人类的智能行为一样。

从最初的神经网络和模糊逻辑到现阶段的深度学习，人工智能技术经历了多次兴衰循环，呈现四个明显的发展阶段，如图 2-1 所示。

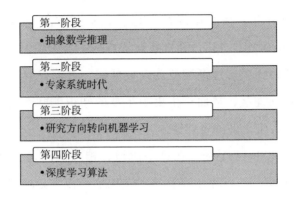

图 2-1　人工智能技术的发展阶段

第一阶段发生在 20 世纪 50~70 年代。抽象数学推理的计算机开始出现，符号主义得到快速发展。研究者对人工智能的热情高涨，推出一系列智能系统。在这一阶段，人工智能主要被应用于解决小规模的数学和逻辑难题。然而，随着研究的深入，人们逐渐认识到这些推理规则的简单性，以及构建模型的局限性。于是，人工智能研究陷入了低谷。

第二阶段发生在 20 世纪 70~90 年代。在这一阶段，研究人员逐渐认识到知识在人工智能系统中的重要性。在这段时间里，出现了多种专家系统。其中，1972 年，一个名为 MYCIN 的知识工程系统被成功开发，专用于传染性血液病的诊断和处方。这一事件被视为人工智能进入"专家系统时代"的标志。在这一阶段，专家系统经历了迅速的发展，数学模型取得了重大突破。然而，由于专家系统在知识获取、推理能力等方面存在局限性，以及其开发成本较高等，人工智能再次陷入了低谷。专家系统的发展进程并不是一帆风顺的，使人们开始思考如何让计算机能够自主理解和归纳数据，掌握不同数据之间的规律，这也就引发了对"机器学习"的探讨。

第三阶段发生在 20 世纪 90 年代末至 2006 年，其间发生的一系列重要事件引发了人们对人工智能技术的广泛关注。这一阶段，IBM 的"深蓝"计算机在国际象棋比赛中击败了卡斯帕罗夫大师，再次将人工智能推上了风口浪尖。然而，由于技术受限，当时尚无法实现大规模商业化的人工智能应用。2000~2006 年，信息呈爆炸式增长，研究方向逐渐转为机器学习（Machine Learning，ML），让计算机能够从数据中自主学习。同时，万维网的崛起使知识从封闭状态逐渐演变为开放状态，之前仅存在于专家系统内部的知识得以相互连接，从而产生更为丰富的知识关联。这一阶段的发展为人工智能领域带来了新的可能性。

第四阶段为 2006 年至今。在这一阶段，神经网络之父杰弗里·辛顿（Geoffrey Hinton）提出了深度学习算法，这项创新极大地增强了神经网络的能力。深度学习以神经网络为基础，在语音识别和图像分类等任务中取得了巨大的成功，推动了人工智能技术迎来第三次高潮（Muneeb et al.，2021）。

三、人工智能的发展趋势

目前，人工智能发展势头火热，其发展现状及未来趋势可从以下四个方面来看。

1. 专用人工智能取得重要突破

近年来，专用人工智能的重要突破令人瞩目，人工智能领域得到快速发展和进步。专用人工智能是指针对特定任务而设计的人工智能系统，如"阿尔法狗"在围棋领域的卓越表现、图像识别系统在图像分析中的高精度、语音识别技术在智能助理中的广泛应用等。这些系统之所以引人瞩目，是因为其在特定领域内表现出的超越人类水平的能力。

专用人工智能之所以能够在特定任务上取得如此显著的成就，是因为其具备诸多优势。首先，这些系统的任务单一而明确，能够将全部精力集中在特定领域的问题上，从而深化其在该领域的知识和技能；其次，应用领域的边界清晰，使系统的应用范围明确，避免了在广泛领域内进行建模的复杂性；最后，这些系统涉及的领域知识丰富，为其建模提供了坚实的基础，使其能够更好地理解和解决问题（刘志阳、王泽民，2020）。

2. 通用人工智能尚处于起步阶段

通用人工智能领域目前正处于起步阶段。通用人工智能是指具备与人类相媲美甚至更高水平智能的系统，涵盖视觉、听觉、判断、推理、学习、思考、规划、设计等多方面的问题。尽管在专门领域，人工智能已经取得了引人瞩目的进展，但实现通用人工智能仍然是一项艰巨的任务。目前的研究与应用仍然面临重重挑战。

当下，人工智能系统在信息感知、机器学习等"浅层智能"领域取得了显著的进步。然而，在"深层智能"方面，如概念抽象和推理决策，其能力仍显薄弱。总的来看，目前的人工智能系统拥有智能，但尚未具备智慧；人工智能系统虽然具有计算能力，却缺乏情感智力；人工智能系统虽然能够执行精确计算，却不具备"算计"的心思；尽管在特定领域有专业知识，却难以做到通才的广度（Eppe et al.，2021）。

这一发展趋势在信息感知和浅层学习方面尤为明显。人工智能系统能够从海量数据中提取信息，快速学习并应用新知识。然而，在更复杂的认知任务中，如深度推理、复杂问题解决以及创造性思维方面，目前的系统尚存在局限。这种现象体现了人工智能技术的本质，它们在大多数情况下基于数据的模式进行识别和统计分析。这种方法虽然在许多应用中非常成功，但也受制于数据的质量和数量，限制了其在更高级智能任务上的表现。

人工智能在未来的发展中，要实现通用人工智能，需要跨足"深层智能"的领域。这意味着不仅需要系统能够准确地理解和应对多样化的任务，还需要具备类似人类的推理、判断和创造能力，要达成这样的目标可能需要更加综合性的方法，融合符号逻辑、认知心理学以及更强大的计算能力（吴晓如，2023）。

3. 人工智能创新创业如火如荼

近年来，人工智能领域的创新和创业氛围异常火热。全球范围内，产业界纷纷认识到人工智能技术对引领新一轮产业变革的巨大意义，为此调整了发展策略。业界的科技巨头也开始转变，从过去的"移动优先"战略转向了更加强调"人工智能优先"的战略，将人工智能视为企业发展的愿景和方向。这种全球性的共识，推动着人工智能领域蓬勃发展，同时也催生了一波新的创业潮。新兴的人工智能创业公司如雨后春笋般涌现，投资额也在持续高速增长，这个领域的创新生态正在成为产业发展的战略制高点。

4. 人工智能的社会影响日益凸显

随着时代的发展，人工智能带来的社会影响日益凸显。

一方面，作为新一轮科技革命和产业变革的核心力量，人工智能正积极推动着传统产业的升级换代，引领着经济的转型升级。在这一过程中，大众目睹了无人经济的快速崛起，智能交通、智能家居等民生领域也迎来了积极正面的影响。

智能技术在交通领域的广泛应用，为城市交通拥堵问题带来了新的解决方案。智能交通系统能够优化道路资源配置，提高交通流畅度，缓解交通压力。同时，在智能家居领域，人工智能使日常生活更加便捷舒适。智能家居系统可以通过联网控制家电、灯光、温度等，实现智能化管理，为人们创造舒适、智能的居住环境。

另一方面，随着人工智能的广泛应用，一些问题也逐渐显现，需要高度重视并积极解决。个人信息和隐私保护成为一个亟须解决的难题。人工智能技术的发展依赖大量的数据，但在数据获取和处理过程中，如何平衡数据利用与个人隐私保护成为一个值得探讨的议题。此外，人工智能创作内容的知识产权问题也亟待解决。在智能创作领域，涉及原创性、版权等法律和道德问题，需要制定相应的法律法规，保障创作者的权益。

同时，人工智能系统可能存在的歧视和偏见也需要引起足够的关注。由于训练数据的偏移，一些人工智能系统可能会表现出不公平的行为，对某些群体产生歧视性结果。为了避免这种情况，需要审查训练数据，优化算法，确保人工智能系统的公正性和中立性。

●专栏2-1●

旷视科技：人工智能独角兽

一、企业介绍

北京旷视科技有限公司（以下简称"旷视科技"）是一家专注物联网领域的人工智能企业。凭借业界领先的人工智能研究和工程实力，成功构建了软硬一体化的 AIoT 产品体系，致力于为核心场景如消费物联网、城市物联网和供应链物联网提供创新解决方案，持续为用户和社会创造更多价值。旷视科技通过整合先进的 AI 技术，不断拓展在物联网领域的影响力，为用户提供全方位的支持。

二、核心硬实力

1. 新一代人工智能生产力平台：Brain++

由旷视科技独家研发的 Brain++，是一款创新的人工智能生产力平台。为满足不同领域碎片化的需求，该平台整合了深度学习框架（MegEngine）、深度学习云计算平台（MegCompute）以及数据管理平台（MegData），将算法、算力和数据能力有机融合，形成全栈式人工智能解决方案。这一综合性平台涵盖了从 AI 生产到应用的完整流程，同时成功解决了 AI 研发门槛高、成本高、效率低等问题。

（1）算法。作为 Brain++ 的核心组成部分，提供了全方位的算法支持，涵盖算法的训练、推理和部署能力。其强大的功能使用户能够在同一个平台上完成整个深度学习的生命周期管理，从模型的训练到最终的实际应用。通过 MegEngine，用户可以轻松构建、优化和部署各类深度学习模型，从而加速人工智能算法的开发周期。

（2）算力。在 Brain++ 体系结构中，MegCompute 是算力的关键组成部分，其具备算力的共享、调度和分布式能力，有效解决了人工智能算法训练时对大量计算资源的需求，该模块使用户可以更加灵活地配置和管理计算资源，提高了整体的计算效率。

（3）数据能力。数据是人工智能的生命线，因此 Brain++ 包含了强大的数据管理平台（MegData）。MegData 不仅具备全面的数据处理和管理能力，而且注重数据的安全性，一方面为用户提供了便利的数据操作接口，另一方面保障了数据的隐私和完整性。Brain++ 平台不仅停留在提供算法、算力和数据能力方面，更是一套全栈式解决方案，涵盖了从 AI 生产到应用的整个生命周期。通过定制丰富的算法组合，满足了不同垂直领域的需求。Brain++ 平台提供的全方位服务，能够让用户更专注解决问题，而不用过多关心底层技术的细节。Brain++ 平台的打造有力地解决了 AI 研发过程中的一系列痛点，降低了开发门槛，并且通过全栈式的解决方案有效缩减了人工智能研发的成本，使更多的创新可以被快速转化为实际应用。

2. 核心算法

旷视科技所采用的 AI 算法以深度学习技术为基础，主要应用于广泛的图像或视频分析和理解领域。其开发的解决方案旨在解决实际问题，以用户需求为导向。旷视科技致力于实现软硬结合的极致性能，并提供工业级产品和服务。

（1）人脸识别。旷视科技的人脸识别技术以深度学习、大规模数据和自主研发的 MegEngine 开源框架为基础，通过深入融合不同应用场景，涵盖人脸/人体检测、跟踪、关键点定位、人脸识别、人脸聚类、大规模检索、活体判断、人脸属性等多项技术。这些创新技术不仅显著提高了城市治理、楼宇园区管理、实名认证、通行考勤等业务场景的效率，而且保障了极高的准确性。

（2）视频结构化。旷视科技的视频结构化系统专注对视频中的"人和车辆"进行全方位信息识别。通过先进的深度学习技术，系统能够将视频中的人员和车辆作为可描述的个体展现出来，促进理解视频内容，还为各种应用场景提供了更精细的数据分析。

（3）机器人导航与定位。利用视觉和激光等多传感器融合，旷视科技的机器人导航与定位系统能够智能重建环境三维信息，实现自身运动估计，并在此基础上高效柔性地实现自主路径规划与避障，为机器人在各种环境中的灵活操作提供了可靠的支持。

（4）智能传感器增强。旷视科技的算法使视觉传感器具备强大的智能，实现软硬一体的极致产品体验，不仅提供了高精度的数据采集，还通过深度学习技术进行实时分析，让传感器在各种复杂场景下都能表现出色。

三、发展与总结

在"物联网+人工智能"的双轮驱动下，旷视科技以独特的生产力平台和核心算法正不断布局人工智能产业，领先的实力正助力其逐步成长为人工智能领域独角兽。未来，旷视科技将坚守发展主线，不断做大做强，为人工智能的发展添砖加瓦。

参考文献

[1]王家宝，蔡业旺，云思嘉.AI盈利困局之下旷视科技的"硬核之路"[J].清华管理评论，2022（12）：102-109.

[2]杨云飞.旷视科技徐庆才：依托AI深耕智慧物流[J].中国物流与采购，2022（19）：22-24.

第二节　人工智能新引擎

一、来势汹汹：蓬勃发展势头强

1. 人工智能的发展规模

随着信息技术的迅速发展，人工智能、大数据、云计算以及5G通信等新一代的信息通信技术，正以惊人的速度改变着各个行业的面貌。近年来，这些技术在应用领域取得了日新月异的进展，不仅对商业领域产生了深远的影响，还在普通民众的生活中扮演着越发重要的角色。

国际数据公司(IDC)出台的报告显示，以智能手机为例，我国仅 2023 年上半年的出货量就达到了 1.3 亿部，这个数字显现出人工智能技术在移动通信领域的广泛应用。而在智能车载设备制造、智能无人飞行器制造及其他智能消费设备制造领域，分别具有 36.3%、12.5% 及 20% 的增长率，这无疑是一个令人振奋的发展势头。这些数据无不彰显出中国人工智能相关产业正以迅猛的步伐向前推进。

然而，令人瞩目的不仅有产业规模的扩张，还有生成式人工智能技术的蓬勃发展，这一技术的崛起引发了广大学术界人士和公众的广泛关注和热议。生成式人工智能不再仅限于简单的任务执行，而是能够创造新颖的、以人类感知为基础的内容，如文本、图像、音乐，该突破带来了前所未有的创新潜力，也引发了对有关伦理、隐私和版权等诸多复杂议题的思考(欧青青，2023)。

在这一系列技术进步的背后，是信息技术生态的不断演化。大数据的崛起赋能了机器智能的学习和分析能力，云计算为庞大的数据处理提供了强大的支持，而 5G 通信让信息传输速度达到了前所未有的高度，上述因素的相互作用，为人工智能等领域的突破和创新奠定了坚实的基础。

2. 人工智能风向

在人工智能领域中，是否已经达到甚至超越了人类智能的水平，一直是备受关注的话题。人工智能的进步在某些领域确实已经显著，但要实现通用的人工智能，仍需迈出更大的步伐。为此，需要一场范式革命，以确保人工智能能够健康发展，并建立起通用的人工智能理论。

通用人工智能并非"巨无霸"系统，而是建立在"通用的智能生成机制"基础上，以解决各种应用问题。这种智能生成机制使人工智能能够灵活应对不同领域的挑战，创造出更加智能化的解决方案。然而，也必须认识到"智能"与"智慧"的联系与区别：智能强调技术和算法，而智慧更涉及道德、情感以及深刻的理解能力。通用人工智能需要在这两者之间取得平衡，以便更好地为人类社会作出贡献。

人工智能的使命在于解放人类，使其摆脱受限于自然力的束缚。通过人工智能的协助，人类可以将更多的时间和精力用于创造性劳动，如"发明与发现"。这种协作关系使人类智慧能够提出问题，而人工智能通过学习人类智慧以解决这些问题，进而形成一种新型的社会生产力，该过程充分体现了技术与人类智慧的和谐共存，从而推动社会进步。

然而，实现通用人工智能并不是一蹴而就的，其中隐藏着诸多挑战。首先，人工智能系统的可解释性和透明性仍然是一个难题，这是因为人工智能的决策往往难以理解和解释；其次，人工智能可能会对就业市场产生深远影响，需要采取相应的政策平衡技术的发展和社会的稳定（李志祥，2023）。

在人工智能领域，研究的焦点已从仅关注物质客体，转向了同时关注物质客体以及人类主体，尤其是需要深入探讨主体与客体相互作用所引发的信息生态过程。因此，在科研中所坚持的科学观和方法论必须从单一的"物质学科范式"转变为更广泛的"信息学科范式"，这一转变是时代进步的迫切要求。

二、源源不断：千行百业融合深

在现今社会，人工智能已经渗透到各行各业，从自动驾驶技术应用到智能工厂的运作，再到智能化矿山的管理，其影响已经贯穿社会大众生活和工作的方方面面。技术与产业的深度融合正为实体经济注入新的活力，推动着生产和生活方式的深刻变革，这些领域的革新正在以前所未有的方式重塑着我们的日常体验和商业环境（王会文、吴春琼，2023）。

1. 实体经济的数字化转型

随着人工智能等新兴技术的迅猛发展，我国的实体经济正迅速朝着数字化、网络化、智能化的方向转型。尤其是工业互联网正在深入渗透到各个领域，为不同行业创造了智能化的应用场景。在制造业领域，数字化车间和数字工厂的建设已经取得了显著的成就，我国的智能制造水平已在全球范围内处于领先地位。

人工智能正与制造业、交通、医疗、农业等领域深度融合，不断推动着质量、效率和动力方面的革命性变革，为经济高质量发展提供了持续不断的新动能，为实体经济赋予了强大的推动力，这一发展趋势必将塑造我国经济发展的新格局(王皓，2023)。

2. 实现提质降本增效的助推器

推动提质降本增效的关键在于运用新一代信息技术，尤其是人工智能等手段，使传统产业实现数字化转型已成为势在必行的趋势。数字化转型不仅是简单的技术升级，更是一个全面提升质量、降低成本、提高效率的综合性过程。其影响之深远不仅体现在生产流程的优化，还延伸至整个产业链条，优化企业的管理和经营，全面提升生产过程的安全性。

实际上，数字化转型的价值不仅体现在改进传统产业的内部生产流程，更在于为创造全新的商业模式和机会提供了可能性。通过充分挖掘数据的潜能，实现智能化的数据分析和预测，企业能够更加精准地洞察市场需求，从而有效提升市场竞争力。数字化转型的助推作用，使传统产业在新的发展阶段得以迅猛发展(史宇鹏和曹爱家，2023)。

这一变革呈现的不仅是技术手段的革新，更是产业发展模式的全面升级。通过数字化转型，企业能够实现从被动应对市场需求到主动满足市场需求的转变，进而在全球竞争中占据有利地位。

3. 创新活力的源泉

作为一项战略性技术，人工智能不仅能够推动传统产业的创新，还能够催生新技术、新产品、新模式以及新业态，其独特潜能在于不断促进技术与产业的融合，由此孕育出更多的创新机遇。

进入智能经济时代，创新已不再受限于特定领域，而是跨足各个行业。从医疗领域的个性化治疗到农业领域的精准农业，再到城市管理领域的智慧城市建设，人工智能的引领作用随处可见。创新已不再仅意味着技术上的革新，更包含商业模式的创新以及社会变革的引领。在人工智能的推动下，创新活力将引领未来发展的方向。

三、欣欣向荣：多方合力前景广

发展数字经济和人工智能产业需要经过长期的努力，不可能在短时间内取得显著成就。只有多方共同参与并持续投入，才能形成更强大的合力，从而开创科技创新和产业应用相互促进的广阔前景。

在数字经济和人工智能产业的发展过程中，政府、企业以及科研院所等主体共同构建了全面而多层次的合作体系。通过政府的政策支持、企业的投资和创新、科研院所的知识积累，才能够实现资源的优化配置和效益的最大化。科技的进步和产业的壮大往往需要经历一个累积的过程，不能期望一蹴而就。只有坚持不懈地投入时间、精力和资源，才能够取得长远的成果（陈辉，2023）。

而且，这种合作和努力能够产生协同效应，推动科技创新和产业应用之间的良性互动。科研院所的前沿研究可以为企业提供创新的思路和技术支持，而企业的实际需求和市场反馈也能够为科研院所提供指引和动力。这种互补性的关系有助于加速技术的转化和推广，从而实现科技成果的快速落地。

1. 宏观层面

从宏观层面来看，人工智能产业的发展具备以下支撑点，如图 2-2 所示。

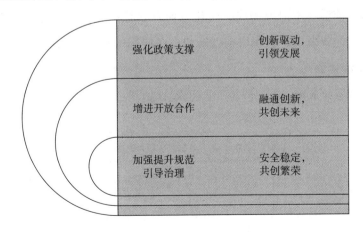

图 2-2　宏观层面的产业支撑点

（1）强化政策支撑：创新驱动，引领发展。在新时代的背景下，我国持续不断地在北京、上海等地建设新一代人工智能创新发展试验区，为数字经济的快速发展提供了有力的支持，旨在加速数字产业化和产业数字化，聚焦创新和融合方面的发展。通过在政策层面提供更多的激励和支持，鼓励企业和研究机构深度合作，共同推动数字经济的蓬勃发展(李涛，2023)。

（2）增进开放合作：融通创新，共创未来。要实现数字经济的高质量发展，需要各行各业之间的政策协同和配套，同时还要深化地区之间、部门之间的合作。构建完善的数字经济市场体系，促进数据和资源的流通共享，不仅能够在国内激发产业创新，也能够在国际扩大开放合作，分享我国在数字领域的经验和智慧。在全球数字创新和治理中，我国有责任为世界贡献中国智慧，推动数字经济的可持续繁荣。

（3）加强提升规范引导治理：安全稳定，共创繁荣。确保数字经济的健康发展，需要高度重视数字安全和技术标准的建设。数字安全不仅关系到个人隐私，更关系到整个社会的稳定与发展。在这个方面，政府和企业需要共同努力，加强监管体系的建设，明确监管底线，加快完善相关的法律法规和标准体系，构建起强大的安全屏障，以确保数字经济的可持续发展。

数字经济和人工智能产业的发展，需要各方的共同努力。政府在政策制定和引导方面起到重要作用，企业在技术创新和市场拓展中具有关键性作用，科研院所在前沿技术研究和成果转化方面有独特优势。多方协同，才能推动数字经济的健康发展，实现科技创新和产业应用的良性互动。

2. 微观层面

从微观层面来看，人工智能产业还需从以下四个方面发力，如图 2-3 所示。

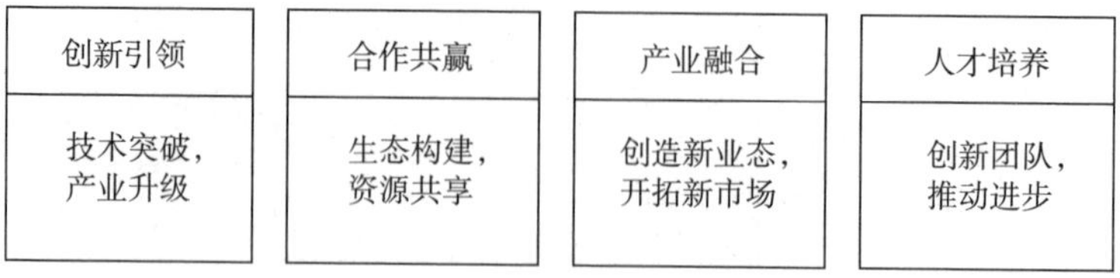

创新引领	合作共赢	产业融合	人才培养
技术突破，产业升级	生态构建，资源共享	创造新业态，开拓新市场	创新团队，推动进步

图 2-3　人工智能产业的微观发力点

（1）创新引领：技术突破，产业升级。企业在人工智能领域的持续创新是产业发展的关键。随着技术的不断演进，企业可以积极探索人工智能在各个领域的应用，从智能制造到金融科技、从医疗健康到城市智能化，很多机会在等待着开发。通过投入资金和人力资源，企业可以实现技术突破，推动产业不断升级，为数字经济的壮大贡献力量。

（2）合作共赢：生态构建，资源共享。在人工智能领域，合作是企业取得成功的关键。企业之间可以通过建立合作伙伴关系，共同研发创新技术，共享资源和经验。同时，企业也可以与科研院所、高校等展开深度合作，实现技术转化和人才培养。这种合作共赢的生态构建将有助于加速人工智能产业的发展，形成更加强大的创新动能。

（3）产业融合：创造新业态，开拓新市场。人工智能不仅是技术，更是一种催生新业态、改变产业格局的力量。企业可以跨界融合，结合人工智能技术创造全新的产品和服务。在实践中，智能驾驶、智能物流、智能医疗等领域的发展，都将为企业带来新的增长机遇。通过在产业融合中寻找新的商业模式，企业可以开拓新市场，实现更加可持续的增长。

（4）人才培养：创新团队，推动进步。人工智能产业的发展需要大量高素质的人才支持。企业可以加大对人才的培养和引进力度，建立优秀的团队，为技术创新提供坚实基础。同时，与高校合作，开展人才培训和研究合作，培养更多具有人工智能背景的专业人才，不断推动产业的前进。

四、长路漫漫：数智引领技术新

伴随新一轮基础设施计划逐步实施，消费互联网得到深度升级，产业互联网也呈现蓬勃发展态势。人工智能科技产业正迈入全面融合的新阶段，成为数字经济时代的核心生产力和底层支撑能力。在这一演进阶段，人工智能已成为推动数字经济产业智能化升级的关键技术支持。

1. 人工智能技术的三个层次

人工智能技术可以被划分为三个关键层次（见图 2-4），且业界普遍认同这一划分,这三个层次共同构成了人工智能的核心能力。

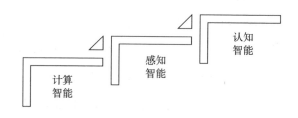

图 2-4 人工智能技术的三个层次

(1)计算智能。计算智能涵盖了机器拥有高度强大的存储能力和超乎想象的计算速度,使其能够模仿人类进行复杂的计算过程,利用海量的数据进行深度学习,包括运用神经网络和遗传算法等技术,从而更加高效迅速地处理大规模的数据任务。随着计算能力的持续增强以及存储技术的日益提升,目前已经成功实现了计算智能的目标(刘知云,2022)。

(2)感知智能。感知智能能够使机器具备类似人类的感知能力,包括视觉、听觉、触觉等,使机器能够理解语言,观察世界万物,并能够将不规则的数据转化为有结构的信息,使机器能够与人类以类似人际交流的方式进行互动。随着技术的进步,人们越来越重视并探索非结构化数据的潜在价值。各种与感知相关的技术,如语音识别、图像处理、视频分析以及触觉技术等正在迅速发展壮大。

(3)认知智能。对于计算智能和感知智能而言,认知智能显得更为复杂。它是指机器具备类似人类的能力,包括理解、归纳、推理及运用知识的能力。认知智能让机器能够像人类一样进行主动思考,并采取相应的行动。更进一步地,它还能在特定业务场景中构建策略、作出决策,从而提升人与机器、人与人、人与业务之间的协同和共享能力。尽管认知智能的概念备受关注,但目前该技术仍处于研究探索阶段。例如,在公共安全领域,研究人员正致力于开发人工智能模型和系统,能够从犯罪者的微观行为和宏观行为中提取特征并进行模式分析。

　　然而，要将认知智能推向发展的"快车道"，仍需付出大量的努力。在这一领域，还需要克服很多困难，需要更多的研究和创新。只有经过持续的探索和发展，认知智能才能够真正地实现其潜能，为各个领域带来深远的影响。

2. 企业数智化发展方向

　　在激烈的市场竞争环境中，企业能否成功越来越依赖其对数据的利用和分析。数据已经成为企业运营的重要资源，而将数据与智能技术相结合，构建数据智能闭环运转体系，已经成为企业迈向未来的关键一步。传统的凭经验和直觉运营方式已经不再适应快速变化的市场需求，取而代之的是将技术和业务紧密融合，以数据为驱动的智能运营模式。

　　当前，许多企业在业务运营中仍然依赖个人的经验和主观决策，这种模式存在明显的局限性，因为个人的认知和经验有限，无法全面、准确地洞察复杂的市场动态。而真正的突破在于将大数据和人工智能等技术应用于业务分析，为决策提供客观、准确的支持。然而，这也需要企业员工具备数智化思维，懂得如何将数据与业务结合，通过数据分析发现问题和机会。

　　在这一背景下，构建数据智能闭环运转体系就显得尤为重要。这一体系通过数据收集、存储、处理和分析，实现了全流程的数据闭环。首先，数据的收集与整合阶段需要建立高效的数据采集系统，将来自不同渠道和部门的数据汇聚起来，以便后续分析。其次，数据存储与处理是保障数据质量和安全的基础，需要建立稳定可靠的数据基础设施。数据分析和挖掘是体系的核心，通过应用数据挖掘、机器学习等技术，可以从海量数据中发现趋势、模式和异常，为业务决策提供有力支持。

　　然而，仅有技术和系统的支持是不够的，培养员工的数智化思维同样至关重要。企业需要投资于培训和教育，让员工掌握基本的数据分析和 AI 应用知识，培养他们将数据思维融入日常工作的能力。数智化思维强调的是基于数据的思考方式，通过数据验证和推动决策，从而实现更好的业务结果。

通过构建数据智能闭环运转体系，企业能够更敏锐地洞察市场需求和竞争态势，及时调整战略和业务方向。数据的应用也能够显著提升企业的运营效率，降低成本，增强创新能力。重要的是，这种基于数据智能的运营模式可以成为企业持续成长的驱动力，帮助企业实现从传统经验主导到数据驱动的转变(罗小江，2022)。

● 专栏 2-2 ●

寒武纪：用"芯"助力行业发展

一、企业介绍

中科寒武纪科技股份有限公司(以下简称"寒武纪")成立于 2016 年，致力于人工智能芯片领域的研发和技术创新，专注实现机器对人类需求的深刻理解和更优质的服务。寒武纪提供一系列智能芯片产品，同时构建了平台化基础系统软件，具备云边端一体、软硬件协同、训练推理融合的独特特点，形成了完整的生态系统。寒武纪立足全面技术创新，不断推动人工智能技术在实际应用中的深度融合与发展，用"芯"助力行业发展。

二、以"芯"助力升级

寒武纪作为全球知名的智能芯片领域新兴公司，不仅在智能处理器和芯片产品方面推陈出新，更以其核心技术实力和落地能力在行业中独树一帜。其中，"云边端"全算力覆盖的智能处理器和芯片产品以及基于寒武纪芯片的多样化解决方案，展现了其对各行业智能化发展的强大支持。

1. 强大的技术能力

随着人工智能技术的飞速普及，对算力的需求呈指数级增长。在这一潮流中，寒武纪作为智能产业的关键推动者，在各行业智能化发展中发挥了至关重要的作用，为其产品提供了全方位的算力支持。

寒武纪通过全算力布局、"云边端"车一体的设计理念以及统一的软件开发平台，为不同产业的智能化升级提供了强大的算力支持。综合性的支持使其在自动驾驶领域站稳脚跟，算力也成为寒武纪推动创新的核心驱动力。国际领先的汽车制造商在自动驾驶技术的研发中不仅大量投资于数据中心算力，而且云端数据中心已经成为不可或缺的核心基础设施。寒武纪在自动驾驶领域的云端算力支持方面具有显著优势，其强大的算力能够支持训练更大、更复杂的自动驾驶模型，为高阶自动驾驶技术的实现提供了有力支持。与此同时，寒武纪云端汇集了数百万辆车的庞大驾驶数据，通过云端 EOPS 级别的数据中心，提供了一站式工具链和数据闭环解决方案，从原始数据管理到算法模型验证，实现了数据、算法、模型的持续开发和迭代。

更重要的是，寒武纪通过远程 OTA 更新自动驾驶模型，不仅能够开放更多功能，提升用户的驾乘体验，还能够不断提高汽车制造商的市场竞争力，寒武纪持续的技术更新和功能升级，使汽车制造商能够适应快速变化的市场需求，保持在激烈竞争中的领先地位。

2. 突出的核心优势

（1）从 L2+到 L4 全系列芯片布局。寒武纪在积极应对未来发展趋势的同时，着眼自动驾驶领域，通过全面的产品布局，涵盖从 L2+到 L4 全系列芯片组合，为智能汽车市场提供多样化的算力选择，从 10T 到 1000T 不同挡位的需求都能够得到满足，寒武纪能够为各类用户提供强大而灵活的解决方案，促进自动驾驶技术的更广泛应用。

（2）深度定制。寒武纪可以根据汽车端场景的特殊需求，进行深度定制和优化关键性 IP，个性化的优化不仅在相同功耗下提升了驾乘体验，还为用户提供了更具竞争力的解决方案。通过深度定制，寒武纪在自动驾驶芯片领域展现了出色的灵活性和适应性。

（3）车云协同。寒武纪借助车云协同系统，能够更快地实现数据闭环，进而加速自动驾驶模型的升级和迭代，不仅最大限度地提升了自动驾驶用户体验，而且通过数据闭环和 AI 模型的持续优化，为行业发展创造了更可靠的基础。

（4）效率提升。寒武纪将进一步融入车路云协同，加入边缘智能芯片主导的路测单元，构建更为庞大的"车路云"自动驾驶系统。为实现这一愿景，寒武纪需整合处理器、算力底层以及基础软件平台的生态系统，为车路云协同自动驾驶系统提供全方位的支持。得益于寒武纪的统一芯片体系架构和软件平台，自动驾驶的效率将显著提高。

寒武纪在"云边端"产品线逐步丰富的过程中展现了其技术实力。车载智能芯片的全新布局标志着寒武纪对未来智能出行的深刻洞察和布局。随着"车云协同"生态的形成，寒武纪通过拓展技术边界逐渐成熟起来。

三、发展与总结

未来，寒武纪将与行业伙伴紧密合作，深入探索寒武纪产品及生态系统的潜力，共同开创产业数字化的创新业态，致力于推动各行业智能化升级和转型，为新时代的发展贡献新的智慧和力量。

参考文献

[1]杀出重围：寒武纪系列人工智能芯片[J]. 学习月刊，2022(8)：58.

[2]林梦鸽. 寒武纪-U，踏上 AI 芯片先行者征途[J]. 经理人，2021(4)：30-32.

第三节　人工智能赋能企业升级

一、颠覆思维：人工智能时代的商业本质

1. 人工智能时代的商业本质

在人工智能时代颠覆性思维的影响下，商业模式的创造在本质上是一

场商业革命，正在重新塑造着全球商业环境和企业运营方式。这个时代的商业模式不再是传统模式的简单延伸，而是一种完全不同的商业思维方式，强调了数据和智能的关键作用。在此背景下，可以从图 2-5 所示几个方面深入探索人工智能时代商业模式的本质。

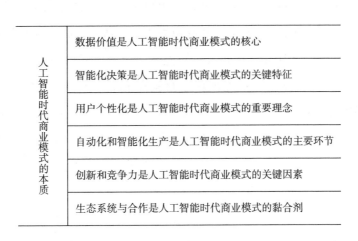

图 2-5　人工智能时代商业模式的本质

（1）数据价值是人工智能时代商业模式的核心。大数据的崛起为企业提供了前所未有的机会，通过收集、存储和分析海量数据，企业能够更好地理解市场趋势、用户需求和竞争态势，使决策制定过程更加精准和科学，不再依赖主观猜测。数据不再是被动积累的资源，而是主动被挖掘和利用的核心资产。数据驱动的商业模式意味着企业必须投资于数据基础设施、数据科学家和分析工具，以更好地运用数据优化产品、服务和运营（李永发等，2023）。

（2）智能化决策是人工智能时代商业模式的关键特征。机器学习、深度学习和自然语言处理等人工智能技术使企业能够实现智能化决策。这些技术不仅可以处理和分析大规模数据，还可以从中识别出现状、模式和机会，以及预测未来的发展趋势。企业可以利用这些技术优化供应链管理、风险管理、市场营销策略等各个方面，从而提高效率、降低风险。智能化决策不仅帮助企业在竞争激烈的市场中脱颖而出，还为管理层提供了更好的决策支持工具。

（3）用户个性化是人工智能时代商业模式的重要理念。随着用户越来越关注个性化体验，企业必须能够满足他们不同的需求和偏好。人工智能技术能够使企业更好地了解用户，通过分析其历史行为、购买习惯和反馈提供个性化的产品和服务，这不仅提高了用户满意度，还增强了用户忠诚度，根据用户的浏览和购买历史向其推荐相关产品，从而提高销售转化率。

（4）自动化和智能化生产是人工智能时代商业模式的主要环节。在制造和生产领域，人工智能技术可被用于自动化和智能化生产过程。机器人、自动化系统和自适应生产线可以提高生产效率、降低成本，并提高产品质量。这种方式不仅有助于企业在市场上保持竞争力，还有助于满足用户对高质量产品的需求。自动化和智能化生产也可以提高生产灵活性，使企业更好地适应市场需求的变化。

（5）创新和竞争力是人工智能时代商业模式的关键因素。人工智能技术鼓励企业不断创新，开发新的产品和服务，以应对市场变化和竞争压力。通过利用数据和智能技术，企业可以更好地预测市场趋势，并迅速调整策略。这意味着企业必须具备快速学习和适应的能力，不断改进现有产品和开发新的解决方案，以保持竞争优势。

（6）生态系统与合作是人工智能时代商业模式的黏合剂。在这个时代，企业越来越倾向建立生态系统和合作伙伴关系，以共同应对复杂的问题，有助于分享资源、知识和技术，加速创新并扩大市场份额。各行业制造商可以通力合作，以提供更完整的智能生活解决方案，共创更多价值，提高企业的市场影响力（Inés et al. ，2022）。

2. 商业模式特色

人工智能正迅速渗透到各个行业，引领着办公、电商、娱乐、教育、媒体等各领域发生深刻变革，从感知理解到智慧创造的愿景正在逐渐实现。展望未来，人工智能时代的商业模式将呈现三个新特点（见图 2-6），这些特点将塑造未来人工智能产业的发展格局。

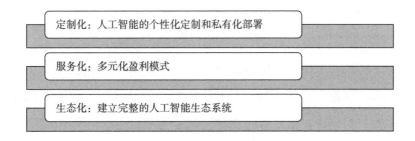

定制化：人工智能的个性化定制和私有化部署

服务化：多元化盈利模式

生态化：建立完整的人工智能生态系统

图 2-6　人工智能时代商业模式的新特点

（1）定制化：人工智能的个性化定制和私有化部署。未来，人工智能技术的广泛应用将要求更多的个性化和私有化部署。这一趋势将成为人工智能技术大规模应用的前提。个人和组织将要求定制化的人工智能解决方案，以满足特定需求，意味着个体的人工智能系统将与公共网络中的人工智能相隔离，以确保数据的安全性和隐私。个性化定制不仅可以提高效率，还可以改进用户体验，使人工智能技术更好地服务于人类社会。

（2）服务化：多元化盈利模式。在互联网时代，科技企业通常通过免费增值、个性化广告和订阅制等方式盈利。然而，到了人工智能时代，盈利模式将更加多元化。一旦人工智能企业销售其产品，便可以通过提供各种服务和支持实现盈利。

首先，人工智能服务将提供长期的技术支持，包括更新、维护和升级。其次，企业可以提供数据分析服务，以帮助用户更好地理解数据和业务。另外，人工智能平台可以提供培训和教育服务，以帮助用户更好地利用人工智能技术。上述服务将构成人工智能企业的持续盈利来源，同时也为用户提供了更全面的价值。

（3）生态化：建立完整的人工智能生态系统。为了放大收益并且提供更多价值，未来的科技企业将不再仅专注单一的人工智能产品，而是建立完整的人工智能生态系统。这个生态系统将涵盖从硬件设备到软件应用、算法模型和数据平台等各个环节，形成一条完整的产业链。该生态系统将助力企业整合各类资源，推动技术创新，并提供更多整合化的解决方案。

二、数字赋能：人工智能时代创新逻辑

在人工智能时代，商业化创新的逻辑可以用五个关键词概括，分别是本质、边界、资源、目标和路径（见图2-7）。具体而言，需要认清商业化创新的本质、明确商业化创新的边界、确定可用的资源、设定清晰的目标、规划创新路径。

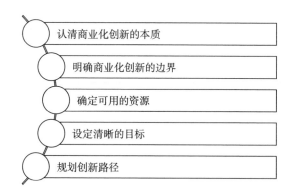

认清商业化创新的本质

明确商业化创新的边界

确定可用的资源

设定清晰的目标

规划创新路径

图 2-7　商业化创新的逻辑

1. 认清商业化创新的本质

洞察商业化创新的逻辑，需要深刻认识人工智能时代商业化创新的本质。其中，包括商业模式和商业价值两个关键要素。商业模式决定了前进速度，而商业价值决定了最终的目的地是富饶的金矿还是一片沙漠。与面向用户的商业模式相比，面向企业市场的商业模式通常具有特定的变现方式，如人力、软件、服务和资源等方面。

因此，在寻求商业化创新的过程中，首先需要明确这种创新的本质，协助理解商业模式和价值创造的关键驱动因素，从而更好地制定战略和计划。其次需要清晰划定商业化创新的边界，明确目标受众和市场定位，以便更有针对性地推进创新（王仕斌，2023）。

2. 明确商业化创新的边界

人工智能产品和技术具有高度的原子化特性，这意味着人工智能技术

本身的能力有限，不能直接提供最终的业务价值。

在人工智能领域，技术被拆分成各种组件，如自然语言处理、计算机视觉、机器学习等，每种组件都具有特定的功能和应用场景。因此，为了有效地利用人工智能技术，必须明确定义其应用范围和边界，避免过度扩展或过于泛化，确保人工智能系统能够在特定领域内提供高质量的解决方案。明确边界还有助于管理风险。人工智能系统可能会出现错误或不准确的情况，如果边界不清晰，这些问题就可能会扩散到整个系统，导致不可预测的后果。通过划定明确的界限，可以更容易监测和管理风险，及时采取必要的纠正措施。

3. 确定可用的资源

一旦明确了界限，接下来的关键步骤便是资源的标定和配置。在将人工智能商业化的过程中，常见的特征是标准化程度较低。这预示着人工智能项目通常需要根据特定需求和情境进行资源配置，而不是采用通用的标准方法。

在资源配置方面，需要考虑外部资源和内部资源。外部资源是指与合作伙伴、合作商或合作企业建立合作关系的机会。这些合作伙伴可以提供补充性的技术、数据、市场渠道或专业知识，以帮助加速项目的成功。选择正确的外部资源合作伙伴至关重要，因为双方能够共同创造、合作，并共享风险。

内部资源包括企业的人才、技术设施和资金。在资源配置中，需要考虑如何最大化内部资源的利用，以满足项目需求，其中可能包括培训团队成员、提供必要的硬件和软件基础设施，以及分配足够的预算支持。

正确的资源配置有助于降低产研团队的混乱风险。每种资源都可以被视为推动技术进步、产品发展、案例积累和二次营销的催化剂。通过合理分配这些资源，可以确保团队按照计划和目标高效地工作，避免不必要的时间、资源浪费。

4. 设定清晰的目标

成功的人工智能商业化战略必须综合考虑多个方面，而不是只考虑销售收入。在商业化过程中，应该关注训练数据的质量、模型的优越性、渠道的集成能力、业务知识的积累、开发者生态的建设、应用场景的拓展以及运营管理等目标。

这些不同的目标应该以一种有机的方式与销售收入相互关联，并且根据其重要性分配适当的权重，帮助构建出更加完善的产品阶段，确保商业化进程的顺利进行。

5. 规划创新路径

在制订创新计划时，一旦确定了目标，接下来就需要明确路径。在整个创新过程中，如何有效地衡量多维指标的变化？在商业化时代的人工智能领域，产品的发展与商业化的进程密切相关，其发展速度如同 DNA 双螺旋结构一样协同上升。

在数字化赋能背景下，人工智能创新的完整链路可以分为四个关键阶段，如图 2-8 所示。

图 2-8 人工智能创新的关键阶段

第一个阶段是业务验证和项目交付阶段。一旦积累了足够的数据和业务经验，就可以进入第二个阶段，即产品标准化阶段。在第二个阶段，需要考虑如何将产品演变成一个标准化的平台，以降低交付和运营成本，更好地满足市场需求。第三个阶段是平台化阶段，这一阶段需要找到产品核心的商业模式，并同时构建适合的分销渠道。第四个阶段是生态系统构建阶段，需要开源、提供组件和市场，逐步实现更广泛的影响和输出。

● 专栏 2-3 ●

拓尔思：打造人工智能创新逻辑

一、企业介绍

拓尔思信息技术股份有限公司（以下简称"拓尔思"），是一家以人工智能为导向的高新技术公司。自1993年成立以来，拓尔思专注向各类党政机关和企事业单位提供由公司旗下自主研发的人工智能和大数据工具软件平台、行业应用系统以及信息安全产品和解决方案等多种产品服务组合。该公司坚持"数智+赛道"的发展战略，以卓越的科技实力和打造丰富的行业解决方案，为企业、政府实现数字化升级赋能。

二、创新逻辑与商业重构

拓尔思在自然语言处理技术领域深耕多年，是中文全文检索技术的开创者。拓尔思始终坚持核心技术自主研发，拥有40多项发明专利和1000余项软件著作权，在全文检索和搜索引擎数据库、自然语言处理技术的创新和应用场景落地等方面一直起到引领作用。随着人工智能的火热和快速发展，拓尔思紧跟时代潮流，积极调整和优化其业务结构和商业模式，以适应不断变化的市场需求。

1. 逻辑创新——拓天大模型

随着技术的发展和创新，拓尔思从传统的软件开发商逐渐向大数据综合服务商转型，业务重心转向大数据和人工智能领域。拓尔思始终专注文字和语言的信息处理，并在自然语言处理领域率先实现商业化运用。其核心业务主线始终围绕着文字和语言的信息处理。基于在NLP领域30年技术创新成果、10余年高质量数据和知识资产积累，以及在垂直行业10000多家企业级用户应用实践，拓尔思拥有了丰富的经验。在此基础上，拓尔思坚持走在技术的最前沿，从全文检索、内容管理到大数据和人工智能，再到虚拟数字人,最终凝聚出拳头产品——拓天大模型。

拓天大模型拥有内容生成、多轮对话、语义理解、跨模态交互、知识型搜索、逻辑推理、安全合规、数学计算、编程能力和插件扩展十大基础能力。与通用大模型相比,拓天大模型具有独特的优势。首先,拓天大模型在自主可控、中文特性加强、专业知识加强、实时数据接入、内容安全和价值观对齐、客户私有化部署等方面具有领先优势。它具有中文特性增强的可控生成技术、融合搜索引擎的生成结果可信核查、融合稠密向量的跨模态能力加强以及支持外界知识及时更新四大创新点。其次,拓天大模型聚焦优势行业,利用自有的高质量数据进行预训练,推出适用于媒体、金融、政务三大行业的大模型。该模型可以与业务场景深度融合,为用户带来真正的生产力变革。

2. 商业重构

拓尔思积极与各行业的合作伙伴建立生态合作关系,共同推动各行业的数字化转型。通过与合作伙伴的深度合作,拓尔思能够更好地理解客户需求,提供更加贴合实际需求的解决方案,实现商业价值的共同提升。拓尔思针对不同行业的需求,提供定制化解决方案。这些解决方案基于拓尔思深厚的技术积累和丰富的行业经验,能够满足客户的个性化需求,帮助客户实现商业价值的提升。拓尔思通过大数据和人工智能技术,为客户提供数据驱动的决策支持。这些支持包括数据整合、分析、预测等方面,能够帮助客户更好地理解市场和用户需求,优化业务流程,提升决策效率和准确性。拓尔思自主研发的 TRS 大数据平台、TRS 人工智能平台和安全一体化平台,已成为行业领先的数字化基座。拓尔思已建立了大规模的数据和知识资产,正在全面构建云数据服务生态。同时,拓尔思还积极开拓新的市场领域,如数字政府、媒体融合、网络空间治理、数据安全、金融科技等。在这些领域,拓尔思的人工智能、大数据和信息安全产品获得了更广、更深的应用。

三、发展与总结

拓尔思积极顺应发展潮流，不断创新其逻辑和重构商业模式。这些创新和重构使拓尔思在大数据和人工智能领域取得了很大的成功。但面对激烈的市场竞争，如果拓尔思要在人工智能的赛道上走得长远，就需要继续扩大原有的优势和深耕技术的研发。

参考文献

[1]程梦瑶. 对话拓尔思：做语义智能领跑者，做数字经济赋能者[J]. 软件和集成电路，2022(7)：31-35.

[2]王丁. 人工智能和大数据赋能用户数字化转型[J]. 软件和集成电路，2021(8)：88-89.

三、创新之巅：人工智能时代商业重构

1. 从全流程服务到智能生态构建

随着人工智能产业的不断发展，其价值链层级分工逐渐趋向细化。过去，人工智能项目通常由单一主体提供全流程式服务，这种模式在一定程度上满足了市场需求，但也面临一系列挑战。为了更好地适应日益复杂和多样化的智能化服务需求，许多领先的人工智能企业开始积极探索平台化模式，以取代传统的定制化服务，从而降低成本、提高服务效率（王新霞，2022）。

平台化模式的崛起标志着人工智能产业链的重要演进。在这种新模式下，企业不再仅提供特定环节的服务，而是构建了更为综合和开放的智能生态系统，将各种核心技术、工具、数据资源以及合作伙伴纳入其中，为用户提供更加多元化的选择和整合服务，这一变革不仅有助于降低用户的研发和运营成本，还能够更好地满足不同行业和应用领域的需求。

平台化模式的实施对人工智能产业链的各个层级都带来了深远的影响：

首先，技术研发和算法优化方面的工作变得更加分散和协同，企业不再仅追求技术突破，而是与其他领域的专家和企业建立伙伴关系，共同推动技术的进步；其次，数据资源的共享和交换变得更加便捷，提高了数据的价值和可用性；最后，市场竞争更加激烈，但也更具创新性，这是因为平台化模式为更多初创企业提供了进入市场的机会。

2. 从"+智能"到"智能定义 X"

智能产业历经多年发展，有两个特色鲜明的时代，如图 2-9 所示。

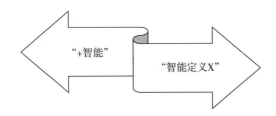

图 2-9　智能产业时代的划分

当智能产业崭露头角时，核心的人工智能算法成为实现产业发展的关键。各行各业开始积极探索如何利用人工智能技术提升效率并降低成本，这标志着行业融合智能的模式开始形成。然而，这一模式受到传统行业业务流程的历史制约，难以实现以"智能"为核心的全新原生态模式，从而无法充分发挥人工智能的巨大潜力。

"智能定义 X"理念代表着一种全新的思维方式，即利用人工智能定义和改变一切。在这一理念下，智能核心就如同整个系统的大脑，统领着每个部分。这就要求在系统构建的初期充分考虑智能的融入，使系统能够以人工智能的方式进行协作和排列。

"+智能"模式虽然在各行各业取得了一些成就，但它更多的是将人工智能技术简单地添加到传统业务流程中。这种模式的局限性在于它无法充分利用人工智能的强大潜力，因为它仍然受到传统流程的制约，无法实现最优化。在这种情况下，智能只是一个辅助角色，而不是系统的核心。

与此不同，"智能定义 X"模式将智能置于系统的核心地位，这意味着在系统构建之初，需要重新思考业务流程，使其充分兼容智慧大脑的概念。这不仅仅是简单地将人工智能集成到现有流程中，而是要重新设计流程，使其能够与智能系统协同工作，以实现更高效的运作和更大的创新（杨学聪等，2023）。

3. 从单点突破到场景核心

在智能时代的浪潮中，商业模式正在经历革命性的变革，从以前的单点突破逐渐演变为以场景为核心的多中心网络商业模式，带来了全新的商业探索，使企业需要重新思考并解决场景中的核心问题，将其置于智能商业的重心。

在过去，商业模式通常集中在单一的产品或服务上，企业努力实现在特定领域的领先地位。然而，随着人工智能技术的不断发展和普及，能够看到全新的趋势，即以场景为核心的商业模式。简而言之，企业需要更加全面地理解和优化人们在各种场景中的需求和体验（David & Burton，2022）。

在以场景为核心的模式下，智能化技术是其中的关键因素。人工智能算法提供商、硬件制造商、网络服务商等多方主体将不再是孤立运营，而是展开多中心的网络协作，这将使企业更好地理解和满足用户在不同场景下的需求。

随着场景的核心问题成为关注焦点，人机协同也变得至关重要。人类将会深度沉浸在各种场景中，与智能系统协同工作，以实现更高效和更具创造性的工作和生活体验。

此外，以场景为核心的商业模式还将促使企业重新思考数据的价值。在多中心网络协作中，数据将被更广泛地共享和利用，以改善场景中的各个方面。然而，这也带来了对数据隐私和安全的新挑战，需要制定更加严格的规定和标准保护用户的数据权益。

四、启蒙未来：人工智能时代发展战略

1. 要高标准、严要求地发展人工智能

随着人工智能产业的迅速增长和广泛应用，不得不深入思考人工智能所带来的安全、隐私和伦理挑战。这些问题已经成为社会的焦点，因此，必须在人工智能产业规范化和标准化的趋势下，加快内部标准制定和安全流程体系建设的步伐。在这一关键时刻，企业必须采取行动，制定内部管理机制，以确保人工智能的可信度、鲁棒性，解决算法偏见和伦理问题，并履行安全监管、隐私保护和道德规范等职责。

近年来，我国的人工智能领域领先企业已经积极参与人工智能标准的制定，为内部建立人工智能发展的道德标准体系树立了典范，通过完善自身的标准，为人工智能的可持续发展贡献了力量（张世天等，2023）。

在确保人工智能高标准和严要求方面，可以采取以下具体措施（见图2-10）。

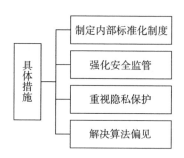

图 2-10 确保人工智能高标准和严要求的具体措施

（1）制定内部标准化制度。企业应该建立详尽的内部标准，涵盖人工智能的各个方面，包括数据处理、算法设计、安全措施等，确保产品和服务的质量和可靠性。

（2）强化安全监管。安全是人工智能发展的关键要素。企业需要建立健全的安全流程，包括漏洞修复、数据保护、网络安全等方面的措施，以降

低潜在风险。

（3）重视隐私保护。隐私问题与人工智能密切相关。企业应该采取措施，确保用户数据的合法使用，并遵守相关法律法规，维护用户的隐私权。

（4）解决算法偏见。人工智能算法可能存在偏见，对不同群体造成不公平。企业应该积极研究和改进算法，以确保公平的对待。

2. 积极探索新兴技术与人工智能融合协同机遇

新兴技术的崛起为人工智能领域带来了广泛而深远的机遇。其中，5G和边缘计算等技术的融合与协同，为企业提供了卓越的发展可能性，不仅在技术创新方面有所助益，还为社会带来了全新的体验、模式以及产业机遇。此外，这些技术的发展将深刻改变智慧城市、智能制造、智能驾驶和智慧医疗等领域。

新兴技术与人工智能的融合为企业带来了巨大的升级机遇。通过5G和边缘计算的支持，企业能够更高效地规划、研发、生产、制造和销售产品，同时提供更智能化的用户服务：制造业可以实现工厂自动化，通过数据分析提高生产效率；零售业可以通过智能化的数据分析实现个性化推荐，提升用户体验。新技术的运用将推动企业在市场竞争中获得竞争优势。

同时，企业在探索人工智能与新兴技术融合时，需要注意合理把握这一趋势的特点。要积极部署新兴技术，以满足市场需求，并适应不断变化的技术和市场环境。此外，企业还要深入思考如何实现产业发展的新模式，以确保人工智能和新技术的融合能够为企业持续创造价值。

3. 探索生态嫁接，打造企业核心实力

当下，人工智能领域仍然充满着未被充分开发的应用潜力。然而，高额的研发成本和技术难题一直是该产业链的主要瓶颈。为了推动人工智能产业的进一步发展，需要深化产业化进程。在这一过程中，开放生态已经成为一个重要的驱动力，通过开源智能算法、整合算力资源和共享多维数据，为产业的成熟和商业模式的形成提供了有力支持。

中小型创新企业需要根据自身的战略定位平衡研发成本与企业核心价

值。这些企业要仔细考虑在何处投入研发资源，以最大限度地提升自身的核心竞争力。与此同时，传统行业企业和应用层开发企业可以借助开放生态平台，以相对较低的成本获取人工智能的技术能力。

开放生态的核心概念是协作和共享。通过共享技术、数据和资源，企业能够更容易地攻克技术难题，加速产品的上市，并降低创新的风险。这一模式也有助于推动产业链的细化，因为不同领域的专家和企业可以在开放的生态系统中汇聚在一起，共同解决复杂的问题。

同时，开放生态也为企业提供了更多的机会探索新的商业模式。通过开放合作，企业可以进一步巩固自身的竞争地位，提供更多价值，吸引更多的用户，帮助企业不断提高自身的创新能力，更好地适应市场变化。

第四节　人工智能融合领域

一、"人工智能+制造"

1. "人工智能+制造"的特征

人工智能与制造业的深度融合呈现出的特征在于其全面性、智能化以及对传统生产方式的根本性颠覆。融合不再仅仅是简单地将人工智能技术引入生产环节，而是通过全面数字化和智能化改造，重新定义了整个制造过程。

首先，"人工智能+制造"的核心特征体现在全面数字化的生产环境中。传感器、物联网设备以及先进的数据采集技术的广泛应用，使整个生产链条都成为数字化的信息网络。从原材料采购到生产制造，再到产品交付，每个环节都生成大量实时数据，为企业提供了更全面、精准的生产管理能力，提高了生产的透明度和灵活性。

其次，人工智能在制造中的应用不仅停留在简单的自动化水平，更是通过深度学习、机器学习等技术实现了智能化生产。机器学习算法能够分析庞大的生产数据，发现模式并作出预测，从而实现生产计划的优化、质量控制的提升等目标。

最后，制造业中的智能化也表现在人机协同方面。自动化生产线与人工智能技术的融合，使机器和人类工作者能够更加紧密协作。机器人、无人驾驶车辆等智能设备能够执行重复性高、危险性大的任务，而人类工作者更多地参与创新性、复杂性工作，提升了整体生产效率。

2."人工智能+制造"的应用场景

从应用的角度来看，人工智能技术的应用通常包含多个关键领域的核心能力，包括计算智能和感知智能等。工业机器人、智能手机、无人驾驶汽车和无人机等智能产品，本质上承载着人工智能的精髓，通过将硬件与各种软件相结合，赋予自己感知和判断的能力，能够实时与用户和环境互动，这些产品的成功应用无一例外都依赖整合多种人工智能核心技能（闫晓杰、孔祥栋，2023）。

制造业常用的八大人工智能应用场景如图 2-11 所示。

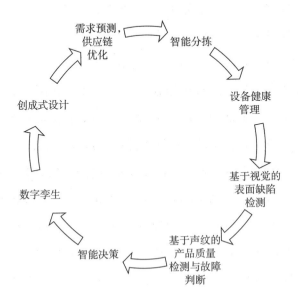

图 2-11　制造业常用的八大人工智能应用场景

（1）智能分拣。在制造业领域，许多任务需要进行高效的分拣操作。然而，传统的人工分拣存在速度较慢、成本较高等问题，同时还需要提供适宜的工作环境。相比之下，引入工业机器人进行智能分拣能够显著降低成本，提高操作速度，且不受温度和环境的限制。

（2）设备健康管理。通过实时监测设备的运行数据，结合特征分析和机器学习技术，可实现设备健康管理的双重目标。首先，该技术能够准确预测设备故障，及时采取必要的维修措施，从而降低非计划性停机时间，前瞻性的维护策略不仅提高了生产效率，也节省了维修成本。其次，当设备发生突发故障时，技术能够迅速进行故障诊断。通过分析实时数据和设备特征，快速定位故障原因，为问题提供有效解决方案。智能诊断系统不仅提高了故障排除的速度，也降低了人为误判的可能性，进一步提高了设备的可靠性和稳定性。

设备健康管理技术在制造业中得到了广泛应用，尤其是在化工、重型设备、五金加工、3C 制造、风电等行业。设备健康管理技术不仅有助于提高设备的可靠性和生产效率，还有助于降低维护成本和减少生产中断，使制造业能够更加稳定和可持续地运营。

（3）基于视觉的表面缺陷检测。在制造业领域，机器视觉在表面缺陷检测应用中已经非常普遍。通过机器视觉技术，能够在瞬息万变的环境中以毫秒为单位快速、准确地识别出产品表面微小且复杂的缺陷，并对它们进行分类，包括检测产品表面是否受到了污染，是否有损伤、裂缝等。

目前，一些工业智能企业已经将深度学习技术与 3D 显微镜相结合，将表面缺陷检测的精度提升到了纳米级别，这意味着目前能够检测到极其微小的缺陷，使产品质量得到更好的保证。此外，当系统检测到有缺陷的产品时，它还能够自动判定是否可以进行修复，并规划出修复的路径和方法。随后，设备可以执行相应的修复动作，从而确保产品在制造过程中的质量不会受到损害。

（4）基于声纹的产品质量检测与故障判断。利用声纹识别技术，现阶段能够实现自动检测异音，从而快速发现不良产品，并通过声纹数据库的比对进行故障判断。人工智能技术可以成功应用于调角器异音检测中，实现整个过程的自动化，大幅提升了准确性，远远超越了传统的人工检测方法。

（5）智能决策。制造企业现阶段可以对产品质量、运营管理、能耗管理等多个领域进行拆解，充分应用人工智能技术，辅以大数据分析，以优化调度方式并提升企业的决策能力。智能决策不仅能减少决策过程中的不确定性，还能增强企业对数据的洞察力，为未来的发展提供了崭新的可能性。

（6）数字孪生。数字孪生的构建过程涵盖了人工智能、机器学习和传感器数据的综合运用，其目标在于创造一个能够实时更新且具有高度实用性的真实模型，以支持物理产品生命周期中的各种决策活动。在数字孪生对象的降维建模方面，可以巧妙地将复杂性和非线性模型整合到神经网络中来实现，进一步利用深度学习来确立清晰的目标，并在这一目标的基础上进行降维建模。

（7）创成式设计。创新性设计代表了一个充满人机交互、自我创新元素的设计过程。在产品设计领域，工程师仅需按照系统的引导，设定所期望的参数和性能标准，如材料、重量、尺寸等各项约束条件。接下来，借助人工智能算法，可以生成多种可行性设计方案，完全符合设计者的意图。随后，工程师可以对这些方案进行自主综合比较，从中筛选出最优秀的设计提案，随后将其呈现给设计者，供其作出最终决策。

（8）需求预测，供应链优化。以人工智能技术为基础，有针对性地建立准确度高的需求预测模型，对企业的销售量进行预测，同时对备件维修的需求进行评估，为需求驱动的决策提供支持。同时，不断深入分析外部数据，结合需求的预测结果有计划地制定库存补货策略，对合作商进行评估，对零部件选型，帮助企业实现供应链的优化，降本增效，以更好地适应市场需求（朱兰，2023）。

二、"人工智能+生物医药"

生物医药领域正成为人工智能技术的关键应用领域，该技术已经在创新药物研发和医学影像学诊断等多个方面发挥了重要作用。未来，人工智能与生物医药的结合有望迎来新的发展机遇，这将在一定程度上改变传统的药物研发方式。

1. "人工智能+生物医药"的特征

传统药物研发具有周期漫长、需要庞大的财力支持、高风险等特点。与之不同，人工智能与生物医学领域的深度融合，能够实现迅速而精准的目标确定、优化药物分子筛选以及药代动力学性质的预测。这一革命性的方法，不仅可以大幅压缩药物研发周期，减轻企业在新药研发上的财务负担，还可以提高研发的成功概率，降低创新药物研发的风险，从而提升企业的投资回报率。

人工智能在生物医药领域的应用是指将机器学习、自然语言处理和大数据等先进技术运用到制药过程中的各个环节，以显著提高新药研发的效率和质量，降低临床试验失败率及研发成本（言方荣，2023）。

在制药领域，人工智能技术可以通过对大量数据的训练和分析，构建精确的模型，用于药物分子的筛选、预测、分析，以及药物的安全性试验和评估等研发目标。通常来说，人工智能技术在研发过程中的应用程度越高，药物研发的效率就越高。

2. "人工智能+生物医药"的发展路径

人工智能技术在很大程度上依赖大规模数据的支持，这一点在人工智能领域一直备受强调，即"数据胜于算法"。足够的数据量通常可以使许多问题得以迅速解决。然而，在医药领域，尤其是在新药研发方面，总体数据量相对有限，不足以支持人工智能模型的有效应用（Harald et al.，2021）。

从工业革命至今已经有两三个世纪，然而新药的数量相对有限，通常只有几百种到上千种。这些药物分布在多种疾病类别或数百个靶点上，具体到某一特定靶点的新药数量更是非常有限，仅为个位数。即便考虑到各个靶点在药物研发阶段的一些先导化合物或候选化合物，每个靶点的可用数据量依然非常有限，数据的不足严重制约了人工智能与生物医药领域的进展。

此外，许多创新药企业出于专利保护、社会伦理、管道构建等因素，不愿意分享其积累的临床数据。每家创新药企业的临床数据都是独立的，缺乏一个统一的平台系统地整合这些宝贵的资源，该状况进一步加大了数据不足对该领域发展的影响。

制药领域包含多个关键环节，其中化学合成是至关重要的一环。人工智能技术在药物分子的合成路线设计中具有显著的优势，与其他制药环节相比，其最大的优点在于可利用丰富的数据资源。化学反应数据已经积累了数量庞大的实时记录，而且这些数据质量极高，对于人工智能模型而言已经足够充分。因此，在化学合成路线的设计方面，人工智能所面临的挑战相对较小。

在新药研发过程中，有机合成步骤是制约因素之一，因为获取每个活性化合物的成本非常高。人工智能的推进可以显著降低经济和时间成本，但关键问题在于如何构建完备的临床试验数据集。因此，未来的人工智能与生物医药结合，要实现爆发式突破，首先要建立卓越的系统化综合平台，起到整合临床数据和丰富的研发经验的作用，并且充分考虑各个相关方的利益，这将是实现医药领域重大突破的关键一步。

三、"人工智能+金融"

1. "人工智能+金融"的发展概况

人工智能技术正在积极助力传统金融业务实现转型和升级。在金融领域，人工智能与金融科技两者虽然紧密相关，但在定义上存在显著的差异。

广义上，金融科技是指新兴技术与金融领域的结合。狭义上，"人工智能+金融"更强调以人工智能的核心技术作为主要驱动力，为金融行业的各参与主体和各业务环节提供支持，特别强调了 AI 技术在金融行业中产品创新、流程优化和服务提升方面的关键作用。

金融行业的技术应用发展历程表现为技术的不断进步推动金融行业由

信息化向智能化的演进。回顾金融行业发展的半个多世纪历史，每次技术升级和商业模式变革都依赖科技的支持和理念的创新。根据不同历史时期的代表性技术和核心商业要素特点，可以将金融行业分为三个阶段（见图 2-12），即"IT+金融"阶段、"互联网+金融"阶段以及"人工智能+金融"阶段。这些阶段互相叠加影响，形成了一个融合上升的创新格局。

图 2-12　金融行业的三个阶段

2."人工智能+金融"的技术剖析

目前，"人工智能+金融"正处于发展阶段，这一趋势构建在牢固的信息技术系统基础之上，同时也借助了互联网生态的成熟。在这一过程中，金融产业链的格局以及商业逻辑正在经历深刻的重塑，科技创新对金融行业的影响力前所未有地显著，对其未来发展方向产生深远的影响。

移动互联、大数据、云计算、区块链和人工智能等技术正在各自发挥其独特优势，共同为金融行业的智能化转型提供了坚实基础。这些技术的融合与应用，正在推动金融行业向前迈进，为其提供更多可能性和机会。人工智能与金融领域密不可分，它们相互融合，共同推动着金融行业的进步。在人工智能与金融的交汇点，可以看到技术之间是相互依存、相辅相成的关系。

首先，大数据为人工智能技术提供了丰富的数据资源，这对机器学习训练和算法优化至关重要。大数据的应用使人工智能在金融预测、风险管理等方面的表现更为出色。

其次，云计算为大数据提供了强大的计算和存储能力，显著降低了金融机构的运营成本。云计算的高效性使金融业能够更好地处理海量数据，加速决策过程，提高了效率和灵活性。

此外，区块链技术为金融行业带来了更高的安全性水平。它解决了大数据、云计算和人工智能技术中存在的信息泄露和篡改的问题。区块链的去中心化特性和不可篡改的账本确保了金融交易的透明度和可追溯性，提高了金融系统的整体安全性。

最重要的是，人工智能技术作为金融行业未来发展的核心动力，与这些相关技术共同推动金融行业向前迈进。这种模式下的整合和协作为金融业务提供了更多机会，以创新和升级其产品和服务，更好地满足用户的需求，同时确保了数据的安全性和可靠性。因此，人工智能与金融行业的互动不仅是一种趋势，更是一种必然，将持续推动着金融行业的繁荣和发展（杨望等，2023）。

人工智能技术在金融领域的应用旨在实现智能化，其中涵盖了四大关键技术，如图 2-13 所示。

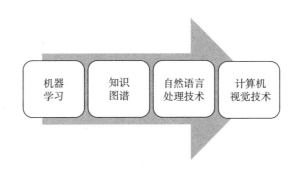

图 2-13　人工智能技术在金融领域的四大关键技术

首先，机器学习尤其是深度学习，是人工智能的核心技术，在金融行业的各种智能应用中发挥着至关重要的作用，为金融机构提供了强大的分析工具，有助于数据挖掘、风险评估和投资决策的智能化处理。

其次，知识图谱是构建智能化应用的基础知识资源，通过知识抽取、知识表示、知识融合和知识推理等技术，将复杂的金融信息整合成有机的关系网络，从而为智能决策提供支持。

再次，自然语言处理技术通过分析文本中的词语、句子和篇章，为金融领域的多个方面提供了有效的支持，加速投研工作的进展，甚至用于智能合同的生成和管理。

最后，计算机视觉技术通过卷积神经网络等算法在金融领域的不同场景中广泛应用。该技术可用于身份验证，确保安全的移动支付，以及监控交易活动等方面，为金融业务提供了额外的智能化功能。

3."人工智能+金融"的商业价值

人工智能在金融领域正日益崭露头角，为业务模式带来了多样性。目前，金融行业的技术参与主体远非仅限于科技巨头和特定领域的标杆企业，它们已成为金融领域的技术提供方，为其注入创新能量。与此同时，传统金融机构也积极发挥自身的资源优势，与互联网科技企业展开合作，以打造全新的金融服务模式，推动人工智能技术更广泛地渗透到金融领域，使更多金融企业能够分享科技带来的红利。

上述发展的基础是开放的技术平台、可靠的用户获取渠道以及持续的创新活动。金融机构与互联网科技企业的合作，以行业资源和技术积累的结合为契机，正在重新定义整个价值链的构建方式。这种合作不仅提升了用户使用效率和服务满意度，同时也在重塑商业逻辑方面取得了显著成果，推动了双方的价值资源共享，逐渐改变了人工智能与金融行业的生态系统以及市场格局（Trukhachev & Dzhikiya，2023）。

在这一融合的大背景下，各类技术提供商纷纷围绕基础设施、流量变现和增值服务等关键环节展开合作，构建出多元化的服务能力和盈利模式。不断探索新的商业模式和蓝海市场成为各方关注的焦点，借助长尾效应为整个行业创造更大的价值，不仅推动了人工智能与金融行业更深层次的融合，还为双方带来了更广泛的合作与创新机会。

四、"人工智能+教育"

自工业革命以来，人类社会一直在技术和教育的竞争与互动中不断迈进。技术作为推动历史发展的核心动力之一，与教育这一被称为"人力资本引擎"的要素相互交织，共同成为推动经济和社会发展的主要引擎。

人工智能的崛起标志着第四次工业革命的来临。其迅猛发展正在逐步塑造社会、经济和生活等领域的全新业务形态，同时也带来了颠覆性、丰富多彩和富有创新性的新兴产业。在应对人工智能技术对整个社会发展带来的激励时，迫切需要思考教育的未来发展方向。

1. 人工智能凸显创新人才发展挑战

人工智能正以指数级速度不断演进，推动社会经济与科技的发展，因此对人力资源质量和供给提出了新要求，并在人工智能与人力资源之间打造了难以割舍、相互依存的关系，对教育体系产生了巨大的压力。

首先，知识的指数级增长导致未来的人才需求具有极大不确定性。随着人工智能的不断发展，必须不断调整和改进教育体系，以适应迅速变化的需求。

其次，智力劳动者的比例正在迅速增加。随着人工智能技术与生产过程深度融合，生产领域的从业者需求可能会大幅减少。因此，需要更加注重培养具备创新能力的人才，以确保其能够在这个变革中找到自己的位置（李世瑾等，2023）。

最后，人工智能技术的崛起为技术产业、新兴产业和新型服务行业带来了更具前景的发展机会，导致对创新型人才、复合型人才和技术型人才等的需求急剧增加。因此，需要更加注重培养这些领域的专业人才，以满足不断增长的劳动力需求。

在人工智能的影响下，大众目睹了知识生产领域的巨大变革，这种变革呈现指数级增长趋势。传统教育不再仅强调知识的传授和继承，而是更加注重知识的创造和创新，并且人工智能的介入为这一新的知识生产方式注入了新的活力（刘蕾、张新亚，2023）。

2. 人工智能变革学习方式带来创造力与活力释放可能

人工智能已经在多个领域引发了深刻的变革，而其中教育领域的变化潜力巨大，可能会对学习方式产生积极影响，如图 2-14 所示。

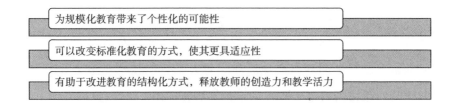

图 2-14　人工智能在教育领域对学习方式可能产生的积极影响

首先，为规模化教育带来了个性化的可能性。通过构建智能学习环境，人工智能系统不仅能够创造出更加灵活的学习场景，还能够感知学习情境和识别学生的特点，从而为每个学生提供个性化的学习支持。

其次，可以改变标准化教育的方式，使其更具适应性。通过动态学习评估、及时反馈以及个性化资源推荐等自适应学习机制，人工智能能够灵活地满足学生不断变化的学习需求，从而突破传统标准教育的限制，释放学生的创造力和学习活力。

最后，有助于改进教育的结构化方式，释放教师的创造力和教学活力。教师将有更多的时间设计富有个性化特色的学习活动，与学生进行互动交流，为其提供更个性化的学习支持和服务。

3. 人工智能引发领域和行业变革催生教育生态升级

人工智能正在引发各领域和行业的革命性变革，而这一变革也将深刻影响到教育领域，因为教育是社会发展的核心要素之一。

人工智能通过增强、替代、改进和改革等方式，对社会的不同领域产生了深刻的影响，同时也释放了人力资源。这些变革在各个社会领域和行业中催生了需求的变化，进而塑造了社会对人才的不同需求。教育领域作为人才培养的关键领域，需要积极应对这些变化，以推动教育生态的升级。

数字技术已经深刻影响了教育中的多个要素，包括教师、学生、课程、教学方法、学习体验、评估和管理，正在逐步改变教育的流程，从而重塑整个教育生态。人工智能以颠覆性创新的方式改善了系统内部的关系，重塑了教育系统的功能和形态。人工智能的介入不仅扩大了教育的范围，也有助于推动未来学校的建设。

教育与技术的竞争共同推动社会的进步。在人工智能技术迅猛发展的背景下，教育的超前性变得难以维持，人文性与工具性之间存在时空上的紧张关系和矛盾，同时对知识的传承也面临着历史传承、人际共创和人机共创等多重挑战。随着人工智能技术的快速推动，教育的发展战略和前瞻规划变得迫在眉睫，这是一个不容忽视的重要课题，需要我们迅速行动，不断探索。

● 专栏 2-4 ●

视源股份：未来教育开拓者

一、企业介绍

广州视源电子科技股份有限公司（以下简称"视源股份"）创立于2005年，专注液晶显示主控板卡和交互智能平板等显控产品的设计、研发与销售。视源股份产品广泛应用于家电、教育信息化和企业服务领域，持续致力于提升用户体验，通过产品创新、研发设计不断为用户创造价值，以AI技术为支撑，致力于推动教育领域的升级。

二、产业布局

1. 人工智能的崛起

随着信息时代的兴起，视源股份凭借其基于神经网络的深度学习算法，不仅在人工智能领域取得了令人瞩目的进展，而且在技术创新和产品发展方面取得了显著的成就。视源股份的成功离不开数据的爆炸式增长和计算能力的迅猛提升，在不断推动科技前沿的同时，也为其在市场上的竞争力奠定了坚实基础。

视源股份的研究院作为技术研究的核心机构，专注推动视源股份在视觉计算、信号处理、机器人控制与系统、自然语言处理和语音识别等领域的前沿研究。研究院的使命在于深入研究人工智能领域的基础技术，为公司的技术促增长战略提供战略支持。通过对神经网络深度学习算法的持续创新，研究院在视觉计算、信号处理等关键领域取得了突破性的研究成果。这些成果不再仅停留在理论层面，而是逐渐应用于公司的实际教育业务中，为视源股份在人工智能驱动的教育领域确立了技术领先的地位，为提升教育体验和效果提供了坚实的技术支持。

2. 未来教育

（1）解决教育实际问题。在迎接未来教育的时代浪潮中，视源股份旗下的希沃品牌积极应对教育领域的实际问题，通过推出创新的教学大模型，为教育数字化的发展提供强有力的支持。希沃教学大模型专注教师的教学和研究场景，通过深度融合软硬件产品，将教育数字化融入教学空间、教学过程和教学资源中。

希沃教学大模型的独特之处在于其庞大的训练数据，包括教材、教案、课件等多达 2200 亿代币的内容。为了解决生成长文本的需求，该模型采用独有的技术方案，将支持的输入长度扩展到 16000 代币，从而更好地适应教学需求。视源股份在算法、数据和应用场景的积累方面成就显著，尤其是在生成式 AI 自动评语方面有丰富的经验。同时，希沃品牌专注教育领域长达 14 年，是国内智能交互平板的首创者，深入了解用户的场景应用需求。

（2）构建教育数字化新场景新形态。在持续深耕教育数字化的道路上，视源股份致力于构建新的教育数字化场景和形态。希沃品牌推出的希沃 AI 教学终端，包括希沃第七代交互智能平板和希沃课堂智能反馈系统，将为数字技术在教育领域的应用带来新的推动。

希沃第七代交互智能平板搭载了专属的 AI 算力芯片，并在芯片中集成了本地化的教学大模型，不仅提升了硬件性能，更为教室提供了专业化和智能化的解决方案，音视频采集能力的大幅度升级，进一步增强了教学体验。

为了及时有效地给予一堂课反馈，视源股份推出了希沃课堂智能反馈系统。该系统连接课前、课中、课后的环节，帮助教师还原一堂课，实现课件自动生成、快速总结集备重点、课堂教学数据专业分析、作业自动批改等功能。这一系统已入选全国智慧教育优秀案例，在未来教育中有望得到深度应用。

除了面向教室的应用，希沃品牌还致力于满足家庭场景的教学需求。希沃学习机 AI 绘本阅读体系首次亮相，目前正处于内测阶段。通过这一功能，孩子们在阅读绘本的过程中将获得更丰富的学习体验和个性化指导。希沃学习机 AI 绘本阅读体系包含中英分级阅读计划、绘本精读、AI 共读三大维度，全面赋能家庭新场景。

三、发展与总结

未来教育的发展需要不断创新，适应新的数字化趋势。视源股份通过长期以来在 AI+教育领域的努力，为构建新的教育数字化场景和形态贡献了重要力量。从教学大模型到交互智能平板再到智能反馈系统，这一系列创新应用的推出，将推动数字技术在教育中的深度融合，为学生和教师提供更全面、更智能的教育解决方案。

参考文献

[1]潘慧．视源股份：科技引领文化教育信息化建设[J]．广东科技，2021，30(6)：53-56．

[2]丁景芝．增速放缓 视源股份迫近天花板[J]．英才，2020(1)：78-79．

数字化转型的过程需要我们秉承开放的态度，积极鼓励创新，并强调协同合作，以确保安全性并追求可持续发展。在数字时代，构建数字化教育系统成为当务之急，将人工智能纳入教育领域，充分发挥其潜在力量，是推动整个社会向前迈进的关键一步。通过人工智能赋能，不仅可以提高教育的公平性，还可以提升教育的质量，以积极进取的姿态，勇敢地探索和不断创新，打破传统教育的局限，为教育带来新的可能性，为人类社会的永续发展作出全局性、先导性的贡献。

篇末案例

汉王科技：人工智能产业先行者

一、企业介绍

汉王科技股份有限公司（以下简称"汉王科技"）成立于 1998 年，作为国内人工智能产业的先驱，一直专注多领域智能交互技术的研究和应用。多年来，致力于模式识别和智能交互领域的研发。随着人工智能时代的来临，汉王科技充分发挥现有核心技术优势，注重业务模式创新，紧密结合万物互联理念，以互联网思维为指导，全面开启智能交互时代的大门，有效实现人工智能技术在各个领域的落地应用。

二、发展历程

汉王科技的品牌历程紧密关联着中国科技市场的蓬勃发展。30 多年以来，汉王一直秉承着原创技术的理念，将创新元素融入产品设计，为数字中国建设贡献了卓越的力量。汉王科技一直专注文字识别和生物特征识别等领域，依托技术积累和深入研究，已在国内外市场崭露头角，被誉为人工智能领域的领军企业之一。

汉王科技的起步可以追溯到 30 多年前，当时中国的科技市场正处于初期阶段。汉王科技敏锐地识别到了技术的重要性，并致力于原创技术的开发。这一决策为公司奠定了坚实的技术基础，也使其在未来的竞争中占据了有利地位。在文字识别领域，汉王科技进行深入研究，不断推动技术的发展，为各行各业提供了高效的解决方案。此外，汉王科技还把目光投向了生物特征识别领域，为安全领域的应用提供了更多可能性。

随着数字化产业的快速崛起，汉王科技密切关注市场趋势，并采取了平台思维的战略。紧随数字中国和数字经济建设的步伐，不断拓展应用领域，为数字化转型提供了坚实的支持。在 B 端领域，汉王科技积极布局数字人文、数字档案、数字政法、数字金融和数字安防等广泛应用场景，为政府和企业提供了全方位的解决方案。

此外，汉王科技还着手打造 C 端智能终端产品，如数字读写、数字绘画和数字办公。这一举措不仅有助于公司拓展市场，还使人工智能技术更加贴近普通用户的生活。数字读写产品提供了便捷的阅读和写作体验，数字绘画产品让创意得以释放，数字办公工具提高了工作效率。通过这些产品的开发，汉王科技将人工智能技术带入了家庭和办公场所，实现了技术的广泛应用。

1. 从"0"到"1"：摸着石头过河

作为中国电子书领域的先驱，汉王科技见证了电子书行业从初创到成熟的全过程。1993 年，刘迎建根植于中国科学院自动化技术领域，积极响应中国科学院的号召，正式创立了汉王品牌。

随着"手写识别"和"OCR 识别"技术的不断成熟和市场推广，汉王科技陆续推出了国内首款创新产品，包括首个嵌入式 OCR 产品"名片通"，用于识别随身名片，以及首个嵌入式一体化车牌辨识系统"汉王眼"。其手写识别技术在 2001 年荣获国家科技进步奖一等奖。

2007 年成为汉王科技的一个重要转折点，在无线无源电磁笔技术上实现了巨大突破。汉王科技成功攻克了"无线无源"和"微压精密传感"两项关键技术，研制出了拥有 2048 级压感的电磁笔，这一创新标志着在人工智能新引擎的不断推动下，汉王科技在技术领域持续保持领先地位。

除了具备先进而成熟的技术，汉王科技还展现出对市场发展的敏锐洞察和清晰定位。2008 年，汉王将电纸书业务列为重点推进的"一号工程"，随后发布了全球首款手写电纸书。在接下来的三年中，汉王电纸书迅速占据了电子阅读市场的最大份额，也为中国开启了数字化阅读时代。

在电纸书业务的推动下，汉王科技的业绩飞速增长，占据了中国本土电子阅读市场 95%的份额。汉王科技于 2010 年 3 月在中小板上市，成为中国电纸书领域的第一股。

在智能交互方面，汉王科技早在 2005 年就率先涉足，经过三年的不断探索，成功推出了全球首款嵌入式红外识别终端，不仅搭载了红外和可见光 2.5D 识别技术，还搭载了 DSP 芯片，将人脸识别技术从万元级别拉降至千元级别，开启了人脸识别技术产业化的大门，完成了从"0"到"1"的突破。

2. 从"1"到"N"：业务应用多点开花

数字化基础设施的不断完善和商业化实施已经催生了人工智能产业的广泛发展。在这一背景下，汉王科技凭借其自主研发的技术实力，积极展开在人脸及生物特征识别、文本大数据、智能笔交互以及智能终端产品领域的全面布局，并且在各个领域都取得了显著的成就。

汉王科技大力发展深度学习算法，将其作为基础并自主研发了人脸及生物特征识别、视频智能分析、人形识别、图像识别等多项人工智能技术，并将其深度融入各个行业应用中。这一战略使其构建专属的核心业务链，包括静态人证核验和动态视频分析，为智慧城市、智慧园区、智慧社区、智慧工地、智慧校园、智慧医院、体育赛事等多个领域提供数字化服务能力，为城市和社会的数字化升级提供了强有力的支持。

汉王科技还克服了文本识别技术方面的挑战，成功解决了自由手写文稿和复杂报表的识别问题。通过利用 NLP 技术，实现了语义理解和知识图谱的构建，为数字人文领域的发展作出了重要贡献。汉王科技为国家图书馆、上海图书馆、故宫博物院等机构提供了系统化的知识服务，同时在各省市推广了汉王智慧档案识别与分析系统，其中涵盖了网络城建档案、人才档案、交通档案、医疗档案等大量数据的多个垂直行业，建立了一系列成功的示范案例，推动了数字文化的普及和传承。

此外，汉王科技还以数字采集、数据挖掘、数字可视化和物联网技术为核心，为北京、天津、山西等百余家高级、中级基层人民法院提供了电子诉讼卷宗随案同步生成的服务。帮助法院实现审判数据的可视化分析，还能用于评估审判质量和效率，为提高司法服务水平，实现"提质增效，便民利审"提供了强有力的支持。同时，还为法律体系的现代化提供了坚实的数字基础，也推进了法治社会的建设。

3. 三十而立的汉王，撬动未来无限想象

全球不到5%的公司能够生存超过30年，中国中小企业的平均寿命仅为2.5年，大型集团企业的平均寿命也仅为7~8年。因此，能够在市场中生存并繁荣超过30年的企业实属稀有。这些企业之所以能够持续经营超过30年，往往具备以下显著特点：长期的战略规划与坚定的执行力、持续改进产品和服务质量、不断进行创新和更新、有效的人才管理和培养计划、健全的财务管理和风险控制机制。

汉王科技作为杰出代表，始终坚持以市场导向和需求导向为指引，不断探索创新商业模式，并深入了解用户需求。通过将技术研发与市场需求紧密结合，取得了令人瞩目的成就。事实上，汉王科技的成功源于以市场需求引领技术研发，以用户需求引导企业发展的独特策略。

30多年来，汉王科技在中国数字产业蓬勃发展的背景下脱颖而出，成为国内领先企业，同时也在国际上树立了良好的声誉。其扎根数字产业并积极推动人工智能领域的努力，体现了其对"科技造福人民，技术造福社会"信念的践行。汉王科技不仅实现了各项发展目标，还在人工智能领域确立了自己的独特地位，成为该领域的领先者。

汉王科技以市场需求为导向，在数字产业快速崛起的浪潮中不断调整自身发展战略。凭借深厚的技术积累和对市场的敏锐洞察，及时把握住了数字产业发展的契机。无论是在硬件产品的研发上，还是在软件服务的创

新方面，汉王科技始终紧密把握市场脉搏，持续推动技术创新和产品升级，不断提升用户体验。

同时，汉王科技在不断拓展人工智能应用领域的同时，还加强了对核心技术的研发与掌控，积极推动人工智能技术与各行业的融合，为中国数字化进程注入了强劲的动力。除了技术的突破和创新，汉王科技在企业文化建设方面也毫不懈怠。汉王科技倡导团队协作、追求卓越的精神，营造了积极向上、创新开拓的企业氛围，吸引了大批优秀人才的加入，为公司的持续发展提供了强大的人才保障。

三、天地大模型

汉王天地大模型在诞生之初，便具备了强烈的行业特定属性。汉王天地大模型经过特定行业的优化和个性化定制，充分展现了汉王科技在人工智能领域的独特技术应用和行业实践能力。

值得注意的是，汉王天地大模型仅供私有化部署，而其起始成本低至50万元，这一定价政策彰显了汉王天地大模型在实际应用中的出色性价比。目前，汉王科技已经建立了广泛的合作伙伴关系，包括国家图书馆、档案馆、金融机构以及油气管道等众多行业领军单位。在这些合作关系中，汉王天地大模型扮演着行业专家、智能助手和智能客服等多重角色，共同打造了大模型应用领域的典范。

汉王科技在构建强大的大型模型时，依赖其深刻的市场洞察能力和敏捷的响应能力，以应对用户和合作伙伴在应用大型模型时面临的挑战，而这些挑战构成了大型模型在实际应用中的关键难点。因此，汉王科技推出了对应的措施，即"五化"能力，包括数据私有化、算力低成本化、深度专业化、知识实时化以及生成精准化。通过打造"五化"能力，汉王科技能够真正解决行业用户在运用大型模型时的疑虑，使各行各业的企业都能够以最经济高效的方式获得可信赖的大型模型应用。

（1）数据私有化。汉王天地大模型采用私有化部署，致力于全面保障数据隐私和安全，严密防范数据泄露风险。在大模型的整个生命周期中，汉王天地大模型坚定地确保数据的安全性，为解决应用中的数据安全和隐私合规问题提供了可靠的解决方案。无论是数据传输、存储还是处理过程，都严格遵守隐私保护原则，确保用户数据得到最高级别的保护。

（2）算力低成本化。为了降低算力成本，汉王天地大模型采用了多种优化技术。从高质量的行业训练数据的获取，到专门定制的任务和训练架构的优化，汉王天地大模型成功降低了算力开销，达到了业内领先水平。值得一提的是，其精益求精的技术优化甚至满足了只需要一台服务器就能满足企业应用的需求，从而为企业带来了成本的极大节约。

（3）深度专业化。汉王天地大模型针对各行业专业化应用需求，采取了一系列深度专业化的措施。通过行业数据注入、二次预训练、定向任务精细调整以及知识图谱等专业技术手段，该模型实现了对行业内容的持续跟踪和高效迁移，同时在特定领域的适应能力得到了大幅提升，使汉王天地大模型能够更好地满足不同行业的个性化需求，为各行业用户提供了高度定制化的解决方案。

（4）知识实时化。汉王天地大模型具备持续数据更新和实时结构化数据学习的能力，同时支持插件工具的协同使用，以确保知识的时效性和可持续应用。该模型能够及时获取并整合最新的数据，保持知识库的实时更新，从而有效应对快速变化的应用环境。持续的知识更新保证了模型始终保持对最新信息的了解，并能够在不断变化的环境中稳定运行。

（5）生成精准化。通过整合新技术，如向量数据库，并搭载答案质量评估系统，汉王天地大模型成功克服了内容精准性和一致性的难题。汉王天地大模型能够高效地生成精准的信息，为用户提供一致、可信赖的答案。其精确的信息生成能力为企业提供了强有力的决策支持，使其在信息处理过程中更加高效、准确。

这五大能力源自汉王科技在人工智能领域的深厚技术积累，通过持续的实际应用和实践，汉王天地大模型不断完善和提升，为各行业用户提供了更为可靠、安全、高效的解决方案。

四、发展与总结

展望未来，汉王科技必将持续深耕数字化领域，积极参与科技创新，坚定不移地领先于科技发展的前沿。同时，在未来的发展中，汉王科技将继续为时代的需求提供新的解决方案，为推动人类智能化生活和数字中国建设贡献更大的力量。

参考文献

[1]勒川．汉王科技：三十而立，再次远征[J]．中关村，2023(5)：58-61.

[2]王柄根．汉王科技：ChatGPT概念股　业绩前景如何？[J]．股市动态分析，2023(3)：42-43.

本章小结

本章主要讨论了人工智能的相关内容。随着数字浪潮席卷而来，人工智能的运用已十分广泛。第一节重在讲述人工智能的基础与演进历程，包括人工智能概述、人工智能起源与发展、人工智能的未来趋势；第二节从人工智能的发展势头、行业融合、发展前景、技术创新入手，介绍了人工智能作为新引擎的内容；第三节从人工智能赋能企业升级方面阐述，重点介绍了人工智能时代的商业本质、创新逻辑、商业重构以及发展战略；第四节从人工智能的行业融合入手，介绍了人工智能与制造、生物医药、金融、教育四个行业的交融。

第三章
ChatGPT

在数字时代，科技不断推动着人类社会前进，而大数据和自然语言处理技术正是其中的两大重要引擎。ChatGPT 作为先进的自然语言处理模型，将如何与大数据相互作用，引领科技的前沿呢？

再牛的技术一定要有个贴切的场景。ChatGPT 这次火起来，很重要的一点是找到了一种非常简单的交流方式，就像当年 Google 把复杂的搜索引擎藏在一个简洁的搜索框一样，ChatGPT 今天把复杂的人工智能变成了云服务。

——360 公司创始人　周鸿祎

学习要点

☆ChatGPT 的应用优势

☆大数据的价值

☆AIGC 的文字生态

☆ChatGPT 的创意源泉

开篇案例

商汤科技：日日新助力 AI 大步向前

一、企业介绍

上海商汤智能科技有限公司(以下简称"商汤科技")作为一家专注于人工智能软件的企业，秉承不断引领前沿研究的使命，不断努力构建更加普及和具备扩展性的人工智能软件平台。商汤科技以整合算力、算法和平台为基础，创建了"商汤日日新 SenseNova"大型模型及研发体系，以较低成本的方式释放通用人工智能任务的潜能，从而推动高效、经济实惠、大规模的人工智能创新和实际应用，并最终完善商业价值链，解决各种长尾应用问题，引领人工智能进入工业化发展的新阶段。

二、模型应用及优势

商汤科技构建的全方位大模型研发框架已成功应用于多个行业场景，展现了大模型在不同场景下应对任务复杂度和丰富数据挑战的能力，同时展示了其巨大的发展潜力。

商汤科技在大模型领域进军具有以下两个显著优势。

首先，在人工智能初创企业中，商汤科技在基础设施建设上投入了大量资源。商汤科技建立了强大的基础设施，拥有 5000P 算力的大型设备，使其能够构建强大的训练系统和超级计算系统。

其次，商汤科技作为一个平台型公司，涵盖了多个行业领域。在这些领域中，商汤科技积累了各种类型的数据，并对问题进行了全面深入的描述。

1. 中文语言大模型应用平台——"商量 SenseChat"

"商量 SenseChat"作为强大的自然语言处理模型，其参数高达千亿级，经过大量中文语境数据的训练，能够更深入地理解和处理中文文本。该模型具备领先的多轮对话和处理超长文本的能力，能够在互动过程中不断提升判断力和创造力。作为高效的聊天助手，其能够迅速解决复杂问题并提供个性化建议，同时辅助用户撰写高质量文本。此外，"商量 SenseChat"还能持续学习和进化，自动更新知识，生成可靠、准确且安全的文本和对话。

在单轮对话中，"商量 SenseChat"表现出了卓越的语义理解能力，不仅能准确地理解句子的意思，还具备判断句子合理性的能力。此外，它还能正确地处理非命题性问题以及与命题相关的逻辑问题，展示出了相当出色的逻辑推理能力。

在多轮对话中，"商量 SenseChat"展现出了惊人的创造性思维和共情能力，能够通过多轮对话理解和生成信息，支持共同创作，如一人一句合作编写故事，或者为用户提供情感上的抚慰。同时，"商量 SenseChat"还拥有一定的文学创作才能，发展前景广阔。

商汤科技一直在积极推动中文语言大模型应用平台与各行业的深度结合，旨在为各个领域带来更高效、更高质的服务体验。

以医疗行业为例，商汤科技的技术可以为导诊、健康咨询和辅助决策等多种场景提供支持。其多轮会话功能不断提升医疗语言理解和推理能力，从而持续提高医院诊疗效率并提升患者服务质量。

此外，商汤科技针对开发人员推出的"AI 代码助手"，能为开发人员提供代码补全、生成注释、测试代码生成、代码翻译、修正、重构以及复杂度分析等全方位支持。该助手支持中英文和多种编程语言，并能够快速适应开发者的个性化编码风格。借助 AI 代码助手，开发人员能够提高开发效率、减少错误，从而将更多精力投入富有创造性的编程工作和代码设计中，而不是被枯燥重复的工作所拖累。

2. 生成式 AI 模型及应用

除了交流对话，商汤还依托其"日日新 SenseNova"大型模型体系，自主开发了多个 AI 创作工具平台，包括"秒画""如影""琼宇""格物"等，为短视频和直播产业带来了更高的生产效率。

（1）"秒画"AI 内容创作社区平台。"秒画"是由商汤科技打造的 AI 内容创作社区平台，旨在协助用户轻松创作高质量的艺术作品，并自动生成元素和细节。这一平台还支持用户进行个性化绘画模型的训练，以满足不同的绘画风格需求。

（2）"如影"视频生成平台。商汤科技的"如影"AI 数字人视频生成平台能够使每个人都能轻松创作视频内容。该平台支持全栈式的智能创作，包括 AI 数字人的动作表情、AI 文案生成、AI 跨语言文稿，以及各种风格的 AI 素材生成，实现了卡通和真实风格的无缝切换。同时，整个过程无须专业摄影设备，只需要使用"如影"即可创造高度逼真的数字形象，并以文本输入的方式，快速、高效地生成各类人物视频内容。所创造的数字人物形象生动逼真，表情丰富自然。用户只需要在输入框中简要描述视频创作构思，"如影"将自动生成相关的视频文案，然后通过 AI 技术直接创作各种数字内容，最终生成视频。

"如影"平台支持超过百种语言，方便进行跨语言的创作。此外，通过图像 AI 生成的功能，素材获取更加便捷。"如影"平台不仅能够帮助创作者迅速制作各种短视频、直播等用于营销的内容，还可以为教育培训、企业推广、娱乐文化等领域提供视频解决方案，提高品牌知名度，提升用户黏性。

（3）"琼宇/格物"3D 内容生成平台。商汤科技的"琼宇"和"格物"是基于 NeRF(神经辐射场技术)的强大 3D 内容生成平台。其独特之处在于能够实现对物体和空间的高度还原与交互，无论是城市的数字孪生，还是桌面上的手办，都能以惊人的逼真度呈现。

这两个平台生成的各种 3D 内容都具备再编辑和再创作的能力，这得益于其海量高精度数字资产的生产。这一特性使它们能够满足影视制作、建筑设计、商品推广、数字孪生管理等各种领域对可交互的 3D 实景内容的迫切需求。

"琼宇"主要面向场景生成领域，其特点在于可以重现和还原超逼真的场景，不仅支持自由漫游，还能够进行实时交互和编辑。这一功能可应用于城市和园区的数字孪生建模、影视创作、文化旅游以及电子商务等众多领域。

"琼宇"拥有出色的算法优势，包括厘米级的精确重建、大场景实时渲染与互动、多源数据融合和超精细化技术，使其具备了在城市规模和大尺度空间上进行精确重建的能力。与传统的人工建模方式相比，"琼宇"仅需 2 天的时间(需要的算力为 1200 TFLOPS)就能完成原本需要 10000 人天的建模任务，同时还能还原真实的细节和光照效果。

同时，"格物"小物体 3D 内容生成应用能够以超高细节水平还原各类物体，从而提高综合效率达到 400% 的增长，同时降低综合成本高达 95%，该应用适用于各种物体类别，且能够实现出色的重建效果。借助商汤 NeRF 技术，"格物"可以支持复杂结构物体的精准复刻，还可以准确模拟光照效果和材质还原，使其在商业广告、商品营销等领域有广泛的应用潜力。

三、发展与总结

通用人工智能(AGI)并不仅仅是一场虚假的庆典，而是提升生产力的重要机遇。在 ChatGPT 成为程序员、艺术家和创作者的过程中，商汤科技已经将由 AGI 带来的生产力提升注入更广泛的领域、行业、企业和场景中。可以说，在探索和引领 AGI 发展的道路上，商汤科技已经找到了至关重要的突破点。

参考文献

[1] 王晓刚. 通用人工智能加速自动驾驶技术变革 [J]. 智能网联汽车,2023(3):44-47.

[2] 刘启强. 商汤科技:坚持原创　让 AI 引领人类进步 [J]. 广东科技,2023,32(2):24-27.

第一节　ChatGPT:探寻无尽智慧

一、ChatGPT 的前世今生

近年来,ChatGPT 是备受瞩目的人工智能热点,可谓继"阿尔法狗"之后的又一吸睛之作。简而言之,ChatGPT 是一款能够以自然语言进行对话的人工智能机器人,无论提出何种问题,它都能以流畅而标准的自然语言进行回答。不仅如此,还能够解答代码问题、数学难题等,使用者可以与它在各种问题上进行深入的交流。

即使在事先未告知的情况下,ChatGPT 给人的感觉也极为接近一个具备逻辑思维和语言沟通能力的真实的人类。它的出现首次让人们意识到,人工智能似乎终于可以进行正常的人际交流了。尽管有时会出现错误,但在交流的过程中至少不存在语言和逻辑上的障碍。ChatGPT 可以理解使用者的意思,并以符合人类思维方式和语言规范的方式回应,这种卓越的智能体验突破了狭窄的领域界限,给广大公众带来了震撼(荆林波、杨征宇,2023)。

以下是 GPT 系列模型的主要发展历程。

1. GPT 初代,一切开始的地方

2018 年,美国人工智能研究实验室(OpenAI)发布了最早的 GPT 模型版本。根据 OpenAI 公开的数据，这个模型是一个基于 Transformer 架构（基于自注意力机制的模型）的大规模自然语言处理模型，通过大规模的预训练获取语言知识。尽管初代 GPT 模型已经采用了生成式的预训练方法（这也是 GPT 名称的由来，Generative Pre-Training，生成式预训练），但它采用了无监督预训练结合下游任务微调的模式，因此这一模式并不是新颖的发明，其在计算机视觉领域早已得到广泛应用。

GPT 模型在当年确实引起了一些行业关注，但它并不是当时的焦点。因为在同一年，Google 推出了 BERT 模型（预训练的语言表征模型），以出色的性能吸引了所有人的目光。

2. GPT-2，带来的希望

当谈到 GPT-2 时，就必须提到 OpenAI 始终坚持着生成式预训练的路线，这一决策在 ChatGPT 出现时就得到了进一步证明。实际上，这个路线的潜在回报在 2020 年就开始隐约显现。GPT-2 展示出了一项令人印象深刻的能力，即进行翻译。通常情况下，专门用于翻译的模型需要大量的平行语料，对两种不同语言之间的配对数据进行监督训练。然而，令人惊讶的是，GPT-2 并没有使用这种数据，其只是在大规模的语料库上进行生成式训练，然后突然间就能够进行翻译了。

尽管从当前的角度来看，当时的 GPT-2 展示的各种能力还相对初级，其效果与经过监督数据微调的一些其他模型相比仍存在明显差距，但这并没有妨碍 OpenAI 充满期望地看待它所具备的潜在潜力。

3. GPT-3，数据飞轮的开始

回顾 ChatGPT 之前的时代，OpenAI 因为 GPT-2 的成功更坚定了在 GPT 系列模型上的信心，因此决定加大研发力度。2020 年发布了 GPT-3，即使在今天看来，这个拥有 1750 亿参数的模型依然令人叹为观止。

小样本学习是机器学习领域的一个专业术语，但其背后蕴含着一项朴素的理念，即"人类能够通过极少的例子学会新的语言任务"。然而，对于深度学习模型而言，通常需要经过成千上万的示例掌握一项新的技能。有趣的是，GPT-3 却展现出与人类相似的能力，它只需要展示几个例子，便能像人类一样"有样学样"地完成这些任务，而无须经历额外的训练过程，也就是说，不需要进行常规训练中的梯度反向传播和参数更新。

GPT-3 展示了卓越的文本生成能力，与 GPT-2 相比，其生成内容更为流畅且可以生成更长的文本。这些综合的能力使 GPT-3 成为广泛关注的焦点，也标志着 OpenAI 正式向外界提供服务。

然而，随着向公众开放模型服务，越来越多的人开始尝试使用 GPT-3。在这一时期，OpenAI 不仅向公众开放了该模型，还积极收集更多的多样化数据，这些数据在后续的模型迭代过程中发挥了重要作用。因此，GPT 系列模型的发展动力也随之滚动，拥有更多高质量的用户数据将会推动更出色的模型迭代产生。

4. GPT-3.5，ChatGPT 诞生

GPT-3 的一个升级版本即 GPT-3.5，也被称为 ChatGPT。它在 GPT-3 的基础上经过微调和改进，旨在提供更出色的聊天和对话交互体验。ChatGPT 被设计成更适合与用户自然而流畅地交流，同时仍然能够执行其他自然语言处理任务。

这些模型的发展代表了自然语言处理领域在深度学习和大规模预训练模型方面的显著进步。它们已经改变了我们与计算机和数字信息互动的方式，并在自动文本处理和理解方面取得了巨大的成就。未来，预计会有更多的改进和新模型涌现，不断推动自然语言处理技术的前沿。

二、ChatGPT 的技术原理

ChatGPT 体现出来的能力可以大致划分为如图 3-1 所示的三个技术维度。

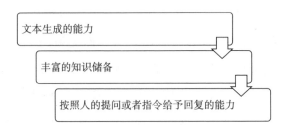

图 3-1　ChatGPT 体现出来的能力

1. 文本生成的能力

ChatGPT 的所有输出都是通过生成文本实现的，因此文本生成是其最基本的能力要求，这项能力实际上源自其训练方式。在预训练阶段，ChatGPT 执行的是标准的自回归语言模型任务，这也是 OpenAI 所有 GPT 系列模型的基础。自回归语言模型任务的基本思想是，模型可以根据已经输入的文本预测接下来应该是什么内容，可以是单词、短语，甚至是字母。

在训练过程中，会提供大量的文本数据，包括从网页上抓取的文章、各种书籍等。只要是正常的文本内容，都可以用来进行训练。这个模型可以"免费"获取大量数据的功能要归功于互联网的普及，因此可以轻松获得由真人撰写的大量文本内容用于训练。这也是 GPT 系列模型的一个显著特点，即通过使用海量数据训练庞大的模型（秦涛等，2022）。

在使用 ChatGPT 时，它的工作原理类似于它的训练方式。模型会根据使用者在对话框中输入的内容预测接下来的内容，然后将这些内容拼接成新的文本，如此往复，直到满足某个条件后停止。停止条件可以有多种不同的设计方式，如输出文本达到特定长度或模型预测出某个特殊指令表示停止。

实际上，这个过程涉及采样操作。换句话说，模型在预测内容时，会输出所有可能内容的概率分布，然后从这个概率分布中进行采样。因此，在使用 ChatGPT 时，即使输入相同，输出也可能会每次都不一样，因为模型会以不同的方式从概率分布中选择内容作为输出，这就使每次与 ChatGPT

的交互都有一定的变化。

在深入了解这些方面之后，可以重新思考模型的学习过程。此时需要思考以下问题：它是否在学习如何回答问题，或者它是否在努力理解自然语言中所包含的信息、逻辑结构和情感，抑或它是否在积累大量的知识？从训练任务的设计来看，似乎都不是。实际上，模型只是从海量的文本数据中学到了一个特定技能，即"根据输入的文本，预测人类可能会接着写什么"。

然而，正是这个看似简单的学习任务，使模型在发展到 ChatGPT 这一阶段时，逐渐掌握了广泛的知识和复杂的逻辑推理能力等。它似乎已经获得了几乎所有人类在语言运用方面所需要的技能。这个进化过程是非常令人惊奇的，它让大众不得不重新思考关于语言模型的认识和潜力。

2. 丰富的知识储备

ChatGPT 是能够回答各种问题的语言模型，其拥有广泛的知识，涵盖了历史、文学、数学、物理、编程等多个领域。这些知识并非来自外部数据，而是嵌入在模型内部的。它之所以具备丰富的知识，是因为其在训练过程中，通过大规模的数据集学会了这些内容。

ChatGPT 的知识来源主要分为网页内容、书籍内容和百科知识三个类别。这些来源包含了大量的信息，百科和书籍自然包含了丰富的知识，而网页内容涵盖了新闻、评论、观点等多种信息，还包括各种专业领域的问答网站，为 ChatGPT 提供了多样的知识资源。

然而，仅有大量的数据是不够的，模型本身也必须足够庞大。例如，GPT-3 包含了 1750 亿个参数。这些参数可以理解为模型对数据内容和能力的具体数值表示，它们固定在了训练完成的模型中，使模型能够运用这些知识回答各种问题。这个模型的体量和数据量共同构成了 ChatGPT 强大的知识储备和回答能力的基础(匡文波、王天娇，2023)。

3. 按照人的提问或者指令给予回复的能力

除了以问答方式回应问题，ChatGPT 还具备按要求生成回复的能力。例如，当用户提出类似"帮我写一封信"的指令时，ChatGPT 同样表现出卓越的表现力。这种特质使它不仅是高级搜索引擎，更是一款可用自然语言交互的文本处理工具。

尽管大多数人普遍将 ChatGPT 视为一种类似搜索引擎的工具，但它的功能远不止于此。实际上，ChatGPT 本身在回答知识性问题方面并不是其最强项，这是因为它的训练数据止步于 2021 年。即使通过更新的数据进行训练，它仍然无法跟上时事的变化。因此，若要将其用作知识性问答工具，则需要与搜索引擎等外部知识来源相结合。

然而，从另一个角度来看，ChatGPT 更像是一种语言完备的文本工具，即它能够根据用户提供的需求生成指定的、以文本形式呈现的内容。这种多才多艺的特性使它在各种文本生成任务上都能表现出色。

三、ChatGPT 的应用场景

在现代社会，许多工具正朝着自动化、流程化和智能化的方向发展，使人们可以在很多情况下不再费心思，只需要动动手指或动动嘴巴就能完成任务。在这种趋势下，人类似乎正在将懒惰与智慧相结合，这一混合体正以惊人的速度崛起。甚至有人开始讨论一个引人深思的问题："随着机器人的不断替代，人类是否最终会被机器主宰？"

人类将大量的无意识数据输入机器中，这是否会演变成一种潜在的威胁，攻击人类的利器？这个问题我们无法预知，但毫无疑问，智能化技术已经在初期带来了翻天覆地的便捷性。而当下，炙手可热的 ChatGPT 正是这一趋势的例子。

有人说 ChatGPT 的应用领域广泛，那么它在哪些领域展现出了巨大的潜力？

1. 客服行业

在客服行业，ChatGPT 可以被广泛应用于构建智能聊天机器人，这些机器人能够自动回答用户的疑问、提供技术支持并解决问题。这种技术的应用不仅能够显著降低人力成本，还能够提供全天候的服务，从而提升用户的整体体验。

目前，越来越多的企业，包括银行、保险和电商等行业，已经开始利用 ChatGPT 实现自动化客服。例如，在线购物平台上，ChatGPT 已经被广泛应用于用户咨询，能够自动识别用户的问题并提供及时的回复，从而减轻了客服团队的工作压力，同时也减少了企业的人力成本。未来，随着 ChatGPT 等人工智能技术的不断发展和完善，客服行业将迎来更多的创新和提升。

2. 教育行业

教育是一个充满潜力的领域，可以充分利用 ChatGPT 的智能技术，为学生和教育者提供更好的学习和教育体验。ChatGPT 有望在教育领域中的应用如图 3-2 所示。

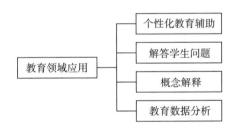

图 3-2　ChatGPT 有望在教育领域中的应用

（1）个性化教育辅助。ChatGPT 可以被用来构建智能教育应用程序，这些应用程序可以根据学生的学习风格、程度和兴趣提供个性化的教育辅助。通过分析学生的学习历史和反馈，ChatGPT 可以自动调整教材和练习，以满足每个学生的需求，帮助他们更好地理解和掌握知识（朱永新、杨帆，2023）。

（2）解答学生问题。学生在学习过程中经常会遇到问题，ChatGPT 可以作为一个实时的学习伙伴，随时回答这些问题。学生可以向 ChatGPT 提出问题，无须等待教师的回应，从而提高学习的效率和积极性。ChatGPT 可以回答关于各种学科的问题，包括数学、科学、历史等。

（3）概念解释。学生有时会对某些概念感到困惑，ChatGPT 可以提供清晰和简洁的解释，帮助他们更好地理解这些概念。ChatGPT 可以用简单易懂的语言解释复杂的概念，消除学生的疑虑，促进他们对知识的深入理解。

（4）教育数据分析。ChatGPT 可以分析大量的教育数据，包括学生的学习进展、表现和反馈。借助这些数据，可以帮助学校和教育机构更好地了解教育过程中的瓶颈和机会，从而优化教育策略和资源分配(徐光木等，2023)。

3. 医疗保健行业

随着医疗保健科技的不断进步，人工智能已经成为医疗保健领域的重要工具之一，不仅可以加速医学研究和临床诊断，还可以提高患者的治疗体验。医疗保健应用程序的潜在应用如图 3-3 所示。

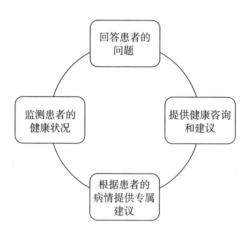

图 3-3　医疗保健应用程序的潜在应用

（1）回答患者的问题。患者通常有各种各样的健康疑问，而并不一定需要亲自前往医院。医疗保健 ChatGPT 可以通过文字或语音与患者互动，提供有关症状、治疗选项和健康建议的信息，减轻医疗保健系统的负担，提高患者的健康素养。

（2）提供健康咨询和建议。可以使用这些应用程序输入患者信息，如年龄、性别、病史等，然后获得个性化的健康建议。例如，如果一名患者正在寻找减肥建议，应用程序就可以根据他的个人信息和健康目标提供定制的饮食和运动计划。

（3）根据患者的病情提供专属建议。通过整合医学数据库和患者的医疗记录，应用程序可以分析患者的健康数据，预测患者的病情发展，并提供相应的治疗建议。契合患者的专属医疗建议可以帮助患者更好地管理健康，减少不必要的医疗费用和医疗错误。

（4）监测患者的健康状况。患者可以使用智能设备追踪生理数据，如心率、血压、血糖水平等，并将这些数据传输到应用程序。应用程序可以实时监测这些数据，如果发现异常情况，则可以立即通知患者或医生，以便及时采取行动。

●专栏 3-1

三六零：大模型的业界领跑者

一、企业介绍

三六零安全科技股份有限公司（以下简称"三六零"）成立于 1992 年 6 月，是国内互联网服务和安全服务的龙头。自成立以来，三六零先后推出了 360 安全卫士、360 手机卫士等安全服务软件。目前，三六零的发展围绕"互联网+安全"双轮驱动的商业模式展开，形成了安全业务、互联网业务、智能硬件业务三大板块。

二、内容生成式 AI：360 智脑

1. 360 智脑的发展

早期的三六零依靠"互联网免费安全"的理念获取了大量的用户和流量；

并以安全能力为核心展开流量变现，短时间内得到了质的飞跃，众多用户和流量为三六零未来的发展奠定了基础。后来，三六零不断扩大业务向智能软件、智慧互联网等方向发展。

近年来，随着 ChatGPT 火爆全球，三六零加速布局人工智能领域。2023 年 4 月 10 日，三六零创始人周鸿祎在 2023 数字安全与发展高峰论坛上发布了"360 智脑"，被称为中国版的 ChatGPT。"360 智脑"作为一款基于大语言模型的产品涵盖了 360CV 大模型、360GPT 大模型和 360 多模态大模型，将通过大算力、大数据、工程化等强大的推理能力和深度学习技术，为城市、政府、中小微企业、个人用户等提供更加智慧高效的搜索体验。周鸿祎表示三六零坚持"两翼齐飞"大模型战略，一方面坚持自主研发核心技术；另一方面通过大模型在城市、政府和企业端的布局，进一步推动服务产业数字化和智能化。截至 2023 年 8 月，"360 智脑"已完成内测，推出了超 20 个行业解决方案，吸引了数百家服务商关注，加速布局 ChatGPT 赛道。

2. "360 智脑"的优势

数据、算法、算力是大模型发展的关键三要素，其中数据因其稀缺性成为门槛较高的要素。"360 智脑"在数据方面却具有很大的优势。"360 智脑"的快速落地离不开公司旗下强大搜索引擎的支撑，搜索引擎是 ChatGPT 类应用落地的天然场景之一。中央电视台市场研究股份有限公司在 2023 年 6 月发布的《2023 年中国搜索引擎行业研究报告》显示，在传统搜索引擎行业的行业渗透率中，百度搜索在全端位居行业第一，360 搜索和搜狗搜索分别位列第二、第三。360 搜索是我国搜索引擎行业中的头部，拥有 B 端+C 端的多维产品矩阵。通过结合浏览器、数字助理、智能营销等场景应用，"360 智脑"可以帮助企业更好地理解用户需求，提供精准的答案和解决方案，从而提升企业的搜索效果、用户满意度和竞争力。三六零 2023 年的披露报告显示，360 搜索引擎日均抓取超过 20 亿次，抓取量超过 10000 亿张网页和 200 亿条索引，积累了国内海量的数据和完整的页面优化体系。强大的搜索引擎为 360 智脑领跑我国人工智能创造了条件。三六零旗下的 360

问答和 360 百科拥有近 2000 万词条和 6 亿条问答，可以为智脑提供雄厚的数据支撑。强大的搜索引擎为"360 智脑"实现千亿参数模型稳定运行和提供大规模、多样性、高质量信息奠定了基础。

三六零以免费的安全软件起家，20 年来在安全软件领域中积累了大量的经验和技术。三六零全球首创"云查杀"技术，覆盖 225 个国家和地区的 15 亿终端。三六零将顶尖的安全保障能力用于智脑的打造，通过布局"云端安全大脑"和"核心安全大脑"，赋能大模型的发展。三六零旗下高水平的白帽子黑客和安全工程师可以准确高效地对安全数据进行预清洗、参数调整及后端人工标记，有效降低了潜在的网络威胁和攻击，更好地保障了用户的数据安全和个人隐私。"360 智脑"的安全保护是一种数字安全提供的一站式防护体系，其核心是以安全大数据、安全知识库和安全专家团队为中枢，进行全视角、全范围、全天候的安全大数据汇聚，以协同处理能力为中小微企业数字安全赋能。

三、发展与总结

近年来，我国大模型产品取得了很大的进步，360 智脑便是其优秀产物之一。"360 智脑"是三六零自主研发的认知型通用大模型，在中文通用大模型基准评测等多个第三方评测中位列国产大模型能力首位。目前来看，"360 智脑"的多项能力已经赶超 GPT3.5，其综合实力可以位列大模型产品的顶端。在未来，"360 智脑"应加速应用场景的落地，强化大模型 API 的开放能力，不断为城市、政府和企业赋能，争取在新一轮工业革命中领跑世界。

参考文献

[1]许栋梁.三六零安全公司盈利模式分析[D].北京：北京交通大学，2022.

[2]孙小程.产业奇点已现积极抢占大模型发展先机[N].上海证券报，2023-06-02(006).

四、ChatGPT 的发展空间

2023 年以来，人工智能领域的 AIGC(内容生成式人工智能)已经迎来了一系列令人瞩目的进展，这标志着人工智能正进入蓬勃发展的新阶段。当前，以 ChatGPT 为代表的人工智能技术通过智能算法和大规模数据分析，能够高效地收集、分析和处理全球范围内的大量数据。这些大型 AI 模型的应用已经超越了仅限于对话聊天的领域，甚至已经展现出了推理、理解和抽象思考的能力。

毫无疑问，在未来几年内，ChatGPT 将在多个领域带来革命性的改变，深刻地改变着人类的生活。作为一款通用助手，它的潜力在于提升生产效率和效益，这将对几乎所有行业产生巨大影响，包括但不限于教育、移动技术、搜索引擎、内容创作和医药领域(张夏恒，2023)。

1. ChatGPT 的独特优势

ChatGPT 作为强大的自然语言处理模型，具有多个独特的优势，使其在各种应用中表现出色。ChatGPT 的主要优势如图 3-4 所示。

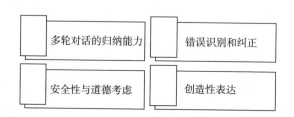

图 3-4　ChatGPT 的主要优势

（1）多轮对话的归纳能力。ChatGPT 可以生成符合用户意图的多轮回复，这意味着它能够理解先前对话的背景和上下文，从而更好地响应用户的问题和需求，这一优势使对话更加连贯和富有沟通性。为了增强 ChatGPT 的学习能力，指令微调和基于人类反馈的强化学习被用于不断改进模型，使其更好地适应不同对话场景，并与人类反馈保持一致。

（2）错误识别和纠正。ChatGPT 具备自我识别和纠正错误的能力。当用户指出模型的错误时，它能够接受并根据用户的反馈改进回答。此外，模型还可以主动质疑不明确或错误的问题，并提出合理的猜测，从而确保对话的准确性和流畅性。这一自我纠正的特性有助于提高用户体验，确保用户获得可靠的信息。

（3）安全性与道德考虑。ChatGPT 在考虑到道德和政治因素的情况下，能够自觉地拒绝不安全或不合适的问题，或者生成符合道德准则的回答。通过监督下的指令微调，模型学会了区分哪些答案是安全的，并在生成答案时给出解释，从而提高了回答的可信度和透明度。ChatGPT 表现出来的安全性特性对确保模型在互动中不会产生潜在的风险非常重要。

（4）创造性表达。ChatGPT 在创造性写作任务中表现出色，可以用于头脑风暴、故事或诗歌生成、演讲稿撰写等多种创造性任务。模型能够一步步打磨其作品，生成富有创意和表现力的文本。因此，ChatGPT 能成为创意工作者、写作者和内容创作者的有力助手，可以提供创造性的灵感和文本创作支持。

2. ChatGPT 的局限性

尽管该模型在自然语言处理方面取得了显著进展，但它仍然存在一些局限性，这些局限性可能对人类生活产生以下负面影响。

（1）逻辑推理的不足。ChatGPT 在处理逻辑问题时存在明显的不足。对于数学或一阶逻辑等需要精确答案的问题，它经常会给出错误的答案。这是因为 ChatGPT 生成的答案是基于大规模语料库中的统计信息，而不是基于准确的逻辑推理。对于确定性问题，使用者不能依赖 ChatGPT 提供可靠的答案。

（2）可靠性问题。ChatGPT 在回答问题时仍然存在可靠性问题。它有时会生成事实上不正确或带有偏见的回答，这可能引起误解。虽然这是生成式人工智能模型的固有问题，但仍然需要努力改进模型，以确保生成信息的真实性和客观性。毕竟，可靠性是这类生成式聊天机器人的基石。

（3）知识学习的限制。ChatGPT 无法进行实时网络搜索或学习新知识。它的知识是基于其训练过程中的大规模语料库获得的，而这些知识是固化在模型中的。这意味着它无法更新知识储备或校正错误的信息。模型的知识是以分布式表示的形式存储的，这使其难以对模型进行操作或解释。因此，也就限制了 ChatGPT 在处理新兴领域或知识更新方面的实用性（Anna Collard，2023）。

（4）稳健性问题。虽然 ChatGPT 在产生安全和无害的回应方面表现出色，但仍然存在一些潜在的攻击方法。首先是指令攻击，攻击者可以通过误导性的指令让模型执行非法或不道德的行为。其次是提示注入，恶意提示可能导致不当行为或不准确的回答。此外，ChatGPT 在英语方面表现良好，但在处理其他语言和文化时可能存在问题，这需要开发更适应特定数据集和文化背景的版本。

随着对话模型和大型语言模型的智能程度不断提高，大众必须认识到，以对话为界面的方式将成为现实，它将重新定义人机互动的方式。这一变革过程不可避免地将改变人们寻求、处理和产生数字信息的方式，对大家的日常生活产生深远的影响。

同时，ChatGPT 的操作是基于多个算法叠加而成的，这些算法的叠加构成了 ChatGPT 的行为，它具备广泛的应用领域。但是，由于涉及隐私泄露和道德等问题，多个国家已经采取行动叫停了它的使用，ChatGPT 未来的发展道路充满了不确定性。

第二节　大数据：数据孕育智能

一、大数据为何物

1. 大数据的定义

大数据（Big Data）是信息技术领域的术语，用来描述那些无法在一定时间范围内用传统软件工具捕捉、管理和处理的庞大数据集合，特点在于海量、高增长率和多样性，因此需要全新的处理模式和技术架构有效地提取其中的价值信息。大数据的重要性在当今数字化时代越发凸显，其具备更强的决策力、深刻的洞察发现能力以及流程优化的潜力。

从广义的角度来看，大数据可以被看作将物理世界的各种信息映射到数字世界并进行提炼的过程。通过分析这些数据，能够发现其中的模式和趋势，从而更好地理解现实世界并作出提升效率的决策。广义角度强调了大数据在理解和改善现实生活中的作用，它可以应用于多个领域，如商业、医疗、科学研究等，以推动社会的发展和进步。

从狭义的角度来看，大数据是一个具有特定技术要求的概念，其涉及获取、存储、处理和分析大规模数据的方法和工具。这种技术架构的出现能够有效地管理和利用庞大的数据集，从而挖掘出其中蕴含的价值，其中包括分布式计算、存储系统、数据挖掘算法、人工智能技术等。大数据技术的发展能够让大众更好地应对信息爆炸的挑战，将数据转化为有用的见解和决策支持(张红春等，2023)。

总的来说，大数据可以被理解为哲学性的概念，强调了数据在理解世界和提升效率方面的作用，同时其也是技术性的概念，提供了处理大规模数据的工具和方法。这两种定义相辅相成，共同构建了对大数据的全面理解。随着时间的推移，大数据的重要性将继续增加，将在不同领域推动创新和进步，解锁更多的机会和可能性。无论从哪个角度来看，大数据都是当今数字化世界的重要支撑，继续引领着未来的发展方向。

2. 大数据的作用及影响

(1)大数据驱动融合应用。随着新一代信息技术的兴起，各种应用形态如移动互联网、数字家庭、物联网等持续涌现，且这些应用不断地产生着海量数据。这些数据不仅来源多样，而且复杂多变。云计算提供了存储和运算平台，为实现数据的管理、处理、分析与优化提供了关键支持。通过对不同来源数据的整合与分析，可以使大数据更好地服务于人们的生活和工作，推动各个领域的融合应用取得突破性进展。

（2）大数据催生新兴产业。大数据不仅是信息产业的新引擎，同时持续推动着新技术、新产品、新服务以及新业态的涌现。在硬件与集成设备领域，大数据对芯片和存储产业产生了深远的影响，催生了一体化数据存储处理服务器以及内存计算等市场的快速发展。与此同时，在软件与服务领域，大数据的作用不可忽视，推动了数据快速处理分析、数据挖掘技术和软件产品的创新与发展，为整个信息产业注入了新的活力。

（3）大数据提升核心竞争力。在当前激烈的商业竞争环境下，各行各业日益重视大数据分析的价值。零售商通过大数据分析能够实时了解市场动态，迅速调整经营策略以更好地满足用户需求。在医疗领域，大数据的应用提高了诊断准确性和药物有效性，可为患者提供更为精准和个性化的医疗服务。除此之外，大数据还为企业提供了制定更加精准有效的营销策略的决策支持。通过对海量数据的深入分析，企业能更好地理解消费者行为和需求，从而更有针对性地进行市场推广，为用户提供更加及时和个性化的服务。大数据不仅在商业领域赋能，而且在公共事业领域也开始发挥越来越重要的作用。通过大数据的支持和应用，政府能够更有效地促进经济发展、维护社会稳定。从城市规划到资源配置，大数据的运用使公共决策更加科学合理，推动了社会各个方面的发展（李栋、乔辛悦，2023）。

（4）大数据时代的科学研究方法。大数据时代也将科学研究方法带入了一个全新的境界。在这个时代，研究者可以基于互联网，对大规模行为数据开展实时监测和跟踪，揭示出数据中的规律性，从而提出更为准确的研究结论和对策。科学家可以利用大数据研究气候变化、疾病传播、社会趋势等复杂问题，从而更好地理解和应对世界的挑战。

二、大数据 4V 特征

几年前，美剧《纸牌屋》成为网络热点。这部剧的每个方面都受到了大数据的指导，从数千万观众的客观喜好大数据中提取信息，用以决定剧情、导演、演员、播放方式以及时间安排等。《纸牌屋》的成功引发了全球文化产业对大数据的兴趣，也促使其他行业开始关注这一隐形的黄金矿藏。

　　大数据是一个多层次、多角度的概念，不同企业和行业根据自身需求和视角对其进行定义。然而，尽管定义存在多样性，但国际数据公司（IDC）提出的大数据四大特征——数据量大（Volume）、数据种类多（Variety）、数据价值密度低（Value）、数据产生和处理速度快（Velocity）（见图3-5）被广泛接受，有助于更清晰地理解大数据的本质（王越悦，2022）。

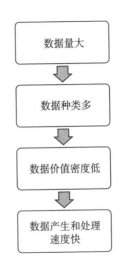

图 3-5　大数据四大特征

1. 数据量大

　　现今，数据源源不断地涌现，包括来自传感器、物联网、工业互联网、车联网、手机、平板电脑等各种渠道。在这个数字时代，我们的日常生活，如进行上网搜索和购物等，都在产生大量的数据。

　　大数据已经超越了以前以吉字节（GB）或太字节（TB）为单位衡量的范畴，现在依靠 PB（约 1000TB）、EB（约 100 万 TB）甚至是 ZB（约 10 亿 TB）衡量数据的规模，正如这些单位所示，这已经成为大数据的主要特征。

2. 数据种类多

大数据的重要特征之一是数据的巨大增长，而且这些数据类型多种多样，可以分为结构化、半结构化和非结构化数据。结构化数据通常存储在传统的关系型数据库中，一直以来在 IT 应用中扮演着重要角色。与此不同，半结构化数据包括电子邮件、文字处理文件以及大量的网络新闻等，其特点是以内容为基础，这也正是像谷歌和百度这样的企业存在的原因。与这两者不同，非结构化数据的生成量在社交网络、移动计算和传感器等新技术应用的推动下不断增加。

3. 数据价值密度低

大数据的真正价值不仅在于其规模的扩大，更关键的是在信息时代的爆炸式增长中重新挖掘数据的潜在价值。因此，如何高效地挖掘大数据中的有效信息成为至关重要的任务。数据的价值密度往往与数据的总量成反比，这意味着需要更多的努力从庞大的数据中提取有意义的见解（高晓峰，2021）。尽管价值密度较低的情况在大数据领域日益显著，但深入研究、分析和挖掘大数据仍然具有深远的意义。毕竟，价值是推动所有技术研究和发展的内在决定性动力，这一点在大数据技术中同样适用。因此，不能低估大数据的潜在价值。

4. 数据产生和处理速度快

根据美国互联网数据中心 2023 年的数据，企业数据每年以 55% 的速度增长，而互联网数据每年呈现 50% 的增长率，这意味着互联网数据两年就会翻一番。此外，国际商业机器公司（IBM）2023 年的研究表明，在整个人类文明历史上获得的全部数据中，有 90% 都是在近几年内产生的，这也强调了数据处理速度快的重要性。

这种数据处理速度的需求也引出了与之相关的"一秒定律"，这一定律强调了在信息时代，数据的价值瞬息万变，即在某一刻有用的数据，下一刻可能已经失去了其价值。因此，除了数据的规模，数据的价值还与数据的处理速度密切相关。可以说，数据的处理速度越快、越及时，它的潜在效能和价值就越大。

三、大数据价值体现

1. 技术价值

大数据不仅是一项技术，更是一种革命性的工具，深刻地影响着人们的生活和工作方式。

（1）技术价值的重要性。大数据的技术价值不可忽视，因为它与多个学科有着紧密的联系，包括数学、统计学、计算机学和数据学等基本理论知识。这一综合性的特点使大数据成为一个全新的领域，汇聚了各种不同领域的专业知识，推动了这些领域的交叉和融合。交叉带来的知识碰撞和创新激发了大数据技术的不断发展，使其成为数字领域最直接的突破。

（2）大数据在应用领域的推动作用。大数据的广泛应用，对人类社会的技术进步产生了巨大的推动作用。例如，App 研发应用是大数据技术的典型案例。通过收集和分析用户数据，开发者能够更好地了解用户需求，改进应用程序，并提供更具个性化的体验。

此外，大数据也同样作用于数据库编写应用方面。数据库管理系统可以存储和管理大规模的数据，使企业更有效地管理业务信息，帮助其提高生产效率、降低成本，并为决策者提供更准确的数据支持。因此，大数据的发展为人类社会带来了技术进步的机会，推动了各行各业的发展（Gema et al. ，2021）。

（3）大数据与其他技术的互动。大数据不仅是一项独立的技术，还为其他技术的研发、应用和落地提供了坚实的基础。特别是在人工智能领域，大数据的重要性不言而喻。人工智能的核心是机器学习，而机器学习算法通常需要大量的数据进行训练和优化。大数据提供了这些必要的数据资源，推动了人工智能的发展。通过大数据分析，机器学习模型能够更好地理解和预测人类行为。

2. 商业价值

在如今竞争激烈的商业环境中，传统经营的企业不可避免地面临着一系列复杂而关键的问题。这些问题涉及如何提升运营现状、明确目标客群、确定竞争优势，以及分析与解决现有经营问题。客流数据、经营数据、以往活动的相关数据、店铺信息、竞品数据等海量信息的深入分析成为成功的关键(伍威，2021)。

（1）数据驱动运营的核心。数据是运营的重要度量方式，它不仅真实反映运营状况，还为企业提供了深入了解产品、用户、渠道的机会，进而优化运营策略。数据的价值在于它的多维度性，帮助企业全面了解运营现状。

（2）数据驱动决策的未来。数据分析结果的驱动力在于它可以直接指导运营方式。通过合理利用数据，运营者和企业决策者可以依靠数据和逻辑分析能力指导业务实践，从而更加明智地制定战略和策略，作出有利于企业发展的决策。

3. 社会价值

科学技术的快速发展已经深刻地改变了生活方式和社会结构。然而，不管技术如何进步，其最终的价值都应当以人为本，关注的焦点应当是能否促进人类社会的进步和提高人们的幸福指数。

大数据作为信息时代的产物，在带来巨大便利的同时，对紧密的生活服务网络建设也具有重要意义。大数据几乎能够量化一切，根据人们的需求和偏好提供个性化的服务和产品，并将对社会产生深远且广泛的影响(胡志康，2021)。

总之，大数据是一种社会力量，正在塑造人们的未来。大数据的最终价值在于如何服务人类社会，促进社会的进步，提高人们的生活质量。因此，需要谨慎地管理和应用大数据，确保其发挥最大的社会价值。

●专栏 3-2 ●

易华录：大数据价值缔造者

一、企业介绍

北京易华录信息技术股份有限公司(以下简称"易华录")成立于 2001 年

4月，是我国领先的大数据技术和应用解决方案服务商，其营业范围包括解决方案、产品销售、服务咨询，致力于为政府、企业提供一站式大数据应用。易华录响应国家号召，全力发展大数据战略，实施"数据湖+"发展对策，不断筑牢我国数字基地。

二、实现大数据价值

大数据价值是当前把握数字中国建设的核心制高点，工业和信息化部安全中心测算，2023年我国数据要素市场规模将达到1144亿元，"十四五"时期将突破1749亿元。易华录作为中央企业华录集团控股的子公司，承担着打造智能经济基础设施的核心职能；作为我国大数据应用领域中的领导者之一，为实现大数据的发展与应用作出了巨大的贡献。自成立以来，易华录一直致力于将大数据分析和人工智能技术应用于各种领域，包括政府管理、企业运营、社会公共服务等，其产品和服务在业内深受好评。易华录在大数据价值上的发展主要体现在以下几个方面。

1. 数据存储

易华录以自主知识产权的蓝光存储技术为基础，打造数据湖，为政府机构、企事业单位提供数据要素的安全存储和流通。易华录旗下的蓝光存储是我国唯一自主可控，且具备长久、安全、节能特质的储存技术；而"数据湖"是一个集中式存储和处理大量数据的平台，包括数据存储、数据处理、数据分析和数据安全等功能，可以为政府和企业提供更高效、更安全的数据管理和使用方式。目前，易华录已经与华为、运营商等在存储、数据要素等领域展开了多层次、全方位的合作。

2. 数据服务

易华录不仅提供数据存储，还提供一系列的数据服务，包括数据治理、数据分析和数据应用等。通过这些服务，易华录可以有效帮助政府和企业更好地管理和利用数据，实现数据价值的最大化。在商业领域中，易华录可以向供应链的各个端口提供数据服务，以其为零售商提供的全程解决方案——"智慧零售解决方案"为例。易华录通过大数据分析用户购物行为、需求及偏好，帮助零售商精准营销，提升销售效率和经营效益。

3. 云服务

易华录在云服务方面深耕多年，技术积淀深厚。易数云是易华录多年以来贯彻城市"数据湖"战略方案，致力于开辟出一站式、集约化、价值化、国产化的城市建设新路径，努力打造业界最完整的"收、存、治、用、易"立体式、全链路的数据要素价值化方案。易数云展现出的集云资源、软件和专家云服务"三位一体"的全景能力，将所有的云服务拆分为多项原子服务，可以根据实际的业务场景，组合搭配形成个性化的云服务包。

4. 国资云服务

易华录紧跟国资委发布的国资云"1+N+M"的建设指导意见，基于在近几年企业数字化转型项目中沉淀的产品能力及服务经验，依托中央企业自身背景优势，为中央企业、地方国资企业提供领先的国资云服务。通过国资云服务，易华录帮助国有企业实现数据资产入表、实现国有数据保值增值。例如，易华录推出的"政务大数据平台"，是结合了云计算、大数据、人工智能等先进技术，为政府搭建的一个智慧服务平台。通过这个平台，政府能够实时采集、整合并分析各种社会运行数据，助力政府形成全面、科学的决策。同时，在公共卫生领域，政务大数据平台可准确预测和提前预警各类公共卫生事件，有效提升应急处置效率，保障社会稳定；在公共服务领域，可以实现教育、医疗、就业等公共服务资源的优化配置，提升政府公共服务水平。

三、发展与总结

总的来说，易华录在大数据领域的发展得益于国家政策的支持、技术的不断创新、对市场需求的敏锐洞察以及合作伙伴的支持。未来，易华录要不断加码大数据技术，持续为政府和企业提供数据决策服务，这样可以有效提升其管理效率，优化社会资源配置，最终实现数字永生。

参考文献

[1]刘吉洪．易华录：数据湖业务持续发展[J]．股市动态分析，2021(20)：44-45．

[2]周少鹏．易华录：老业务稳健新业务爆发[J]．股市动态分析，2019(39)：29-30．

四、大数据发展趋势

随着互联网技术的持续革新，大数据已经逐渐成为社会、企业的重要资源，为精准获取用户提供了前所未有的机会。

1. 大数据与精准用户获取

在互联网时代，用户的行为足迹散落在各个网络媒体上，这些足迹是构建精准用户获取的基础。大数据技术的爆炸式增长为企业提供了强大的工具，可以利用用户在互联网上的活动精确锁定潜在用户。其中，中国三大运营商的海量数据库资源成为数据收集和挖掘的宝贵资料。

(1)运营商大数据平台。运营商大数据精准用户获取平台利用数据模型和多样性的数据信息源，为企业提供了精准用户。这些平台能够分析用户的通信记录、位置信息、消费行为等数据，从而帮助企业更好地了解用户需求，制定精准的市场营销策略(张媛，2023)。

(2)数据整合与分析。除了运营商数据，企业还可以整合不同来源的数据，如社交媒体、电子商务平台、应用程序等。通过数据整合，企业可以建立用户的全面画像，包括其兴趣、购买历史、社交圈子等信息。数据分析工具和算法的应用使企业能够从海量数据中提取有价值的见解。

2. 大数据的发展趋势

大数据技术的发展一直在不断演进，大数据的发展趋势如图3-6所示。

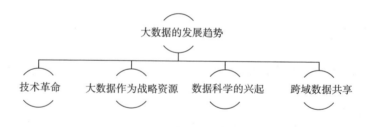

图 3-6　大数据的发展趋势

（1）技术革命。随着大数据的迅速发展，新一轮技术革命蓄势待发，类似于计算机和互联网的影响。新兴技术将改变数据处理和分析的方式，为科技领域带来突破性进展，这将为企业提供更多工具和机会，以更精确地获取用户（Anh et al.，2022）。

（2）大数据作为战略资源。大数据已经成为企业和社会的战略资源，越来越受到关注。企业需要制定大数据营销战略，提前布局，以充分利用这一宝贵资源。其中包括数据的收集、存储、分析和保护，以确保数据发挥最大的作用。

（3）数据科学的兴起。数据科学将成为一门专业化的学科，高校要积极开办专门的数据科学专业，并培养更多的数据科学家，推动大数据技术的发展。

（4）跨域数据共享。在建立数据基础平台的基础上，跨域数据共享平台将逐渐兴起，促进数据共享，不仅在企业内部，还在不同行业之间进行数据交流，推动创新和合作，成为未来行业的核心。

3. 大数据与精准用户获取的未来

随着大数据技术的不断发展和应用，企业对于预测用户行为、推荐定制化产品、提供更好的用户体验将更进一步实现更高的营销回报率。

大数据技术已经改变了精准用户获取的方式和可能性。通过运营商数据平台、数据整合和分析，以及不断发展的技术趋势，企业可以更加智能地了解用户，提供个性化的服务，实现更高的市场竞争力。随着大数据技术的不断演进，可以期待更多创新和机会的出现，从而为企业和社会带来更大的价值。

第三节 ChatGPT 与大数据演绎：领跑科技前沿

一、交互之道：ChatGPT 无尽学习源泉

1. ChatGPT 带来的冲击

近年来，信息爆炸的浪潮愈演愈烈，给人们带来了前所未有的冲击。在这个数据驱动的时代，数据行业正面临着巨大的机遇和挑战。一方面，数字中国政策的推动为该行业带来了显著的利好，为大数据的发展提供了强大的支持；另一方面，人工智能应用如 ChatGPT 的爆发引发了人们的担忧，不得不开始思考应对之策。

ChatGPT 作为数据科学和人工智能迅猛发展的产物，无疑将对数据行业产生深远的影响。它的广泛应用已经引起了业界对数据的重视，数据已经成为企业决策的核心要素，其地位日益重要。因此，企业需要思考如何获取和积累更多有价值的数据，以及如何充分挖掘和利用这些数据创造更多价值。这也意味着数据科学家、数据分析师和机器学习工程师将成为炙手可热的人才，拥有相关人才资源的企业将具备竞争优势。

同时，ChatGPT 具备强大的自动化自然语言处理、数据分析和挖掘以及数据生成能力，这将在很大程度上取代那些从事基础数据处理工作且需要机械重复操作的岗位。这无疑是一个残酷的现实，ChatGPT 正在逐步深刻地改变着整个数据行业的格局（史学军，2023）。

2. ChatGPT 的数据业务场景

ChatGPT 的强大自然语言处理和文本生成能力为与大数据融合的多个数据业务场景（见图 3-7）提供了广泛的应用机会。

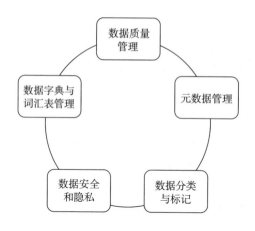

图 3-7 ChatGPT 的数据业务场景

（1）数据质量管理。利用 ChatGPT 分析数据字段和文本内容，可以自动检测数据质量问题，如缺失数值、不一致的数据格式或错误的数据类型，提高大数据处理中的数据质量。

（2）元数据管理。ChatGPT 可以生成详细的元数据描述，包括数据集的名称、摘要、分类、来源和版本等信息。这对管理和理解大数据集合非常有帮助，可以促进数据资产的有效利用。

（3）数据分类与标记。ChatGPT 可自动对大数据进行分类和标记，如对文本数据进行主题分类或实体识别。通过这种自动化过程，帮助组织更好地组织和管理庞大的数据集。

（4）数据安全和隐私。通过 ChatGPT 分析大数据中的敏感信息，如个人身份数据或财务信息，可以帮助组织采取适当的安全措施，如数据加密和访问控制，以确保大数据的安全性和隐私性（樊博，2023）。

（5）数据字典与词汇表管理。ChatGPT 的能力可用于生成数据字典和词汇表，以更好地理解和描述大数据集，方便进行数据管理，促进数据共享与交流。

以上应用场景凸显了 ChatGPT 与大数据融合的潜力，能够自动化和增强数据处理、管理和安全性，提升大数据处理的效率和质量。

3. ChatGPT 的辅助作用

ChatGPT 在与大数据融合的过程中具有多种关键作用，可以在数据行业的各个环节提供有力支持，如图 3-8 所示。

图 3-8　ChatGPT 的辅助作用

（1）自然语言处理。ChatGPT 是一种强大的自然语言处理工具，能够高效处理和分析文本数据。其中包括情感分析、主题分类、文本生成以及机器翻译等，有助于数据行业更深入地理解和利用文本数据。

（2）语音识别。ChatGPT 可应用于语音识别和转录领域，从而协助数据行业更好地处理和分析语音数据，打开新的数据来源。

（3）数据标注和分类。ChatGPT 的自动化能力可在文本数据的标注和分类方面大显身手，如情感分类、主题分类和实体识别，提高文本数据的质量和准确性，显著提升数据处理和分析的效率。

（4）数据清洗。ChatGPT 可以用于文本数据的清洗和预处理，协助数据行业更好地管理和处理庞大的文本数据集。

（5）数据挖掘。ChatGPT 有助于从文本数据中挖掘出关键信息和知识，为数据行业发现和利用数据的价值提供强有力的支持。

（6）数据可视化。ChatGPT 能够生成自然语言文本，帮助数据行业更好地展示和传达数据的分析结果，使复杂数据更加易于理解。

总的来说，ChatGPT 作为一款强大的自然语言处理工具和机器学习模型，能够融入大数据处理中，提高数据行业的效率和数据利用的深度。

二、无拘无束：ChatGPT 无限创意表现

在数字化时代，创作者面临前所未有的机遇和挑战。创造力无处不在，但有时创作者可能会陷入困境，感觉自己的创意不再涌流或者停滞不前。然而，ChatGPT 的出现，能够为创作者提供动力，释放无限的创意潜能。

ChatGPT 已经为创作者打开了新创作可能性的大门，它可以用来启发新的想法、解决创作难题，甚至协助编辑和润色文本。无论是写作、绘画、音乐创作，还是其他创意领域的从业者，ChatGPT 都可以成为其有力的助手（张立，2023）。

对于创作者而言，ChatGPT 具备无穷创意的源泉，如图 3-9 所示。

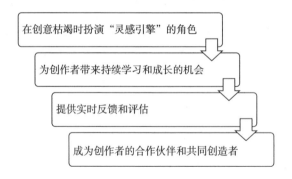

图 3-9　ChatGPT 的无穷创意源泉

首先，ChatGPT 可谓创作的可靠伴侣，能够在创意枯竭时扮演"灵感引擎"的角色。通过与 ChatGPT 的交互，可以提出问题、分享观点，或者寻求建议，而它将以独具特色的方式回应，帮助创作者冲破创作的障碍，激发全新的创意。

其次，ChatGPT 为创作者带来持续学习和成长的机会。ChatGPT 具备记忆和分析大量文本数据的能力，能够从中提炼知识和见解。在与 ChatGPT 的对话中，创作者将受益于其丰富的信息库和语言模式，这将有助于拓宽知识领域，提升创作技巧。无论是追踪特定领域的最新进展，还是寻找灵

感的线索，ChatGPT 都能成为创作者的智慧导师。

再次，除了提供无限创意的潜力，ChatGPT 还能够提供实时反馈和评估。实时反馈可以帮助创作者不断改进作品，提升创作水平。通过与 ChatGPT 的互动，创作者可以获取独立、客观的反馈，从而更好地了解其创意是否达到了期望的效果。实时评估是在创作过程中的价值参考，可以帮助创作者及时调整方向、发现问题，并不断改进自己的作品（詹海宝、郭梦圆，2023）。

最后，ChatGPT 可以成为创作者的合作伙伴和共同创造者。创作者可以与 ChatGPT 开展富有创造性的合作，一同探索新的创意和概念。通过与 ChatGPT 的互动，可以进行头脑风暴、讨论问题、挑战想法，共同创造出独特而令人惊喜的作品。

为了激发 ChatGPT 的无限创意表现，必须明确，它并不意味着完全替代创作者的独特性和创造力。相反，它仅仅是一种强大的辅助工具，旨在为创作者提供灵感和帮助。最终的创意及作品仍然受到创作者个人风格的影响，需要创作者种下自己的"情感烙印"。ChatGPT 的存在可以激发创作者的想象力，但决定性的因素仍然是创作者的经验和情感（吴炜华、黄珩，2023）。

ChatGPT 作为创意源泉，能够为创作者提供宝贵的支持和灵感，其特点在于与创作者的对话交流，不断为其提供新的创意、知识和反馈，从而有助于释放创作者内在的创造潜能。需要强调的是，ChatGPT 只是一种辅助工具，而创作者才是创造力的源泉和最终决策者。因此，只有在创作者的智慧和创造性的引导下，ChatGPT 才能实现其潜力，真正成为创作者在推动创作领域创新与发展中的助手。

三、神奇创生：ChatGPT 笔下璀璨的文字世界

1. 文字智能的突破

语言文字在人工智能趋势中具有重要意义。简而言之，智能媒体的早

期突破点很可能出现在语言文字层面，即自然语言处理领域。那么，为什么会在文字智能方面取得突破？

人工智能生成内容（AIGC）涵盖了多个技术领域，其中基本的内容形态包括文字、图片、音频和视频等。人工智能的技术能力既可以集中在单一媒体形态上，也可以致力于多模态应用。在人工智能技术的不断发展中，文字智能应用正引发广泛关注。ChatGPT 的发展可以被看作人工智能在文字领域取得突破的一个例证。

这一突破主要源自自然语言处理技术的研发需要长时间的积累和沉淀。同时，现有的自然语言模型和算法已经积累了大量的数据和经验，进一步推动了这一领域的发展。此外，相比其他媒体形态，自然语言处理对计算资源的需求较小，从而使文字智能化技术更加成熟且成本更低。因此，文字智能化技术在人工智能应用中具有最大的突破可能性（赵大伟，2023）。

2. ChatGPT 的文字创生

ChatGPT 代表了智能语言处理和文本生成领域的巅峰之作，具备模拟人类语言处理和生成的卓越能力，能够协助人们更加高效地应对各种语言任务。ChatGPT 通过吸收大规模文本语料库的信息不断提升自身的语言理解和生成水平。其训练数据涵盖了互联网上的丰富文本资源，包括书籍、文章、新闻、维基百科、社交媒体等，这些数据跨足多种语言和主题领域。

ChatGPT 的文字创生主要应用领域包括文字和语言任务，如文本分类、文本摘要、机器翻译、问答系统以及对话生成等。ChatGPT 不仅能够进行自然而流畅的对话，回答各种问题并提供相关信息，还可用于撰写文章、编写代码、生成诗歌和小说等多种创作领域。它的能力横跨了广泛的语言处理和自然语言生成任务，为人们的工作和创造提供了有力支持。

3. "内容为王"时代

AIGC 正推动内容生产发生革命性变革，作为智能媒体创新的典型代表，将再次颠覆内容创作方式，为新型媒体的崭露头角铺平道路。

AIGC 代表着智能内容生成的最前沿。智能内容生产所带来的范式转变引发了许多引人入胜的话题，值得进一步探讨。人工智能已广泛应用于内容创作，尤其是在财经和体育报道等领域，机器人新闻撰写已经取得了显著的进展。虚拟主播则依托数字化人格，在各种媒体平台上进行新闻播报已经变得司空见惯。

AIGC代表用户定制内容。用户定制模式是满足用户信息需求的一种基本方式，用户在主动搜索内容时，这些内容都是按照他们的需求提供的。无论是研究论文、营销文案，还是详细说明书，都是根据用户的独特需求而产生的。AIGC能够在不同的时间、场景和个人需求下满足用户的内容需求，这一点本身不仅能为用户带来全新的体验，也有助于不断加深AIGC与用户之间的紧密联系。

AIGC代表着一种全新的"跨界"内容生态。尽管在ChatGPT中，这一内容生态仍然主要以文字为基础，但新兴的语言文字生态已经打破了原有的语言文字应用之间的界限。我们熟悉的文学、诗歌、论文、研究报告等文字应用领域之间存在着明显的壁垒，而AIGC有能力颠覆传统的文字表达方式，可以涵盖多种内容类型，从而跨越了原有的基于文字的内容生态，为我们带来了更广泛的文字内容体验（李白杨等，2023）。

随着智能媒体的不断发展，AIGC的各种大模型也在不断演进。而ChatGPT可被视为宣告，标志着语言文字的智能媒体时代已经正式降临。

● 专栏 3-3 ●

昆仑万维：天工模型的无限创意表现

一、企业介绍

昆仑万维科技股份有限公司（以下简称"昆仑万维"）创立于2008年，最初专注网页游戏的研发、运营和全球发行，后逐步拓展至移动网络游戏和用户端游戏。通过战略投资和收购，公司扩展了社交和资讯业务，全面加速了全球市场布局。以互联网平台化为战略定位，昆仑万维迅速布局了音频社交、元宇宙等新兴业务，巩固了在全球互联网流量领域的地位，提升了海内外的影响力，推动全球互联网平台的发展战略。

二、AIGC 方向业务规划

1. 致力于 AI 领域，发布昆仑天工大模型

昆仑万维一直在通用人工智能（AGI）和人工智能生成内容（AIGC）领域持续拥抱创新，不断加大投入力度。在 2023 年，成功发布了名为"昆仑天工"的大型模型，该模型在知识问答、文本及代码生成、翻译等多个领域有着广泛的应用前景。昆仑天工模型采用了蒙特卡罗搜索树算法进行训练，以确保在万字级别的文本对话中能够安全准确地完成任务，同时在多场景应用中取得了显著的成果。

2. 行业合作促进，算力和功能仍有待进一步提升

为促进国内 AIGC 生态的进一步发展，昆仑万维积极与阿里云展开了合作，共同推动智算中心建设和大型模型训练等战略项目。这些项目主要涵盖大语言模型训练、算法与架构协同、计算流水线与架构协同、最优化存储和 TCO 优化等方面。昆仑万维开展的深度合作旨在激活国内 AIGC 技术生态，为中小企业公司和开发者提供更便捷的创新环境。

然而，在算力方面，昆仑万维认识到，与市场领先厂商相比仍存在一定的提升空间。尽管公司已经加大了研发投入及费用，但由于公司规模相对较小，仍与头部厂商存在一定差距。大型模型的训练需要庞大的算力支持，还需要在算力投入方面进一步努力，确保足够的资源支持天工大模型的研发和迭代。

在模型功能方面，昆仑天工模型在语义理解上表现出色，在公开测试中展现出卓越的语言组织和逻辑能力。然而，昆仑万维也意识到了在数理能力方面仍有提升的空间。因此，昆仑万维在未来的研发过程中需要更专注数理能力的提升，以使天工大模型在各个方面都达到更为全面和出色的水平。

3. AI 场景应用落地，大模型优势尽显

昆仑万维在 AI 领域构建了六大业务矩阵，其中最引人瞩目的是天工 AI 搜索，作为国内首款融入大语言模型的搜索引擎，其快速落地表现出令人瞩目的优势。这一成功背后，主要得益于天工 AI 搜索在大模型技术、自然语言搜索和多模态搜索方面的突出表现。

（1）大模型技术的引入。天工 AI 搜索引入的大语言模型技术，以其卓越的语义理解和生成能力而脱颖而出。大模型技术的崭新特性使搜索引擎能够更好地理解用户的搜索意图，为用户提供更准确、个性化的搜索结果。该技术的应用使搜索结果更为精确和全面，从而显著提升了搜索效果和用户体验。同时，通过解决大模型的幻觉问题，天工 AI 搜索实现了更快的迭代进化，为用户持续提供先进而可靠的搜索服务。

（2）自然语言搜索的突破。天工 AI 搜索突破了传统搜索引擎的限制，主打自然语言搜索。用户无须拘泥于特定关键词或操作符，可以用简单的语言进行提问。天工 AI 展现出的自然语言搜索能力能够快速深入分析用户的真实意图，捕捉问题中的上下文关系，从而提供更精确、更全面的搜索结果。用户与搜索引擎之间的交流更加流畅，为信息检索带来了全新的体验。

（3）多模态搜索能力的未来展望。天工 AI 搜索并未止步于此，未来将进一步升级迭代，增加多模态搜索能力。搜索引擎将能够处理多种不同的信息形式，包括文字、图像、音频等，从而更好地满足用户日益多样化的搜索需求，多模态搜索的升级将使搜索引擎更具综合性和全面性，为用户提供更为全方位的搜索服务。

三、发展与总结

面临不断演进的技术浪潮，昆仑万维不断提升算法的技术实力，积极拓展人工智能在各个领域的应用。未来，通过推动技术创新和智能应用的发展，无论是在 AGI 领域还是在 AIGC 领域，昆仑万维都将持续深耕，为用

户提供优质高效的服务，助力企业更好地适应数字化转型的潮流。

参考文献

[1]曹翠珍，郭宏峰．互联网企业 IPO 评价研究：以昆仑万维为例[J]．广西质量监督导报，2019(2)：85-86．

[2]关前．与志同道合的人共同创造出足以改变世界的产品：记 Opera 联席 CEO 周亚辉[J]．商业文化，2021(13)：10-11．

四、未来趋势：大数据引领 ChatGPT 发展方向

1. 引领发展的关键点

大数据在 ChatGPT 的发展中至关重要，对模型的训练和性能提升具有关键作用。大数据引领 ChatGPT 发展的一些关键点如图 3-10 所示。

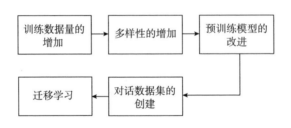

图 3-10　大数据引领 ChatGPT 发展的关键点

（1）训练数据量的增加。大数据时代为自然语言处理模型如 ChatGPT 提供了大规模的文本数据。这个巨大的数据池使模型能够接触到更多不同领域、不同语言、不同文化的文本，从而拥有更广泛的知识基础。这对于 ChatGPT 的发展至关重要，因为更多的训练数据意味着模型可以更好地理解和生成更准确的文本。模型在处理日常对话、解答问题、生成文本等任务时，都需要有足够的语言数据作为支撑，以便更好地模拟人类语言智能。

（2）多样性的增加。大数据涵盖了各种各样的领域和主题，包括科学、文学、历史、技术等。ChatGPT 通过训练数据的多样性，有机会接触到不同

领域的知识和术语，这有助于提高模型的通用性。模型可以更好地理解和回答关于各种主题的问题，不仅仅局限于某一领域的知识，使 ChatGPT 成为更全面的知识处理工具，有助于用户在各种领域中获取有价值的信息和见解（杨望、王钰淇，2023）。

（3）预训练模型的改进。大数据的提供可以训练更大、更复杂的预训练语言模型。ChatGPT 等模型在大规模数据上进行训练，能够学习到更复杂的语言结构和语义关系，提高了模型的生成能力和质量。ChatGPT 可以更准确地理解输入文本的上下文，并生成更连贯、更具语境感的回复，显著地提高用户体验和模型的实用性。

（4）对话数据集的创建。大数据还有助于创建更大规模的对话数据集，这些数据集用于训练 ChatGPT 等对话模型。对话数据集包含了各种类型的对话，从日常聊天到专业领域的讨论。这些数据集使模型能够更好地理解和生成对话，从而改善了其在对话任务中的性能。ChatGPT 不仅可以应对社交对话，还可以用于用户支持、虚拟助手等各种应用，使人机交互变得更加自然和高效。

（5）迁移学习。大数据让 ChatGPT 可以通过迁移学习从大规模数据中获益。模型可以先在大规模数据上进行预训练，学到丰富的语言知识和模式，然后将这些知识应用到特定任务中。这种迁移学习的方式可以大幅提高模型在各种自然语言处理任务中的性能，包括文本分类、命名实体识别、机器翻译等。ChatGPT 可以通过不断迭代和微调，逐渐适应不同领域和应用的需求。

2. 引领发展的走向

随着时间的推移，大数据和自然语言处理模型将迎来更加令人瞩目的发展（见图 3-11），这些发展将塑造未来的技术格局。

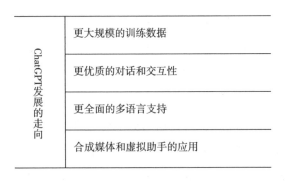

图 3-11　大数据引领 ChatGPT 发展的走向

（1）更大规模的训练数据。可以预见的是，未来大数据和自然语言处理模型将继续追求更大规模的训练数据。这一趋势在过去几年已经越发显著，因为更多的数据可以让模型更"聪明"、更擅长理解和生成文本。随着数据量的增加，模型的性能将不断提高，能够更准确地预测用户的需求，为用户提供更有价值的信息（熊明辉、池骁，2023）。

（2）更优质的对话和交互性。ChatGPT 和其他对话模型将变得更加智能和适应性更强，能够更自然地与人类进行对话，并理解更复杂的上下文和情境。这将使它们在虚拟助手、自动化客服代理和教育应用中发挥更大作用。

（3）更全面的多语言支持。ChatGPT 将进一步提高对多语言的支持，使其能够在不同语言之间更流利地切换，并提供更准确的翻译和跨语言理解，促进跨国交流和全球化业务的发展。无论是在商业领域还是在教育领域，这都将为用户提供更广泛的服务和信息。

（4）合成媒体和虚拟助手的应用。ChatGPT 和类似模型将被广泛应用于合成媒体的生成，包括文本、图像、音频和视频，为创作者和媒体制作人提供强大的工具，以创造各种类型的内容。此外，虚拟助手和自动化客服代理等应用将继续增长，为企业提供更高效的用户支持和服务。

第四节　独辟蹊径：GPT 特色全解析

一、ChatGPT 进军医疗

过去，医疗健康领域的人工智能模型通常只能处理单一类型的数据。作为一款强大的大型语言模型平台，ChatGPT 具备深度学习的能力，可以处理各种类型的数据，特别是自然语言文本，它能够像人类一样理解、进行交流，并提供准确而有意义的回答。

随着更多医学专业数据的训练，未来的发展可能会使 ChatGPT 具备类似医生的能力，为患者提供全面和高质量的医学建议。然而，这引发了一些人的担忧：担心它是否会威胁到医生的职业前景。

1. 更专注于语言文本交流方面的能力

在 ChatGPT 等聊天机器人出现之前，医疗领域已经存在一些类似的软件系统，这些系统可以用于对疾病症状进行分类和鉴别，但它们无法进行自然的语言文本交流。例如，有一些临床医学智库系统，可以通过关键词检索和回答问题辅助医生进行诊断；还有一些决策支持系统，可以帮助医生选择治疗方法。此外，还有一些基于慢性非传染性疾病诊疗和健康指南的系统，用于优化慢病管理并自动回答患者的疑问。然而，在疾病症状分类和初步诊断方面，数字健康软件仍然存在一些明显的不足（李东洋、刘秦民，2023）。

在信息爆炸的时代，依靠互联网搜索引擎进行信息检索已经无法满足人们对高质量和高精确度信息的需求。ChatGPT 能够通过理解输入的语言文本需求迅速检索相关医疗信息，从庞大的数据池中实现精准获取，并将其整理成易于理解的语言交流文本，为人们提供更加便捷的方式获取知识和信息。

2. 给医疗模式带来改变

展望未来，ChatGPT 有望在医疗领域带来革命性的改变，从而提升医疗服务的质量和效率。这种改变可能主要体现在以下三个方面，如图 3-12 所示。

改变知识与技能的　　　　模仿医生作出临床　　　　满足全天候医疗
获取方式　　　　　　　　决策　　　　　　　　　保健需求

图 3-12　ChatGPT 给医疗模式带来的改变

（1）改变知识与技能的获取方式。ChatGPT 将以前所未有的方式，帮助医生不断更新知识和技能，从而提供更卓越的医疗实践和积极的健康干预措施。当今，数据信息的增长速度呈指数级增长，生成式 AI 的能力也在不断提升，未来十年内增长可能会超过 1000 倍。ChatGPT 的不断进化将使其具备超越想象的分析和问题解决能力，到那时，AI 技术可能会与临床医生的诊断技能媲美。

（2）模仿医生作出临床决策。医生在临床决策中采用类似逻辑推理的思维方式，这种思维方式与 ChatGPT 解决问题的方式有所不同。医生从大型数据信息库中提取有用的信息和经验，以选择对患者最有价值的证据、决策支持和治疗方案，通过比较和鉴别诊断，最终确定正确的选择。ChatGPT 拥有几乎是所有同行所掌握的数据信息的总和，并具备数十亿参数，可以准确地找到最佳方法和决策选择，权衡各种选项并预测各种可能性，以确定最佳匹配方案（马武仁等，2023）。

尽管 ChatGPT 具有这样的优势，但为什么在辅助诊断和治疗选择方面仍未达到医生水平？原因在于医生通常在临床决策之前执行额外的关键步骤：向患者提出一系列问题，以进一步澄清疑虑，并安排相关检查以获取更准确的诊断支持数据信息。这一步骤是目前 GPT 等类型的 AI 难以主动完成的。然而，如果将 AI 辅助检查整合到诊疗流程中，那么未来 ChatGPT 的诊断准确性或许将不逊于医生水平。

（3）满足全天候医疗保健需求。全天候医疗保健需求满足是 ChatGPT 重点扩展应用领域之一。如今，患有两种及两种以上慢性疾病，并且每天需要医疗监护和健康管理的患者群体正在不断增长。当前的医疗保健模式和家庭医生服务模式已经难以满足患者的需求，甚至在某些情况下可能会延误诊断和治疗，而这正是 GPT 类型 AI 驱动的聊天机器人的主要应用领域。

ChatGPT 等聊天机器人在医疗行业具有广阔的应用场景，能够全天候满足患者的医疗和健康管理需求，实时提供疾病管理信息和保健知识，帮助人们预防疾病，降低并发症和急性发作的风险等。这些机器人还可以作为可穿戴设备的智能软件系统，提供全天候的居家重症患者监测服务，进行个性化的主动健康干预，将患者的数据与医生预设的阈值进行比较，并提醒医生和患者是否存在潜在风险。同时，它们还能够提醒对那些有潜在高风险的人进行筛查，并帮助其维持健康的生活习惯。

3. 为数字健康发展铺路

当前，临床应用和正在研发的 AI 数字健康软件以及数字疗法产品，都将充分利用 ChatGPT 完善和升级其现有功能。这并非要取代医生或替代面对面的诊疗过程，而是要通过高效和全面的方式辅助医患之间的交流，帮助其作出更好的疾病治疗选择和健康管理决策。未来，可以预见将会有更多的数字疗法软件和数字健康解决方案，创新地整合 ChatGPT 的功能，实现以患者用户为中心的精准服务。

ChatGPT 及其升级版本将为未来的数字健康、数字医疗以及可穿戴技术应用奠定坚实的基础，这就使主动健康干预成为现实。可以预见，ChatGPT 驱动的主动健康干预平台即将问世，传统的互联网搜索和疾病查询服务将逐渐淡出历史舞台。

二、ChatGPT 重塑教育

由于 ChatGPT 的友好交互和强大学习能力，推出仅两个月用户已达到 1 亿，对经济、社会、文化和教育领域产生了巨大影响，引起了广泛关注和争议。在教育领域，ChatGPT 的应用可能重塑教育，但也引发了质疑。了解其优劣势，分析其对教育的可能影响，对人才培养和高质量发展至关重要。

1. 认知变化：ChatGPT 的优劣势

ChatGPT 作为强大的人工智能工具，具备以下优势和应用潜力。

（1）提供个性化学习计划。根据学生需求制订学习计划，提高学习效率。

（2）执行自动化任务。自动创建测验、学习指南等，节省学生时间，让学生专注学习。

（3）即时反馈与调整。建立自动化学习评估系统，为学生提供反馈和建议，改善学习效果。

（4）提供教师辅助工具。提高教师工作效率，减轻教师负担，使其更专注于关怀学生和教学。

（5）创建教育资源。创造多元化教育资源，促进灵活教学。

新事物和新技术通常带来双重影响，ChatGPT 对教育也不例外，如图 3-13 所示。

（1）存在信息不准确的潜在风险。ChatGPT 生成的文本可能存在错误、遗漏、概念混淆等问题，尤其是在前沿领域和高深知识领域，其准确性相对较低。若未经严格审查，这些不准确的信息则可能误导学生。

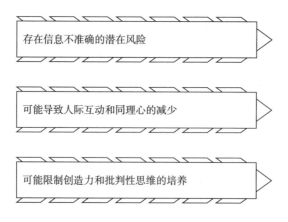

图 3-13 ChatGPT 在教育中的应用劣势

（2）可能导致人际互动和同理心的减少。广泛使用 ChatGPT 可能削弱了教师与学生之间的互动，如果学生过分依赖它，就可能减少与教师和同学的深入交流，影响社交技能、情感发展和人格形成。

（3）可能限制创造力和批判性思维的培养。教育者和学生过度依赖 ChatGPT 等技术获取答案，可能忽视了培养学生批判性思维和问题解决能力的重要性，也会限制教师的创造力和个性化教育。

2. 应对变化：教育变革的五个维度

面对 ChatGPT 等新技术带来的挑战，教育教学需要巧妙平衡潜在优势的利用与教育的核心价值，可以从五个维度展开，如图 3-14 所示。

（1）在价值观方面，不可盲目依赖人工智能，应坚守教育初心，注重学生的全面成长。

尽管 ChatGPT 是智能工具，但不能替代教师。学校需继续强调道德和情感培养，引导学生树立科学诚信观和责任感。学生应成为负责任的人工智能用户，正确运用人工智能技术。正确的价值观是关键，可确保人工智能技术在学生学习和成长中发挥积极的作用，而不是取代学生或过度地强调技术化（胡思源等，2023）。

价值观	不可盲目依赖人工智能，应坚守教育初心，注重学生的全面成长
教学目标	应教导学生思考和创造，而不仅仅追求知识获取的方便性
教师教学	应根据学生的个体需求，不仅仅依赖智能化和个性化推送
学生学习	需要培养批判性思维，而不仅仅满足于机器算法提供的答案
考试评价	需要创新评价理念和考试内容与方法，不应排斥新技术

图 3-14　应对 ChatGPT 等新技术进行教育变革的五个维度

（2）在教学目标方面，应教导学生思考和创造，而不仅仅追求知识获取的方便性。

尽管 ChatGPT 技术为知识获取提供了便捷途径，但过度依赖可能使学生倾向于寻找现成答案，而忽略了提出问题和批判性思维的重要性，甚至产生学习上的惰性。因此，学校在教学中应该积极创建并提供多样化的高阶思维教育活动，以及那些无法由 ChatGPT 或其他人工智能工具完成的任务，以激发学生的学习兴趣和创新潜力，培养其自主学习、合作学习、探究式学习和终身学习的能力。

（3）在教师教学方面，应根据学生的个体需求，不仅仅依赖智能化和个性化推送。

尽管 ChatGPT 可以在一定程度上根据学生的问答提供智能化和个性化支持，但这并非最佳教学方法。教师应该根据学生的特点和需求因材施教，以培养其学术能力和品格。了解每个学生的独特性，针对性地设计教学和课外活动，成为其学业和品格发展的引导者，这些是机器无法替代的。如果过度依赖 ChatGPT 技术，则可能导致教学变得标准化，使用相同的算法和模式，将阻碍学生潜力的发挥，不利于激发深思和探究精神，甚至可能限制学生的思维锻炼和创造力的发展空间。

（4）在学生学习方面，需要培养批判性思维，而不仅仅满足于机器算法提供的答案。

尽管 ChatGPT 拥有丰富的知识库，可根据学生需求提供个性化学习资源，但这并不意味着学生能轻松获取准确答案。积极地看，ChatGPT 可以帮助学生接触不同信息和观点，提供机会挑战和反思自身见解，有助于弥补知识缺漏，培养独立见解。不过，ChatGPT 存储的信息质量参差不齐，生成的答案仍可能存在错误。机器算法的精准推送也可能误导学生，因此培养批判性思维至关重要。在信息爆炸的社会中，批判性思维能力能帮助学生辨别真伪，抓住问题核心，作出明智决策(蒋里，2023)。

（5）在考试评价方面，需要创新评价理念和考试内容与方法，不应排斥新技术。

在 ChatGPT 等技术的影响下，人类在知识记忆和复现方面已不如人工智能表现出色。学校应当摒弃传统的考试评价方法，重视多维度的评价标准，注重考查学生的综合能力，包括批判性思维和创新性思维。在考试方法方面，需要关注 ChatGPT 技术可能引发的学术诚信和科技伦理问题。在 ChatGPT 等技术与搜索引擎整合的情况下，是否完全禁止学生使用人工智能进行论文创作尚有争议。学校应引导学生合理使用这些技术，并制定相关教学规范和标准，充分利用人工智能为教学带来的技术优势。

3. 未来展望：教育走向何方

ChatGPT 的出现和初步应用表明，自然语言处理的大型模型已经具备通用人工智能的特征，有广泛的应用潜力。尽管存在潜在风险，但人工智能技术的广泛发展和应用已经成为不可阻挡的趋势。

然而，新技术不会妨碍教育的发展；相反，它们为教育提供了新的机会。面对像 ChatGPT 这样的人工智能新技术带来的挑战，需要坚持以学生为中心的教育理念，持续关注信息技术与教育的融合趋势，并通过多样化的实践不断提高高等教育的质量和效率，让人工智能成为推动教育数字化和信息化的新动力。

●专栏 3-4●

科大讯飞：星火认知大模型

一、企业介绍

科大讯飞股份有限公司（以下简称"科大讯飞"）成立于 1999 年 12 月，主要从事语音及语言、自然语言理解、机器学习推理及自主学习等人工智能核心技术的研究。科大讯飞致力于语音识别、自然语言处理、机器翻译等领域的研究和开发。目前，科大讯飞的语音识别技术已经广泛应用于智能手机、智能音箱等产品中，为用户提供了便捷的语音交互方式。此外，科大讯飞还积极参与人工智能的应用推广，为教育、医疗、金融等领域提供了智能化解决方案。

二、星火认知大模型

1. 星火认知大模型发展简述

科大讯飞旗下的认知大模型作为人工智能的代表，在引领国内大模型的发展上作出了巨大的贡献。2023 年 8 月 15 日，科大讯飞召开了星火认知大模型 V2.0 发布会。在发布会上，董事长刘庆峰、研究院院长刘聪展示了星火 V2.0 代码能力和多模态能力的升级。同时，科大讯飞与华为合作推出了专用于模型训练的讯飞星火一体机。除此之外，科大讯飞还发布了多款搭载星火模型的应用，如可以为学生提供口语对话训练的讯飞语伴 2.0。

2023 年 10 月 24 日，科大讯飞对先前大模型进行更新换代，发布了讯飞星火认知大模型 V3.0，实现全面对标 ChatGPT。科大讯飞发布的星火 3.0 模型展现出了强大的代码和多模态能力，在国产模型中已经处于领先水平。

2. AI+教育行业龙头地位持续稳固

教育作为 AI 大模型应用优质场景，海外已有多家厂商布局产品服务。Reach Capital 统计数据显示，国际上使用 GPT 及 AIGC 技术的教育科技公司已覆盖学习、评估、指导、研究、课程计划、内容生成以及心理健康等细分领域。语言学习应用程序多邻国基于 ChatGPT-4 大模型，推出相关订阅服务；Speak 在语言学习应用程序中使用 OpenAI 的 Whisper 模型为用户提供 AI 口语练习服务。

在 AI 赋能下，我国智能教育市场具有广阔的发展前景。我国智能学习设备市场规模持续增长，智能学习机、学习平板需求前景广阔。2023 年 9 月，科大讯飞学习机在京东平台按销售量计算的市占率为 17.1%，按销售额计算的市占率为 28.4%，两项数据均连续 4 个月保持第一名。科大讯飞搭载星火认知大模型的 AI 学习机 GMV 在 5 月和 6 月分别增长 136% 和 217%，AI 学习机、智能办公本、翻译机等多款产品取得京东天猫双平台销额冠军。

3. 星火认知大模型在教育上的优势

星火认知大模型在教育领域的发展和应用方面具有较大的潜力。

（1）为学生提供个性化教育。星火认知大模型可以通过分析学生的学习行为、能力和兴趣来提供个性化的教学内容和学习路径。它能够根据每个学生的特点制订适合他们的学习计划，并为教师提供有针对性的指导，以满足学生的个体差异。

（2）智能辅助教学。星火认知大模型可以作为教师的智能助手，提供实时反馈和建议。它可以帮助教师识别学生的学习困难和挑战，并根据需要调整教学策略，提供更有效的学习支持。

（3）自适应评估与反馈。星火认知大模型可以自动分析学生的学习表现和理解程度，提供个性化的评估和反馈。通过这种方式，学生可以及时了解自己的学习进展，并获得有针对性的建议，以便更好地改进学习策略。

（4）教育研究和改进。星火认知大模型可以收集和分析大量的教育数据，为教育研究提供有价值的信息。它可以帮助教育专家了解学生的学习模式、认知过程和教学效果，并为其改进教育政策和实践提供参考。

三、发展与总结

需要注意的是，尽管星火认知大模型在教育领域具有很大的潜力，但其应用也面临一些挑战，包括数据隐私和安全性的问题，以及对于人际交互和情感因素的处理等方面。因此，在开发和应用过程中需要考虑这些问题，并确保模型的使用符合伦理和法律要求。科大讯飞作为人工智能产品研发和行业应用落地的国家级骨干软件企业，未来必须持续加强人工智能技术的研究和创新，才能更好地推动社会进步和我国教育事业的发展。

参考文献

［1］牛畅. 科大讯飞 AI 赋能智慧教育［N］. 中华工商时报，2021-07-30(004).

［2］孙妍. 联手华为科大讯飞"抢跑"万亿大模型国产算力平台［N］. IT 时报，2023-10-27(006).

三、ChatGPT 落地新零售

对于零售业来说，具备广泛潜力的 ChatGPT 能够引发革命性的变革。未来，ChatGPT 与用户的互动可能会为零售行业带来崭新的机遇。

1. 零售业迎来了"全能助手"时代

提到聊天机器人，通常人们会想到客服角色。然而，更加智能化的 ChatGPT 拥有强大的语言理解和生成能力，几乎能够实现自然而连贯的对话，使人误认为正在与真人交谈。与现实中的雇员相比，ChatGPT 拥有多重优势，如博学、灵活、全年无休等。这个"不断学习"的智能客服的知识储备远远超越任何经验丰富的人工客服，而且不会受到情感波动、身体健康等因素的影响，可以说是永远投入工作的忠实伙伴。

ChatGPT 可以全天候在线，为零售企业同时处理大量用户的查询，快速解答用户的疑问。相比之下，人力资源是有限的，即使一个人或一支团队付出再大的努力，也无法做到立刻回应所有用户的问题。

在社交媒体上，越来越多的 ChatGPT 用户不仅仅是寻求闲聊，而是希望 ChatGPT 可以帮助其创建各种不同类型的内容。具体而言，用户可能请求生成以体验式消费为主题的演讲提纲，分析一线城市年轻用户的偏好以及撰写适用于百货商场的情人节营销文案等。这些多样化的需求表明 ChatGPT 扮演一种类似于助手的角色，为零售从业者减轻多方面的工作负担。

在企业内部培训方面，ChatGPT 同样能够提供大量专业内容，并与学员进行互动。人工智能培训师可以利用移动端，随时随地进行一对一的培训。这不仅可以减少人力成本，还可以使培训方式更加灵活多样。

ChatGPT 的学习能力强大，具备高效率且不需要休息的特点，有望降低中小零售企业数字化的门槛。目前，人工智能在理解和创造方面仍然存在明显的局限性。ChatGPT 可以执行明确、具体的指令，减轻编程人员的工作负担，但仅依赖 ChatGPT 无法构建出零售商所需的完整线上商城，包括领券、下单和积分等功能。

2. ChatGPT 落地企业还要多久

ChatGPT 在企业中的应用仍处于初级阶段，但其潜力巨大。类似于手机最初只能用于通话，如今已经融入了人们的生活一样，未来 ChatGPT 也有望在零售业有更广泛的应用场景。

现阶段，不能仅仅看到 ChatGPT 能够做什么，还要充满创意地探讨未来可能的应用。ChatGPT 可以分析购物者的偏好，包括品质、创意、情感价值和社会责任感等方面，提供快速而准确的答案。虽然对于专业人士来说这些信息可能显得老套，有人戏称为"正确但无用的废话"，但人工智能不会止步于此。当 ChatGPT 拥有足够的数据时，其可以比人类更快速、更精准地分析消费趋势，解答零售企业关心的问题。然而，需要注意的是，技术创新通常伴随高昂的研发成本和试错成本。在市场方面，我国零售业主要由区域性中小企业主导，大型连锁企业市场份额较低。因此，大多数零售企业在引入新技术时倾向通过外部合作弥补自身技术实力的不足。

目前，许多零售企业看到了 ChatGPT 商业价值，但难点在于如何在零售环境中充分发挥其潜力，将其转化为新的增长动力。作为工具，ChatGPT 并不能主动为零售企业提供帮助，而需要用户不断进行训练和改进，以使其更加有效地应用于零售场景（马文博，2023）。

随着国内多家互联网企业相继投入研发中国版 ChatGPT，零售行业距离拥有"实用、高效、可信"的 ChatGPT 工具又迈进了一步。类似于当前市场上涌现的众多数字化零售服务提供商，未来互联网平台和零售科技公司将协助零售企业快速采用这一新技术，使 ChatGPT 在零售领域得以广泛应用。

此外，一些零售从业者对 ChatGPT 的安全性产生担忧，担忧涉及社交媒体平台上无法惩罚虚拟员工以及人工智能引发的损害责任问题等方面。因此，解决 ChatGPT 的潜在安全隐患和可能引发的纠纷，需要政府和专业人士开展研究并且制定相关法律法规、规章制度。与此同时，零售企业应更多关注如何善用这一工具。

3. 零售业或将开启新篇章

对于零售企业而言，不断提升用户体验一直是不懈追求的目标，而技术在其中发挥着关键作用。随着技术的不断进步，体验创新也在不断演进，就像以前人们难以想象即时零售的便捷一样，未来 ChatGPT 与用户互动也将开创新的可能性。

然而，就目前情况而言，ChatGPT 还远未达到"无所不知"的程度。它需要获取的不是某种特定的知识或理论，而是零售业实时库存管理系统的数据。ChatGPT 作为一项新兴技术，在零售业的应用仍处于发展初期，其价值需要被进一步验证和挖掘。然而，这项技术有着巨大的潜力。类似于现在经常提到的"互联网+"概念，未来可能会出现"ChatGPT+"，结合大数据、图像识别、增强现实和自动化库存管理等技术，为零售体验带来革命性的改变。

四、ChatGPT 颠覆金融业

近期，人机互动模型如 ChatGPT 正逐渐应用于金融领域，标志着人工智能在金融行业的发展迈上了新台阶。那么，ChatGPT 等人工智能在金融领域的应用与未来发展趋势将会如何？

金融科技近年来取得了广泛应用并迅速发展，已经深刻改变了金融行业的格局、内部运作方式以及职场行为。随着人工智能技术水平的提升，金融科技预计将更深入、广泛地影响金融行业，具体影响如图 3-15 所示。

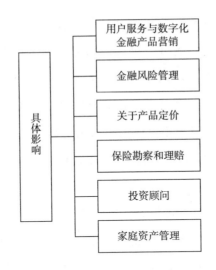

图 3-15　金融科技对金融行业的具体影响

（1）用户服务与数字化金融产品营销。目前，许多交易平台已经采用了机器人客服，但效果并不理想。这主要是因为机器人客服在处理各种不同用户的语言表达、需求和情感时存在局限性。相比之下，高级别的人工智能如 ChatGPT 具有更广泛的知识和更快的响应速度，有望在未来完全替代人工客服，从而降低金融机构的人力和管理成本。

随着金融科技的进步，数字化营销在挖掘金融机构的众多潜在用户中扮演着重要角色。人工智能技术如 ChatGPT 加强了营销过程中的理解和对话功能，提高了用户需求的准确识别性能，实现了高质量的一对一交流，有效解决了人工跟进成本高、管理复杂以及数据监控难度大等问题。近年来，个性化服务要求营销人员具备高度专业知识，准确识别用户需求并灵活应答，人工智能技术的广泛应用有望快速提升金融机构的产品营销能力（杨小玄，2023）。

（2）金融风险管理。作为资金中介，金融机构需要面对多种风险，包括信用、市场、管理、流动性、法律和合规等。为了有效应对这些风险，金融机构首先需要建立健全的内部控制和风险管理体系，构建完善的风险管理框架，以分类、评估和管理各类风险。在这一过程中，ChatGPT 等人工智能工具可以发挥关键作用，监测制度执行情况、快速应对市场波动、科学评估风险类型和程度等。另外，可以引入 ChatGPT 等人工智能工具辅助员工培训和教育，有效提高培训效率，准确评估关键岗位员工的风险管理水平。同时，金融机构对社会公众有信息披露和公开的责任和义务，而信息披露涉及大量数据和信息，难以仅依靠人力进行科学、准确、快速的处理。在这一领域，ChatGPT 等人工智能工具同样能够显著提高效率（陆磊，2023）。

（3）关于产品定价。金融产品定价的核心是风险评估。这需要评估用户的信用状况、偿还能力、财务状况等因素，以确定不同风险水平并避免潜在的违约损失。由于金融产品的种类和复杂性不同，需要运用数学、统计学和经济学的知识与技能。以保险精算为例，合理的精算不仅有助于保护保险公司的利益，也有益于维护用户的权益。

金融机构的风险模型是一个高度复杂的系统，需要综合运用风险评估、数据收集、数学建模、模型验证和风险管理等多个领域的知识和技能。事实上，在建立、应用和验证风险模型的过程中，金融机构广泛采用金融科技，并且随着 ChatGPT 等高级人工智能技术的引入，这些模型的科学性将进一步被提升。因此，人工智能有可能在一定程度上替代精算师的工作。

（4）保险勘察和理赔。保险企业在面临索赔时最大的风险之一是欺诈。为了降低这种风险，保险企业必须仔细审查和调查索赔申请，以确定损失的真实性和程度，以便作出理赔决策。由于保单数量庞大，涉及多个领域，而且复杂性很高，勘察理赔工作通常非常耗时。ChatGPT 等人工智能技术可以显著简化这一过程，减少人为错误，提升理赔工作的科学性和效率。

（5）投资顾问。金融科技已经在证券投资领域得到广泛应用，包括量化投资、提供个性化投资建议和优化用户投资组合以最大化收益并控制风险。然而，在 PE（私募股权）和 VC（风险投资）领域，人工智能主要被用作被投资对象，而不是投资决策工具。在未来，ChatGPT 等人工智能可以利用其丰富的数据库、知识库和分析能力，更科学地帮助 PE 行业作出投资决策，提高投资组合的收益和风险控制能力。

（6）家庭资产管理。在我国，相较于为企业和高净值用户提供服务的投资顾问行业，家庭资产管理领域还存在很大的发展潜力。这一现象既受到中国家庭难以接受付费服务的传统因素的影响，也受到不同行业之间的壁垒以及金融机构在提供全寿命周期个性化服务方面的能力不足等因素的制约。传统银行用户经理除了传统的储蓄和贷款业务，只能提供有限的基金和理财产品，而如果用户想要购买证券或保险等其他金融产品，就必须直接与相应的金融机构联系。ChatGPT 等人工智能技术的数据处理能力将有助于金融机构和第三方服务提供商拓展家庭资产管理市场，从而进一步提升金融服务的效率。

考虑到 ChatGPT 等人工智能技术在提高反应速度和工作效率方面的巨大潜力，可以预见未来金融机构将更广泛地采用人工智能技术，从而催生更多的金融服务场景和新的盈利模式。金融科技领域的发展将继续朝着数字化、智能化、个性化和跨界化方向发展，从而进一步深化金融服务的差异化，促使不同类型的金融服务更好地融合和创新。

▰ **篇末案例**

百度"文心一言"：本土化生成式 AI

一、模型介绍

"文心一言"是由百度开发的一款强大的人工智能大语言模型，具备跨模态和跨语言的深层语义理解与生成能力。这一模型拥有文学创作、商业文案创作、数理逻辑推理、中文理解以及多模态生成五大核心能力。目前，"文心一言"大模型已经升级至 4.0 版本，企业用户可以通过百度智能云的千帆大模型平台申请接入这一版本，为用户提供更强大的性能和功能，以及更好的体验。

二、发展历程

1. 生成式人工智能正在快速发展："文心一言"横空出世

近年来，生成式人工智能取得了显著进展。相较于传统的人工智能，其主要优势在于具备生成数据的能力，能够创造全新的信息。ChatGPT 作为生成式人工智能的代表，实际上是一个庞大的预训练语言模型，采用了 Transformer 模型架构，通过在大规模互联网文本和代码数据上的预训练，实现了对自然语言的理解和文本的生成。

实际上，对于许多人而言，ChatGPT 并没有引入革命性的技术突破。它并未在底层模型方面有显著突破，而是通过巧妙地将理解、生成和互动相结合，借助对人际互动的强化学习，为用户提供了智能交流的体验。

百度积极开发了名为"文心一言"的新型搜索引擎。与 ChatGPT 相比，"文心一言"具有一系列独特优势，这些优势在整体性能上基本持平，并在某些方面取得了显著突破。此优势主要体现在检索性能的提升和多轮推理对话的知识增强两个方面。

(1)检索性能的提升。百度的"文心一言"强调了检索的时效性和准确性。这意味着用户可以更快地获得所需信息，而且这些信息更加准确。这一方面可以满足用户对搜索速度的需求，另一方面有助于解决信息过载问题。百度正在不断改进"文心一言"以确保其在这两个方面表现出色，因为在现代信息社会，快速获取准确信息对个人、企业和社会都至关重要。

(2)多轮推理对话的知识增强。多轮推理对话的知识增强是"文心一言"的一大特点，体现了搜索引擎具备更强的理解和交互能力，能够更好地应对用户的多轮查询和对话。这一特性对提供更智能、个性化的搜索体验至关重要。百度在这方面的努力使"文心一言"在未来可以更好地理解用户的需求，提供具有相关性、针对性的搜索结果。

此外，百度不仅局限于搜索领域，还计划将"文心一言"的新型搜索形态应用到多个行业领域，包括互联网、金融、媒体和汽车等领域。这一跨领域的应用将有助于提高用户体验，同时也会增强数据性能，提高云上能力，为各行各业提供了更多的机会，可以更好地利用"文心一言"的先进技术提升效率和服务质量。

2. 百度为何能够做出"文心一言"

（1）技术指引。

百度在开发类 ChatGPT 的相关技术方面，并非从零开始，而是借助多年的积累，汇聚了全面的优势。百度不仅拥有用于人工智能研发所需的强大计算能力、先进算法和丰富数据，而且作为国内唯一一家拥有全栈自主研发 AI 技术的公司，其在芯片、框架、模型和应用四个技术层面都有着广泛的布局。从昆仑芯片到飞桨深度学习框架，再到文心预训练大模型，每层都依托关键的自主研发技术。

飞桨是一款强大的产业级深度学习平台，不仅能够与各种实际场景相融合，为解决各种产业难题提供强有力的支持，还在其背后汇聚了超过530 万的开发者群体，为超过 20 万家企事业单位提供服务。此外，飞桨还支持超过 500 个产业级的开源算法模型，已经构建了一个繁荣的深度学习的生态系统，成功地降低了 AI 的应用门槛，从根本上防止了我国在人工智能软件领域遇到"瓶颈"的风险。

百度文心系列大型模型，基于飞桨开发，已经广泛应用于金融、航天、传媒、城市等多个领域，这些模型为企业的智能化转型和升级提供了有力的支持。

同时，被誉为"人工智能领域的明珠"的自然语言处理技术，在推动人工智能领域的进步方面发挥着极其重要的作用。可以说，在这一领域取得重大突破的企业将在整个人工智能领域占据领先地位。在百度成立之初，就开始在其搜索技术中不断壮大和发展自然语言处理技术。

2019 年 3 月，百度发布了一项名为 ERNIE 的知识增强语义理解框架，该框架融合了深度学习训练和广泛的知识资源，赋予机器持续学习的能力，显著地提高了机器对语言的理解水平。

2021 年 9 月，为进一步加强其自然语言处理技术，百度推出了 PLATO-XL，该大型对话模型拥有百亿参数，大幅度提高了多轮开放域对话的效果，使人工智能技术迈出了更大的步伐。

（2）人才支撑。

在搜索领域，类 ChatGPT 技术的出现具有颠覆性的创新潜力，可以与传统搜索技术相互补充，为用户提供更精准、智能的搜索结果，这种技术的出现对搜索行业具有重大意义。

众所周知，百度在我国搜索领域一直占据主导地位。1997 年，百度的创始人李彦宏就开发了全球首个超链搜索引擎。随后，他带领一支由 15 名工程师组成的研发团队，仅用 9 个月就成功研发出全新的搜索技术，从而在搜索技术领域与全球最大的搜索引擎公司谷歌展开竞争。百度坚守独立发展的道路，拒绝被并购，最终崭露头角，成为全球最大的中文搜索引擎。

2023 年 1 月初，百度在 Create AI 开发者大会前夕宣布了一个重磅消息，将自主研发的生成式模型作为基础，升级其"生成式搜索"能力。百度希望通过这一技术，实现搜索领域的革命性变革，同时丰富内容生态和供应链，旨在借鉴类 ChatGPT 技术，以优化搜索体验、提高新开创的可能性。

3. 兼具生成式 AI 能力和搜索市场优势

ChatGPT 的广泛普及和相关应用的蓬勃发展，引发了业界及大众的好奇，但也不可避免地引发了对未来人工智能可能给工作和生活方式带来深远影响的担忧。

然而，绝大多数人认为，ChatGPT 技术的出现不仅是人工智能领域的重要里程碑，还标志着一次明显的变革。也就是说，人工智能有望从弱人工智能向通用人工智能迈进，具备类似人类的思维和执行多种任务的能力，有朝一日甚至会超越人类。因此，当前全球范围内的科技巨头，包括微软、谷歌等公司都积极采取行动，推动 ChatGPT 技术及其背后的技术朝着成熟的商业化方向前进。

百度深耕人工智能领域，长期以来投入了大量研发资金，拥有丰富的人才资源和数据积累，使其成为挑战 OpenAI 最有可能成功的企业之一。此外，百度在人工智能领域的大规模发展也进一步增强了其竞争力。

百度推出的生成式对话产品"文心一言"，将通过百度智能云平台提供服务，首先应用于内容和信息相关的行业和场景。在中国内地由于无法注册 ChatGPT，同时海外大型模型在中文语义理解方面仍需改进，"文心一言"有了更好的机会扩展其用户群，从而实现进一步的发展。

"文心一言"有望从根本上改变云服务市场的竞争规则，将云服务由数字时代推进到智能时代。因此，未来云服务将更加注重智能，而不仅仅是基础的计算能力和存储等基础云服务。百度开放"文心一言"平台供第三方开发应用，这将有助于促进云业务的发展，并为百度智能云开拓市场提供了更大的空间。

三、文心大模型的发展历程

1. 文心大模型 3.5

在打造文心大模型 3.5 的过程中，研发团队始终聚焦一系列创新和优化方面。

第一，文心大模型 3.5 在基础模型训练中采用了最新的自适应混合并行训练技术和混合精度计算策略，结合多种数据源和分布优化策略，以提高模型的迭代速度，并同时增强了模型的效果和安全性。

第二，文心大模型 3.5 引入了创新的技术，包括多类型多阶段的监督精细调整、多层次多粒度的奖励模型、多损失函数混合优化策略以及双飞轮结合的模型优化等，进一步提升了模型的性能和适用性。随着真实用户提供的反馈不断增加，"文心一言"的效果将更加出色，其能力也将不断增强。

第三，百度团队在知识增强和检索增强的基础上引入了知识点增强技术，首先对用户查询的问题进行深度分析与理解，识别并提取与生成答案所需的相关知识点。其次借助知识图谱和搜索引擎，为这些知识点寻找相应的答案信息。最后这些知识点被整合在一起，提供给大型模型以更具体、更详尽、更专业的知识，从而显著提升了大型模型在处理各种任务时对世界知识的理解与应用，进一步改善任务的执行效果。

第四，关于推理能力的提升，百度团队采用了大规模逻辑数据构建、逻辑知识建模、粗粒度与细粒度语义知识的组合，以及符号神经网络技术。这些方法显著增强了文心大模型 3.5 在逻辑推理、数学计算以及代码生成等任务中的表现。

2. 文心大模型 4.0

相较于文心大模型 3.5，文心大模型 4.0 在理解、生成、逻辑、记忆四个方面的能力都有显著的提升。值得注意的是，理解和生成方面的增强幅度相当，而在逻辑和记忆方面的进步更为显著。具体而言，逻辑方面的增强幅度达到了理解的近 3 倍，而记忆方面的增强达到了理解的 2 倍多。

百度对其所有现有产品进行了全面重构，这一重构在搜索、文库、地图、网盘等各种产品中带来了显而易见的变化。

（1）搜索。

百度的搜索引擎现在有了一个全新的名字，叫作“百度新搜索”。与以往不同的是，这一更新对整个搜索体验进行了全面的改进，不仅仅是搜索框。

百度新搜索具有三个显著的特点：首先是“极致满足”，它不再简单地提供一系列链接，而是致力于自动生成更贴合用户需求的答案。例如，如果搜索各国工业增加值的排名，新搜索引擎就会以动态图表的方式呈现这一信息。其次是百度新搜索注重“推荐激发”，通过为用户提供其他可能感兴趣的问题，创造了更丰富的搜索体验。最后是“多轮交互”，它是另一个关键特点，允许用户更深入地与搜索引擎进行互动。

（2）地图。

百度地图的功能日益增强，甚至可以准确估计红绿灯的等待时间。新版百度地图将基于用户的位置和兴趣，向用户提供理想的聚会地点建议。此外，它还会提前规划聚餐的交通方式和出发时间，不再局限于简单的导航，而成为一位智能的出行顾问，逐渐更了解用户的需求。

（3）文库。

同样地，百度文库即将发布全新版本，搭载了"文心一言"4.0驱动系统。如今的百度文库已经超越了仅作为文档阅读和下载工具的地位。现在，用户只需要简单地向百度文库提出任务，如撰写一份与人工智能和心理学相关的演讲稿并生成PPT等工作，百度文库就能轻松完成。

借助百度文库积累的超过10亿份精彩文档，该应用已经具备了根据这些内容为用户清晰撰写所需文章的能力。百度文库的文本生成能力远超其他同类工具，以前使用文库通常是为找现成的内容，而如今是因为它具备了出色的文本生成能力。

（4）百度网盘。

百度网盘正在朝一个全新的方向进行重构，其主要目标是提供更智能的个人文献服务。如今，用户可以在百度网盘的首页上体验到语音交互的功能，用户只需要通过语音指令即可轻松操作网盘，如自动定位到所需文件、快速提取视频内容，甚至能够捕捉视频中的精彩片段。

（5）其他多项应用。

百度采用原生AI思维，推出国内首个生成式商业智能产品，名为百度GBI。通过简短的视频演示，展示了百度人工智能如何快速满足领导层的需求，协助其作出决策。百度GBI将一般商业分析师需要十几天才能完成的工作缩短至分钟级别。

此外，百度的数字医生也带来了令人眼前一亮的创新。借助灵医大模型，患者只需要扫描药盒，即可向医生咨询有关服药的各种基本问题，如在感冒时是否可以服药等。

四、发展与总结

百度正在以惊人的速度将大型人工智能模型融入日常生活中，这一迅猛的进展令人瞩目。随着这些模型在各种应用领域的广泛应用，人们将更加深切地感受到人工智能时代的到来，这也将在相当程度上促进国内人工智能产业的蓬勃发展。

参考文献

[1] 邓玉. 百度"文心千帆"：让企业开发自己的专属大模型 [J]. 中关村，2023（5）：62-63.

[2] 赵熠如. 聚焦人工智能领域　百度文心一言"亮剑" [J]. 中国商界，2023（4）：34-36.

本章小结

本章主要讨论了 ChatGPT 的相关内容。ChatGPT 的诞生，在各行各业引起了巨大的轰动，生成式 AI 的进步令人叹为观止。第一节从 ChatGPT 的概述出发，分别介绍了 ChatGPT 的起源、技术原理、应用场景以及发展空间；第二节阐述了大数据技术，介绍了大数据为何物、大数据的 4V 特征、大数据的价值体系和发展趋势；第三节讲述了 ChatGPT 与大数据的融合，从 ChatGPT 的学习机制到 ChatGPT 的优异表现、ChatGPT 的文字创生，再到 ChatGPT 与大数据的融合发展，对 ChatGPT 的优势进行了清晰讲解；第四节重点描述了 ChatGPT 的应用，包括 ChatGPT 在医疗、教育、新零售、金融业的应用设想。

第四章

元宇宙

何为元宇宙？为了解析这个引人入胜的话题，我们需要探讨元宇宙的来龙去脉和根本意义。元宇宙的发展航路扑朔迷离，它是如何从概念走向现实的？现阶段，我们正在融入一场前所未有的元宇宙初体验，亟须深入挖掘元宇宙的经济与商业模式。

当我们谈到元宇宙时，我们认为这不是一家公司凭一己之力就可以做到的。你需要拥有庞大的内容制作能力来建造另一个世界。

——bilibili 董事长兼 CEO　　陈睿

学习要点

☆元宇宙的创造性特征

☆元宇宙的人机交互模式

☆元宇宙的产业化发展

☆元宇宙经济的运行机制

开篇案例

歌尔股份："果链"巨头进军元宇宙

一、企业介绍

歌尔股份有限公司(以下简称"歌尔股份")创立于2001年6月,是一家全球性科技创新型企业,专注研发、制造和销售声光电精密零组件、精密结构件、智能整机和高端装备。歌尔股份秉承着一站式服务理念,致力于为用户创造更大的价值。歌尔股份深度参与产业价值链的各个环节,已经与国际知名消费电子企业建立了稳定、紧密、长期的战略合作伙伴关系。同时,歌尔股份强势进军元宇宙领域,通过十年大布局,打造了独有的元宇宙特色。

二、业务领域硬实力

1. 十年布局,一朝功成

歌尔股份的成功与"元宇宙"的概念息息相关,这也是其业绩表现的亮点之一。回顾近几年的发展,"元宇宙"概念的兴起对整个VR产业的迅速增长产生了积极影响。根据数据,2021~2025年,全球VR虚拟现实产品的出货量势头强劲,将以年均约41.4%的速度增长,而AR产品的出货量更是令人叹为观止,将以年均约138%的速度增长。歌尔股份作为元宇宙领域的重要参与者之一，受益于 VR 订单的增加，其业务规模不断扩大。

歌尔股份的主要业务分为三大板块，包括精密零组件业务、智能声学整机业务和智能硬件业务。在这些板块中，智能硬件业务涵盖了广泛的产品领域，其中包括 VR 技术和 AR 技术。歌尔股份的智能硬件业务的同比增速逐年递增，尤其是代工中高端 VR 头显的出货量已经占了全球市场的主要份额。这一系列 VR 业务的成功推动了歌尔股份整体业绩的增长，成为其业绩亮眼的关键因素。值得一提的是，歌尔股份在这一领域已经布局了近十年，为今天的成功打下了坚实的基础。

2012 年，歌尔股份便聚焦实力进军光学领域，统筹规划 VR/AR 产业。其出色的专利技术和代工能力声名远扬，吸引了主要 VR 终端制造商，Meta Oculus 和索尼 PS VR2 等巨头纷纷选择与歌尔股份合作，并将生产任务交给歌尔股份。

作为 Facebook VR 头盔的主要制造合作伙伴，歌尔股份的 VR 业务迎来了崭新的增长阶段，使歌尔股份成功包揽了一系列大额订单，为 VR 设备提供独家供应，VR 产品的销售收入也开始呈现显著增长。

经过十年的不懈布局和努力，歌尔股份终于迎来了属于自己的辉煌时刻。这一过程不仅增强了其在 VR 领域的影响力，也展现出了歌尔股份在元宇宙领域所积累的潜力。

2. "引擎"更换进行时

曾经被誉为声学领域翘楚的歌尔股份，曾承担苹果 AirPods 的生产任务，成为苹果 TWS 耳机 AirPods 系列的第二大制造商。然而，随着苹果手机产量的下降，歌尔股份不得不对其业务结构进行了相应的调整。

歌尔股份必须进行业务调整的原因之一在于，近年来全球智能手机市场增长势头放缓，全球用户的消费兴趣转向了线上远程办公、社交娱乐、运动健康等方面，智能硬件设备的需求大幅增加，推动了新兴智能硬件产品市场的稳定和快速增长。在新兴智能硬件产品市场的蓬勃发展背景下，歌尔股份投入主要力量，积极扩展其业务范围，推动歌尔股份的精密零组件业务和智能声学整机业务健康成长。

自 2019 年以来，歌尔股份的业绩呈持续增长的趋势，但这种增长背后的推动力是多方面的，其中包括对市场趋势的敏锐洞察力，以及对技术和产品创新的持续投入。歌尔股份成功实现了多元化经营，不再仅依赖单一业务领域，而是不断开拓新的市场机会，以及对元宇宙的深耕，这些措施为其业绩的增长提供了坚实的基础。

3. 角色转换，意义深远

多年来，歌尔股份一直扮演着苹果产业链中的"代工厂"角色，这是中国电子产业在全球价值链中的普遍现象，即缺乏高级别的技术支持。

近年来，歌尔股份逐渐加大了在研发方面的投入力度，不仅提高了研发预算，还积极推动新技术、新产品和新工艺的研发。目前，歌尔股份积极参与多个前沿领域的研究，这些行动明确表明，歌尔股份不再满足于扮演"代工厂"的角色，而是积极主动地拓展至产业链的上游，积极进行创新研究。

歌尔股份的研发投入已经开始取得显著成果，在智能 AR 眼镜领域的突破为公司带来了全新的机遇。这些眼镜采用轻量化设计，提供沉浸式增强现实体验，适用于多种应用领域，从教育到医疗，再到娱乐，这一产品的推出不仅提高了公司的技术声誉，还拓宽了元宇宙市场。

此外，歌尔股份还投身于 VR 虚拟现实一体机的研发，这是虚拟现实技术的重要应用之一。一体机集成了高性能计算和沉浸式虚拟现实体验，为用户提供了无限可能，对拓宽公司的产品线并扩大市场份额至关重要。

歌尔股份专注于 VR/AR 精密光学器件和模块的研究。这些关键部件在 AR 和 VR 设备中起到至关重要的作用，影响用户体验和性能。歌尔股份的研究和创新努力在这一领域取得了显著突破，这将有助于提高其在市场中的竞争力。

歌尔股份的积极改革和投入研发的举措，不仅改变了其在产业链中的地位，还推动了中国电子产业的技术升级。歌尔股份不再仅是"代工厂"，而是积极参与创新和技术发展，深入元宇宙领域，为全球电子产业贡献更多的智慧和价值。这一变化将对中国电子产业产生深远的影响，为未来的发展开辟新的可能性。

4. 布局产业链，增强核心竞争力

目前，歌尔股份正积极深入探索和创新元宇宙领域，已经超越了仅仅制造和研发 VR 和 AR 产品的范畴。歌尔股份充分利用其在 VR 领域的成熟制造经验，并采用了一项名为"零件+整机"的战略协同效应，使公司能够将 VR 技术应用到智能家居和游戏等多个领域，包括不断拓展其业务范围，从而有望进一步提升盈利能力。

众多企业正在积极寻求实施"全产业链"经营模式，以弥补其在经营方面存在的一些不足。业内专家普遍认为，拥有完整的生产链能够有助于企业扩大业务规模，降低生产成本，同时减少对某一特定业务的依赖性。作为消费电子行业的领军企业，歌尔股份为了更快地应对行业风险，一直在不断提升其产业链的竞争力。随着 VR 和 AR 设备销售量的不断增加，歌尔股份正在积极向产业链的上游拓展，以全力打造一个全产业链的元宇宙生态圈。

歌尔股份将继续加强其对产业链上游的投入，以实现自主供应关键零部件，从而增强其核心竞争力。除了在硬件方面的发展，歌尔股份还将积极提升其算法和软件能力，并积极扩展内容应用领域，以实现硬件与软件的有机结合，从而打造一个完整的全产业链生态圈。

三、发展与总结

随着全球化的快速发展和中国智能制造迅猛崛起，中国制造型企业正在积极努力转向高附加值领域，以抓住新兴产业机遇并推动创新。歌尔股份充分响应了国家战略，致力于集中资源在 VR/AR 领域，开辟属于自身的元宇宙发展道路。

参考文献

[1]搭建文旅元宇宙创新研发平台，山东省文旅虚拟现实科技融合发展中心揭牌成立[J]. 中国有线电视，2023(2)：79.

[2]刘青青，石丹. 歌尔股份："果链"巨头"漂移"元宇宙[J]. 商学院，2021(12)：59-61.

第一节　何为元宇宙

一、元宇宙概述

1. 理论上的概念起源

1981年，美国数学家、计算机专家、赛博朋克奠基人弗诺·文奇(Vernor Steffen Vinge)在小说《真名实姓》中，首次构想了一类创新的概念，即通过脑机接口进入虚拟世界，以获得身临其境的感官体验，这部小说的问世标志着元宇宙的概念首次萌芽。

1992年，元宇宙(Metaverse)一词首次亮相于科幻小说《雪崩》中。在这部小说中，元宇宙被描述为一个虚拟世界，在其中人们可以用虚拟化身与三维空间内的软件进行互动。元宇宙一词由"Meta"(超越)和"Universe"(宇宙)两部分组成，描绘了小说主人公通过眼镜设备进入虚拟世界，仿佛身临其境。这个虚拟世界由计算机绘制，而数百万人在其中的中央大街上自由行走。

元宇宙可被视为现实世界的延伸，是源自实际世界但又与之平行存在、相互影响的虚拟在线世界。这是互联网发展的下一个阶段，允许人们通过虚拟化身份在元宇宙中生活，创建社交、生活乃至经济系统，实现实际与虚拟世界的融合。元宇宙连接着虚拟与实际，拓宽了人类的感知领域，提升了人们的体验，同时也扩展了人类的创造力和潜在可能性。虚拟世界已不再仅仅局限于模拟和复制物理世界，而是成为实际世界的一种延伸和拓展，进一步反作用于实际世界，最终模糊了虚拟与实际界限，成为人类未来生活方式的重要愿景（黄欣荣，2022）。

事实上，元宇宙的理念一直存在于文学和影视作品中，如《黑客帝国》《头号玩家》《西部世界》等。然而，真正引起广泛关注的元宇宙概念开始于2003年，名为Second Life的虚拟世界成为历史上首个引起轰动的虚拟社交平台，具备世界编辑功能和复杂的虚拟经济系统，允许用户在其中进行社交互动、购物、建设甚至商业活动。

值得一提的是，当时Twitter（推特）等社交媒体还未普及，而一些重要的新闻机构如美国有线电视新闻网（CNN）、英国广播公司（BBC）和路透社却将Second Life视为发布信息的平台。甚至IBM（国际商业机器公司）也曾在这个虚拟世界中购置地产。这一时期标志着元宇宙概念开始进入大众视野。

2018年，电影《头号玩家》首次以视觉方式展示了元宇宙的实现形式。在这部电影中，人们通过戴上虚拟现实头盔，就进入名为"绿洲"的虚拟世界。绿洲与现实世界平行存在、与现实世界相似且永远在线，构建了一个完整的虚拟社会。

2. 元宇宙畅想

元宇宙是允许用户突破现实规则的全新领域。在元宇宙中，人们能够摆脱时空的物理束缚，不再受限于时间和地点，从而为人类活动带来前所未有的自由。通过匿名的身份切换，用户可以随时自由地进入这个虚拟世界，而这种身份的转换为使用者带来了全新的体验，与此同时，AR和VR技术的应用也为大众带来了更深刻的沉浸感。

元宇宙的魅力在于它不仅是体验者的角色扮演场所，更是内容创造者的乐园。在这里，用户不再只是一味地接受内容，而是可以积极地参与到内容的创作中。此外，元宇宙中的用户社区之间形成了紧密的联系，构建了一个真正的虚拟社会，使用户可以在虚拟宇宙中积极参与各种活动，为虚拟社会的发展和繁荣贡献自己的力量，这就使"玩游戏"具有了更多的社会性和社会价值。

3. 元宇宙的意义

元宇宙的意义超越了 VR、AR 以及全球互联网的范畴，它更是人类未来生活方式的关键构成部分。回顾过去 20 年，互联网已经深刻地改变了人们的日常生活和经济格局；展望未来 20 年，元宇宙将进一步深刻地影响人类社会，重新塑造数字经济体系。元宇宙的核心功能体现在现实世界与虚拟世界的连接，并且作为数字化生存的媒介。数字世界不再是单纯地对物理世界的复制和模拟，而是逐渐成为物理世界的延伸和扩展，数字资产的生产和消费、数字孪生的模拟和优化，都将显著地影响和改变物理世界的运作和演进（Riva & Wiederhold，2022）。

二、元宇宙的产业脉络

1. 如何定义元宇宙：是虚幻的还是真实的新兴产业

目前，元宇宙的定义仍在不断演进。有人将其视为充满虚拟性、可能充斥着短暂热度的现象；也有人认为它是一个新兴产业，将会在未来持续发展并具有真实的经济和社会影响。元宇宙的核心概念是指通过科技手段将虚拟世界与现实世界连接起来，并在这个交汇点上创造全新的数字生活空间。实现这一目标需要对内容制作、经济体系、用户体验以及与实际世界的互动进行深刻的变革。

元宇宙的发展需要循序渐进，其中共享的基础设施、标准以及协议的支持必不可少，各种工具和平台的融合与进化是元宇宙的支撑，最终形成统一的整体。这个整体基于扩展现实技术，使用户能够沉浸在虚拟环境中，通过数字孪生技术打造现实世界的数字副本，结合区块链技术构建专属的经济体系，使虚拟和实际世界在经济、社交和身份层面紧密融合。

元宇宙有一个关键的特征，即允许每个用户参与内容的创造和编辑，使其成为充满参与性和创造性的数字领域。随着技术的进步以及社会的接受程度提高，元宇宙将继续演化和发展，在未来可能成为一个真正的数字化社会体系（夏佳雯，2023）。

元宇宙必须具备八个基本要素，即身份、社交网络、沉浸体验、低延迟通信、多样性、随地、经济体系和文化。当前阶段，元宇宙的学术定义尚不明确，短期内，可以预见元宇宙将在游戏、社交互动和娱乐领域取得明显进展，可能会对传统的游戏和娱乐模式产生冲击。未来，元宇宙有机会推动个人逐步实现数字化，使单独的个体在数字世界中建立身份并独立存在，形成个人的数字资产，赋予每个人数字身份。

目前，当谈及元宇宙时，社会上存在着广泛的争议。有人将其视为一场炒作，有人认为它不过是一个概念，还有人称之为一场投资泡沫、一种利用新概念迅速获取财富的手段。元宇宙这一概念备受批评，被指责为"割韭菜"、滋生泡沫经济、导致人类社会进一步陷入自我竞争甚至使其意义逐渐模糊，以及引发数字殖民主义等问题。简而言之，通常情况下，在新技术尚未成熟之际，社会上往往会出现过高的期望；而实际上，要将这一技术投入大规模应用还需要很长一段时间。正是因为这样的情况，人们对元宇宙抱有各种态度，如拥抱、否定、怀疑、好奇，甚至被认为是炒作等（张明等，2023）。

2. 元宇宙经济和产业逻辑

历史经验表明，科技的迅猛发展能够深刻地改变产业的秩序和规则，加快产业的演进速度。当前，元宇宙的发展依赖多个主要相关产业，每个产业层面都依赖相应的技术和基础设施，这也催生了一系列商业企业和产业模式的崛起。

3. 科技巨头战略布局：持续透明的收益

一方面，从大型科技企业的角度来看，社交领域的企业更加关注在虚拟世界中创建各种场景，无论是游戏场景还是社交相关的场景。另一方面，像微软这样的工具型、系统型企业则致力于为生产、零售企业提供与虚拟世界相关的解决方案和工具。

在科技巨头持续对元宇宙的投资层层加码，进行谋划布局的同时，也在积极推动底层研发、创新业态和实际应用。就具体的布局而言，元宇宙落地的三个主要发展方向，如图4-1所示。

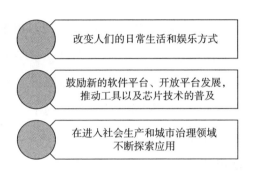

图 4-1　元宇宙落地的三个主要发展方向

第一，元宇宙可以改变人们的日常生活和娱乐方式，这使元宇宙成为一个具有可行性和值得期待的概念；第二，元宇宙鼓励新的软件平台、开放平台发展，推动工具以及芯片技术的普及；第三，元宇宙在进入社会生产和城市治理领域不断探索应用，就目前的情况来看，元宇宙还不具备改变现有规则、颠覆底层架构的技术基础和实力。

三、数字化元宇宙大爆炸

1. 元宇宙"大爆炸"前期

在元宇宙"大爆炸"前期，制造业不容忽视。尽管元宇宙带有象征性的"宇宙"后缀，但这个领域与我们熟知的现实宇宙一样，不会从虚无中诞生。

实际上，要为元宇宙创造逼真的虚拟世界，需要协同运用多种基础技术，将硬件与软件技术巧妙融合，同时依赖互联网和供应链的紧密合作。基于这样的理论基础，制造业和供应链领域也在积极探索相应的技术和业务发展。

头部企业正在积极布局元宇宙领域，其中包括 XR（扩展现实）头显设备和数字仿真技术等创新技术，这些技术代表了元宇宙的典型特征。

XR 头显设备可以带来比传统屏幕更强烈的沉浸感，为用户提供了一种全新的体验，让其仿佛置身于虚拟世界，这种沉浸感是元宇宙的核心要素之一。人工智能在元宇宙中的广泛应用为用户带来了丰富多彩的互动体验，与人与人之间的互动有了显著的区别。这些 AI 系统可以根据用户的需求和情境进行智能响应，从而增强了元宇宙的互动性。数字仿真技术的进步降低了内容和场景开发者的技术门槛，使更多人能够参与元宇宙的创造和建设。这意味着不仅头部企业可以参与，还有更多的个人和创作者可以贡献自己的创意和想法，共同构建元宇宙的世界。

2. 创造宇宙的底层技术

如果深入研究构建元宇宙的底层技术，会发现仿真技术是利用数学和物理模型模拟实际系统中发生的关键过程的方法，不仅可以应用于电子游戏的 3D 建模，还可以赋能产品研发、制造和测试领域。

随着工业迎来了 4.0 时代，制造业越来越强调高效率和低成本的需求。在现代化工厂中，常常会看到机械臂在繁忙地操作，这实际上是仿真软件和数字孪生技术发挥作用的结果。这些技术已经成为制造业设计过程中的核心要素，助力企业实现更出色的设计和生产。

通过利用仿真系统和数字孪生技术创建虚拟数字工厂，能够还原实体工厂的运作情况。这个虚拟工厂不仅可以显著提高新产品的试制和试产效率，缩短产品的上市周期。同时，在产品进入稳定生产阶段后，研发团队可以实时获取虚拟工厂的数据，包括产能、维修、物流和人员管理等方面的信息，这些信息在实际工厂中难以获得，能够提供优化生产线布局和管理的宝贵经验（崔冰等，2022）。

3. 摆在元宇宙前的"壁垒"

尽管仿真技术已经相当成熟，但元宇宙仍然只是个雏形。深入探究原因，其中主要因素是许多企业未能将底层技术打磨得足够精致。

在许多技术企业中，元宇宙这个新领域并没有充足的资源支持。在其他元宇宙相关领域，如 XR 产品、用户生态、硬件生态等，还没有形成稳定且具有规模的基础。同时，人工智能技术和解决方案在主流元宇宙产品中的广泛应用尚未实现。然而，在未来，随着各家企业不断探索和积累经验，元宇宙的关键技术必将逐渐成熟。在众多科技成果中，元宇宙的真正本质被逐渐揭示出来（罗有成，2023）。

4. 元宇宙的未来

未来的元宇宙将呈现怎样的状态？这个问题的答案将不再由个别个体或单一企业规定，而将由各个专业领域的专家和广大用户一同定义。实际上，无论元宇宙内的虚拟世界采用何种语言或应用于何种领域，无论是建筑、游戏还是其他形式，这些细节都不再是首要关注点。更加重要的点在于，是否能够创造出一个崭新的世界，这远比简单地模仿已有事物具有更大的价值。

从企业的角度来看，虚拟世界是一个"数据试验场"，将不同的决策导入不同的虚拟平行世界，会产生各种各样的结果，用于验证决策的可行性和正确性，任何创新的想法都能够快速得到验证和实现。当前，现代工业面临着严重的能源和环境挑战，因此急需这种空间解决问题。正如 Meta 创始人马克·扎克伯格（Mark Elliot Zuckerberg）所指出的，元宇宙的价值在于提供高效且环保的解决方案，元宇宙所创造的虚拟世界将有助于提高现实世界的可持续性。

对于广泛的用户群体来说，更具沉浸感的虚拟世界将为其带来更多样化的感官体验。同时，虚拟世界还能克服物理时间、空间和设备的限制，使人们能够在虚拟环境中与他人进行面对面的互动，追寻内心的诗意和遥远的理想。

●专栏4-1●

浪潮信息：描绘元宇宙数字蓝图

一、企业介绍

浪潮电子信息产业股份有限公司（以下简称"浪潮信息"）作为全球领先的IT基础设施产品、方案和服务提供商，坚守着"计算力即生产力，智算力即创新力"的信念。浪潮信息致力于推动智慧计算技术的创新与应用，以创新驱动的发展战略引领行业潮流。在云计算、大数据、人工智能、边缘计算等领域，为用户提供更先进的产品和解决方案，助力其在数字化时代实现卓越成就。

二、数实相融解决方案

1. 算力：首款元宇宙服务器

浪潮信息一直以提供全面的算力解决方案著称。在占据通用服务器和人工智能服务器领域领先地位的基础上，浪潮信息积极布局新的计算场景，推出了全球首款元宇宙服务器——MetaEngine。不同于传统服务器的物理概念，MetaEngine不仅拥有强大的算力，还融合了软硬件的元宇宙算力基础设施。

MetaEngine是一款集高性能图形计算、人工智能计算、高速存储访问、低延迟网络和精确计时等关键要素于一身的引擎，为元宇宙的构建和运行提供全面支持。其强大算力能够满足元宇宙在协同创建、实时渲染、高精仿真和智能交互四大作业环节中对不同类型算力的高度需求。除了算力方面的卓越性能，MetaEngine还为元宇宙的固有分布式协作提供了出色支持。单台MetaEngine服务器的强大性能足以同时支持256位元宇宙架构师开展协同创作活动，其高速无阻塞的网络信道使其能够轻松扩展至大规模算力集群，实现更广泛的应用。

2. 算法：四个专业技能模型

浪潮信息积极迎接算法基建化的发展浪潮，旨在推动算法模型的升级与发展，并制定了全面的演进路线，共分为四个关键阶段。第一个阶段专注监督学习和识别类应用。第二个阶段聚焦单模态和自监督学习特性。当前，浪潮信息正步入第三个阶段，这一阶段的关键特征是多模态和自监督学习。第四个阶段将使算法模型进入与物理世界交互式的超模态主动学习领域。

目前，浪潮信息正经历从第二个阶段向第三个阶段的演进过程。为更充分应用中文语言巨量模型"源1.0"，浪潮信息将其在自然语言理解方面细分为四个专业领域的技能模型。核心策略是满足不同领域需求，以提升模型的适用性。具体而言，古文理解技能模型"源晓文"、对话问答技能模型"源晓问"、中英翻译技能模型"源晓译"以及知识检索技能模型"源晓搜"已在四个专业领域经过优化。技能模型的引入显著减少了对算法的依赖，使"源1.0"能够在不同场景中迅速落地并实现小型化和轻量化，为浪潮信息提供了更大的灵活性和创新空间。

3. 存储：新一代SSD高速存储介质

在应对日益增长的数据规模和多模态需求的挑战时，浪潮信息推出了一系列创新性的分布式存储产品，以满足文件、块、对象和大数据四类应用模型的全面需求。这一系列产品共享一套高度优化的硬件平台，实现了底层硬件资源的高效池化，为智慧应用提供了多样化服务，为处理不断增长的数据海量化需求提供有力支持。

在集中式存储方面，未来的发展趋势明显朝着全栈化和软硬件融合的方向迈进。通过对存储算法的重新优化，浪潮信息成功实现了性能提升超过40%，将时延降低至惊人的0.1毫秒内。此外，浪潮信息在无损压缩和远距离传输方面进行了大量性能优化，从而全面提高了整体存储系统的效率。为了更好地满足不断增长的存储需求，浪潮信息引领行业潮流，推出了新一代SSD高速存储介质——NS8600/8500 G2。通过全链条的优化，该存储介质为全栈存储提供了从协议到存储介质全方位性能的提升。

针对各种细分场景，浪潮信息还与 SSD 一同展开全生命周期管理算法和存储系统的精准协同，使浪潮信息的新一代 SSD 能够提供整个存储系统的精准寿命预测和有效管理。

三、发展与总结

在智算时代，浪潮信息以其优异的算力基础设施和创新的算法基础设施，构建了一系列精心设计的服务器和解决方案。通过"源"大模型的引领，不仅展示了领先的智算中心样板，更描绘了元宇宙的宏伟蓝图，不仅为业界树立了榜样，更为浪潮信息赢得了持久的竞争优势。

参考文献

[1]李国庆.量身定"智"解码浪潮信息智能制造转型实践[J].智能制造，2023(5)：6-10.

[2]孙杰贤.浪潮信息的 AI 观：算力与算法一个都不能少[J].中国信息化，2022(8)：34-35.

四、元宇宙的未来蓝图

1. 新时代数字经济的演进

在过去，数字技术主要被用于构建数字化通道或桥梁，用于各种生产和生活领域。传统互联网和移动互联网等工具或媒介改变了人们之间的连接方式和关系。然而，元宇宙代表了一个全新而复杂的数字生态系统，将使人们能够脱离现实世界，创造一个数字虚拟的环境。这一革命性的变革影响了人与社会之间的关系。从这个角度来看，元宇宙彻底重塑了数字经济体系和人类生产生活方式(陈林生等，2023)。

2. 数字经济的新产业

数字经济的新产业领域逐渐引起科技巨头的广泛关注。这些科技巨头正在积极布局元宇宙，但其主要动机不仅是追求利润，更在于通过技术创新，彻底改变产业格局，重新定义技术规则、商业规则以及产业秩序，并探索企业在这一变革中的重要地位。元宇宙的崛起在某种程度上反映了产业和商业界的迫切需要，以此重新塑造规则和秩序。科技巨头寄希望于技术的力量，以推动产业结构的深刻变革，建立全新的产业秩序和规则。

3. 平台企业的新空间

元宇宙作为崭新的经济范式，尤其是为平台经济企业提供了一个颠覆性创新的舞台，迫使其重新规划各自的发展路线。对于中国的平台经济企业而言，这是一个绝佳的机遇，能够重新定义过去所依赖的应用、商业模式创新，并向技术和硬件领域的全面升级迈进。中国的平台经济企业在发展过程中积累了丰富的底层创新基础，关于芯片技术、底层系统、基础平台的开发，都能够从适当的角度切入。平台企业将以更加积极的姿态投身于新的产业机会，不断深入攻克硬科技领域的创新，硬科技不仅指狭义上的硬件，还包括具备基础性技术和产品。不再依赖外部科技生态系统，仅在中国市场中追逐利润，而是积极改变传统的购买模式，否则将永远处于全球竞争中的第二梯队或第三梯队。

4. 国家数字经济的竞争新领域

自元宇宙的概念被提出以来，信息科学、量子科学和数学科学等新兴技术不断推动着数字领域的变革，这一进程汇聚了信息革命、互联网革命、人工智能革命和虚拟现实技术革命过程中的重大成果，为人类数字化转型开辟了全新的道路。因此，积极把握元宇宙产业发展机遇，提升布局关键核心技术、重要应用场景时的前瞻性，将有利于占领未来竞争的制高点。

目前，元宇宙的构建仍处于初级阶段。现有技术尚不足以支持虚拟世界的形成，也还未形成完整的元宇宙生态系统。要实现量级以上的突破，需要各种前沿科技的不断创新和发展。元宇宙作为未来数字经济的重要支柱，各行业在元宇宙领域展开的布局都具有一定的前景和潜力（冯江华，2022）。

元宇宙产业恰逢发展初期，尽管道路漫长，但绝不能忽视这一新兴领域及其背后所具有的新技术、新产业、系统、技术标准和科技巨头的巨大潜力。在国际竞争中，迫切需要重新规划战略，提前系统地投资和布局相关企业，摆脱过去长期处于信息技术和互联网等领域的跟随者地位，积极参与并主导元宇宙产业的基础领域，如工具、系统和芯片等领域。元宇宙产业发展措施如图 4-2 所示。

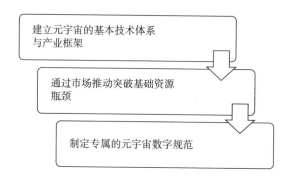

图 4-2 元宇宙产业发展措施

（1）建立元宇宙的基本技术体系与产业框架。

为了确立元宇宙的坚实基础，需要发展全面的技术生态系统和产业框架。其中，不仅需要集中于基础工具、系统平台和关键部件，还需要推出专属算法和计算能力生态系统。除了在基础技术、组件和终端应用上进行广泛投资，同样重要的是从基础层面开始培养内容创作者、程序开发者和B 端公司，确保不会过度依赖外部来源，从而保障整个元宇宙价值链，从产业到供应链和技术，实现国家安全。

（2）通过市场推动突破基础资源瓶颈。

为了推动元宇宙的进一步发展，必须倚重更为广泛的人才和用户资源。在这一竞争激烈的领域，领先企业的竞争地位将决定未来的产业格局。因此，要利用强大的市场力量培育自己的产业生态和企业体系。

（3）制定专属的元宇宙数字规范。

在国家层面，应当积极组建行业联盟，以确立全新的技术标准和规范，其中涵盖了数字资产领域的法律法规、构建数字经济体系、建设支持元宇宙发展的劳动与规范体系，以及一套行之有效的治理政策等方面的准备工作，确保元宇宙领域的稳健发展。

第二节　元宇宙的发展"航路"

一、巨擘启航：呈现全息数字世界

1. 游戏：元宇宙最初的落地场景

元宇宙的最初入口普遍被认为是游戏，因为游戏赋予了玩家虚拟身份，使其能够在游戏内进行社交互动，初步构建了元宇宙的雏形。在元宇宙中，新的虚拟身份带来了高度的沉浸感，使用户群体形成了稳定的社区。这些社区是由不同的用户通过各种行为，如创造内容、消费内容以及互动等共同建立起来的，这也将成为虚拟世界中的社交形式的新典范。在这种背景下，用户的行为不再是孤立的，而是与社区的互动一起赋予了这些行为社会性（时立荣，2023）。玩家之间相互影响，共同致力于建设社区，因此，玩家不再仅是在游戏中娱乐，而是通过在虚拟宇宙内的各种活动为这个虚拟社会创造价值，从而赋予了它社会性。

在大环境的影响下，许多日常活动已经转移到了线上虚拟环境中进行，这导致游戏与现实世界之间的界限逐渐模糊。然而，与元宇宙相比，游戏仍存在一些明显差距，这些差距主要表现在沉浸感、延迟问题、地域性限制以及自主经济系统等方面。因此，要实现从游戏到元宇宙的转变，必须先在底层技术方面取得重大进展。

2. 元宇宙发展方向

iPhone4 的发布标志着移动互联网时代的开端，从此移动互联网技术取得了飞速的发展，深刻地改变了人们的生活方式。例如，微信和支付宝的出现极大地减少了人们对现金的使用。

通过智能手机能够实时获取新闻、进行电子商务交易、社交聊天，还可以观看视频直播等丰富多样的内容。各种信息以文字、声音、图片和视频等多种形式传递给使用者，但这些信息传递方式仍然停留在平面信息的互动水平，无法实现与现实生活中人与人之间面对面交流时的感官体验。

在当今，移动互联网用户"红利"似乎已经达到了巅峰。很多专家和学者都认为，元宇宙将成为下一代互联网的最终形态。在元宇宙中，随着显示、交互、高速通信和计算技术的不断进步，将能够构建逼真的传播场景，使用户能够成为新闻事件的"亲历者"和"实地观察者"。

元宇宙媒体的崛起将实现真正的"多媒体化"，用户的各种感官都将得到充分利用并相互协调，使媒体应用变得更加沉浸式，为用户带来前所未有的媒体体验。

回顾人类信息技术和媒体发展的历程，从报纸时代到广播电视时代，再到互联网时代和移动互联网时代，不断涌现的技术革命改变着大众对世界的认知方式，激发了人们有意识地改造和塑造世界的能力。随着5G、云计算、物联网、人工智能、区块链等技术的迅速发展和成熟，元宇宙的发展已经拥有坚实的技术基础，通向元宇宙的道路逐渐清晰可见。

互联网已经彻底改变了人类的生活方式，使人们能够通过数字化方式进行交流。然而，元宇宙将进一步颠覆社会的组织和运作方式，实现人与社会关系的数字化。这一新兴概念将通过混合虚拟和现实元素的结合实现，从而形成一种全新的生活方式，将虚拟与实际世界相融合，创造线上与线下的无缝社会互动，并为实体经济注入新活力（杨晨、祝烈煌，2022）。

未来的元宇宙将呈现出令人瞩目的景象，在不久的将来，人们将能够自如地在现实和虚拟世界之间实现身份的切换，通过沉浸式体验，进一步拉近了虚拟世界与现实世界之间的距离。

二、虚实结合：领衔模态交互

元宇宙的目标是实现信息化、智能化的环境，创造融合虚拟与现实的空间，以促进社会的全新发展。人机交互技术在这一过程十分关键，尤其是在扩展和虚拟化人机界面，在实现高效的语义信息交流方面面临着重大挑战。因此，掌握人机交互技术的优势对推动相关产业的发展至关重要。

1. 新型人机交互方式展现出解放式特点

人机交互方式已经经历了以下三个阶段，如图 4-3 所示。

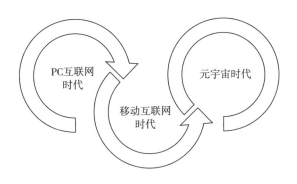

图 4-3　人机交互经历的三个阶段

随着科技的不断发展，人机交互方式在内容和场景上得到了不断丰富和升级。在 PC 互联网时代，人机交互主要通过操控鼠标、键盘并查看显示屏完成；在移动互联网时代，人机交互方式主要通过手指触控屏幕、语音识别等实现；在元宇宙时代，人机交互方式将迎来颠覆性的创新，交互设备、交互内容和交互体验都将达到全新的高度。在元宇宙的早期阶段，人们可以通过虚拟现实设备，完全沉浸在虚拟世界中。这将不仅仅局限于手和眼睛的交互，还包括肢体动作捕捉等方式，使视觉和听觉的体验更加逼真。

随着人工智能和脑机接口技术的不断进步，当元宇宙发展到更高级的阶段时，可以期待更新的人机交互方式。这种方式允许准确地读取人类大脑中的信息，使人类能够通过脑机接口将思维直接传递给智能系统，实现高度互动。简而言之，这意味着人们可以通过脑电波将指令输入虚拟世界，同时虚拟世界也可以将反馈信息传送并呈现在人类大脑中，这一创新的人机交互方式将完全摆脱时间和空间的限制，成为未来的终极交互方式（侯文军等，2023）。

2. 增多的交互对象与更为错综复杂的关系

在元宇宙时代，新型人机交互呈现出明显的趋势，就是交互对象的数量增加，交互关系也变得更加复杂。在人机交互的初级阶段，人与机器之间的互动相对简单。然而，一旦进入人机交互的中级阶段，人与虚拟人之间开始有了更为复杂的互动，同时人与机器之间的互动也变得更加错综复杂。而进入元宇宙的高级阶段，交互变得更加多样化，虚拟人的存在呈现出量产化、拟人化以及主动化的特征，与此同时，可交互的机器也开始大规模生产。人们通过数字分身将虚拟人作为与其他角色互动的媒介，甚至可能出现虚拟人与机器之间更高级别的虚拟与实体融合。

3. 交互场景拓展到虚实结合的场域

在元宇宙时代，人们将目睹现实世界和虚拟世界之间的门户敞开，这将带来新的人机交互场景，不再局限于现实世界的二维信息交互，而是将现实和虚拟空间融合在一起，人机交互将迈向新的广度和深度，超越了以往的水平（彭影彤等，2023）。

在 PC 互联网和移动互联网时代，人机交互受限于特定设备，只能在特定场景下进行。但在元宇宙时代，几乎所有设备和工具都可以变成智能系统。借助人工智能和虚拟触控技术，人们可以使用自然语言和动作与任何设备进行交互，极大地扩展了人机交互的广度，适用于各种生活场景。此外，人脸细节识别和空中手势识别技术的进步将拓展更多的交互可能性，打造更多的虚实融合应用场景。

在元宇宙时代，VR、AR 已成为关键的感知技术，通过改变环境和物体的显示方式，重新定义了人类对世界的感知和体验。光场交互技术则带来了革命性的改变，通过一种名为"轻眼镜+光标签"的场景交互方案，通过查看现实世界中的光标签，获取与当前场景相关的各种信息和服务。此外，用户还可以利用交互技术，轻松快捷地与场景互动，实现了"所见即交互"的体验。

4. 交互体验在 AI 加持下融入新型情感体验

在未来的元宇宙空间，AI 将大幅提升新型人机交互的多感知自然体验，从传统的工具型模式进化为情感型和服务型的混合模式，重新定义了人机互动体验。

一方面，原始设定的智能体已经具备了构建个性化"人设"所需的人口学信息和爱好特长等元素。随着人机互动积累了更多数据反馈和智能体的自我改进，这些"人设"变得更加丰富多样。智能体也被赋予了情感自主认知的能力，能够主动表达情感并开始情感互动，情感连接逐步深化，情感体验更加真实。

另一方面，智能体可以根据人类的行为和神经生理信号快速感知复杂的内在情感，以便及时作出情感反馈和陪伴。这种情感型转变为人类提供了新的情绪表达和交流方式，进一步在虚拟和现实的交汇处创建了情感的温暖空间，大大增强了人们的社交互动和主观幸福感。在情感识别方面，当人与市面上的智能产品互动时，机器已经能够通过面部表情、语音语调和肢体动作来识别人类的基本情感。

在元宇宙时代，借助智能交互技术的支持，使用者能够准确理解和掌握人类的行为。与信息世界互动的接口已经被嵌入人们的身心，信息系统具备了深刻的意图理解和情境感知能力，为大众的日常生活、工作和娱乐创造了轻松高效的环境。人机交互方式已经接近人类在现实生活中获取信息的自然方式，全球宛如一个可点击的桌面和信息展示面板，人与机器之间的互动演变为人与整个世界的互动。虚拟人和智能体对人体功能的扩展似乎没有极限，通过优化人机交互，社会生产效率将大幅提高，人类文明将进入新的高度。

●专栏 4-2●

京东方：塑造创新驱动的发展标杆

一、企业介绍

京东方科技集团股份有限公司（以下简称"京东方"）成立于 1993 年，是业内领先的物联网创新企业，致力于提供智慧端口产品和专业服务。京东方的核心业务以半导体显示为基础，涵盖物联网创新、传感器及解决方案、MLED、智慧医工等领域，构建起"1+4+N+生态链"业务架构。同时，京东方积极探索元宇宙的发展潜力，为构建数字化、智能化的未来奠定了基础。

二、创新业务布局

1. 元宇宙业务

京东方发布的"屏之物联"战略明确了自身定位，朝着全球物联网创新企业领军者的方向不断迈进。在显示领域，目前京东方已经稳居产业内的龙头地位，并在管理运营过程中展现了寻常企业难以比拟的发展良性和稳健的韧性。

在抓住"宏观经济+产业回暖"增长红利的同时，京东方凭借创新驱动的商业模式，在显示产业中保持领先地位，不断加强与物联网产业的深度融合。与此同时，京东方继续巩固其作为显示产业链主企业的领导地位，对元宇宙市场进行加速布局，展示了公司对未来发展的雄心。

京东方的控股子公司——北京京东方创元科技有限公司，为大力推广LTPO 技术，在北京经济技术开发区投资打造了第 6 代新型半导体显示器件生产线。该产线坐拥业内领先的工艺技术水平，剑锋直指 VR 显示产品市场。

（1）巩固行业地位。

VR 显示产品的需求不断上升，正处于迅速成长的风口，是业内公认的物联网入口。京东方通过建设 LTPO 产线的目的在于打造核心竞争力，在 VR 显示市场占据一定份额，在元宇宙时代继续引领行业发展。

（2）发展高端技术、拓宽业务"护城河"。

未来，LTPO 技术是 VR 产品流派中的主流显示技术，为了巩固公司在未来市场中的份额，京东方有前瞻性地布局了 LTPO 技术和产能，以应对新兴市场的需求。该举措不仅是对技术创新的投资，也是为满足市场不断变化的需求，保持竞争优势的战略行为。

（3）促进显示产业发展。

随着 LTPO 产线的建设，我国显示产业有望迎来更快速的发展和升级。全球显示技术将在产业层面有所调整，迎来一次"大洗牌"，全球的 VR 产业将更快地迈入"元宇宙"时代。京东方在这一进程中扮演了推动者的角色，为中国科技在全球的话语权提升作出了积极的贡献。

2. 物联网创新业务

京东方物联网创新业务致力于打造一体化产业平台，基于领先行业的智能制造和不断发展的物联网技术，构建了以"显示器件—智慧终端—系统方案"为核心的全新商业模式。通过引入新型 ODM 模式，为用户提供具有竞争力的智慧终端产品。这一系列产品的竞争力源于京东方领先的智能制造能力，同时，京东方深度发展人工智能和大数据技术，将其作为产业支撑，将发展目光聚焦软硬融合产品与服务上，为用户提供全方位的解决方案。

3. 智慧医工业务

智慧医工业务是京东方进行未来规划的战略选择，通过将科技与医学深度融合，打造创新业态，以人为本，服务家庭、社区和医院等单位，通过构建健康物联网平台，建立以健康管理为核心、以医工产品为牵引、以数字医院和康养社区为支撑的健康物联网生态。

（1）全周期健康服务。

致力于建设、运营物联网医院、数字医院以及智慧康养核心能力平台，提供覆盖"防治养"的健康物联网生态体系。通过全方位服务，满足用户在不同健康阶段的需求，实现健康管理的全周期性。

（2）医工融合产品。

聚焦智慧终端及系统、分子检测、再生医学三大赛道，通过建立以传感、分子检测和组织工程为核心的三大技术平台，推动医工融合产品的研发与应用，为医疗领域带来新的突破，提升医疗效率和服务水平。

三、发展与总结

京东方在科技创新方面的表现不仅体现了企业内在的强大动力，更是为数字经济时代的发展奠定了坚实基础，其在生态布局、产业优势巩固和扩大方面的努力，将为未来构建更加丰富、互联的虚拟世界提供更为可靠的技术支持。

参考文献

［1］季生. 京东方，争夺"万物皆屏"话语权［J］. 经理人，2023（10）：58-61.

［2］尹西明，苏雅欣，陈泰伦，等. 屏之物联：场景驱动京东方向物联网创新领军者跃迁［J］. 清华管理评论，2022（11）：94-105.

三、乘风破浪：打造数字孪生

1. 客观冷静的数字孪生

数字孪生是一个相对成熟的概念，已在科研和学术领域得到明确定义，并在多个企业应用案例中得到了验证。

数字孪生的概念最早由数字孪生之父迈克尔·格里夫斯（Michael Grieves）于 2002 年提出，他认为可以通过物理设备的数据创建一个虚拟实体和子系统，虚拟实体可以准确地代表物理设备，并且这种联系不是静态的，而是在整个产品生命周期中持续存在的。

数字孪生概念具备以下四个关键特点，如图 4-4 所示。

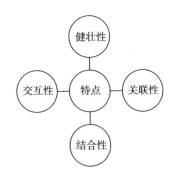

图 4-4 数字孪生的关键特点

（1）健壮性。必须具备足够的健壮性，以满足具体的业务目标和结果。

（2）关联性。必须与现实环境相关联，甚至具备实时监控和控制的能力。

（3）结合性。必须与高级数据分析和人工智能技术相结合，以创造新的业务机会。

（4）交互性。必须具备高度交互性，使用户能够评估可能发生的情况。

许多企业已将数字孪生的概念应用于实际操作。数字孪生的闭环应用使制造企业能够实时收集产品性能数据，并将这些数据应用于虚拟模型中。这一过程的目标是早期验证产品和流程设计，测试配置，并深入了解各种因素对其影响的情况。

总的来说，数字孪生是通过数字软件对某个物理过程进行模拟，然后对模拟结果进行观察和数据分析，以便进行优化、改进或问题发现，最终目标是通过模拟和预测选择最佳解决方案。

尽管数字孪生最初是在工业控制领域产生和应用的，但后来在智慧城市和行业数字化领域也得到了广泛应用。基本原理始终如一：将物理世界映射到数字世界中，并对数据进行智能分析，以实现运营业务的自动化、智能化和智慧化管理。同时，数字孪生还有助于优化和改进城市和行业的治理、规划和运营（丁盈，2023）。

2. 元宇宙与数字孪生的联系

至此，可以明确区分元宇宙和数字孪生之间的异同点。

二者的共同之处在于它们都依赖数字技术，通过数字技术重新创建高度逼真的数字对象和事件，以实现可视化感知、交互和模拟，其底层技术具有通用性。

然而，它们之间的不同点在于，元宇宙有能力将现实世界转化为数字框架，同时也能够构建全新的虚拟数字世界。元宇宙的最终目标是创造一种数字原生社会，其中每个居民都具备独一无二的数字身份和数字感知体验，使其能够在线社交，继续社会建设，并融入理念和想象的特点。

相反，数字孪生严格依赖信息世界，将物理世界和事件过程精确映射到数字框架中。这种技术已应用于工业制造和城市管理等领域，以实时客观数据为基础，结合人工智能进行挖掘分析和深度学习。此外，数字孪生还模拟不同情境和决策，以改进或更好地适应现实世界，最终实现自动控制或自主决策，数字孪生的终极目标是实现自主的数字化仿真。

总之，元宇宙注重数字身份和社交互动，而数字孪生关注严格的信息映射和自主数字仿真，这两个概念都代表了数字技术在不同领域的创新和应用。

3. 数字孪生与元宇宙的融合、共生与歧路

从以上明显的联系可以看出，尽管数字孪生与元宇宙在某些方面有不同的倾向。数字孪生更侧重用于社会治理、行业效率改进以及技术创新的应用，而元宇宙更专注构建理想的数字社交和娱乐社区。然而，这并不妨碍它们之间的融合。

基于空间地形数据，结合传感器、物联网、定位轨迹、专业业务数据、社交内容和文字文档等各种时空动态数据，通过运用游戏级引擎的渲染技术和增强现实技术，可以建立高保真、高度集成的数字孪生时空环境，其中包括数字城市和行业业务。数字孪生环境不仅能够实时映射现实世界的发展进程，利用现实空间呈现全息内容，还能够模拟并与事件和场景进行互动。

通过将元宇宙的在线共享数字空间和现实虚拟感知交互的特点融入其中，能够让人们沉浸在全真数字世界中，用来管理城市和业务，这种融合有望推动全新的数字化转型，开创前所未有的可能性。

通过元宇宙和数字孪生技术的结合，社会各界将会见证一场革命。可以肯定的是，如果各个行业都能够充分利用数字孪生技术构建元宇宙，以在线共享、自动智能化地管理、分析和改进业务，以三维全景方式模拟各种场景，再结合现实空间 LBS 服务和 AR 技术，呈现出深度全息数据，将有利于促进业务增长、提高生产效率，还有可能催生颠覆性的创新（吴威、徐傲，2023）。

四、雨过天晴：迈向产业化

工业元宇宙正处于快速发展的阶段。在经过长期的观察和演进后，我国目前已经制定了一项综合性的元宇宙规划，其中包括高度系统化的构想。尽管少数领先的竞争型企业已经在数字化领域取得了显著进展，为构建工业元宇宙奠定了坚实的基础，但许多大型企业、地方政府、产业平台和领军企业在认知方面仍有待提高（张茂元、黄芷璇，2023）。

1. 元宇宙将成为战略性新兴产业

（1）广阔的发展空间。

元宇宙可以被视为人工智能、区块链、5G、物联网、虚拟现实等新一代信息技术的集大成应用。这一综合性的应用领域具有广泛的发展空间，潜力巨大。发展元宇宙产业将极大地拓展数字经济的新场景、新应用和新生态，从而培育出新的经济动能（菲利普·托尔、魏宏峰，2022）。

（2）赋能制造业。

元宇宙的发展将加速制造业的进步，特别是通过推动虚实融合，工业元宇宙将进一步促进制造业的高端化、智能化和绿色化升级，成为新型工业化建设的重要推动力之一，提高制造业的竞争力，为产业升级创造更多的机会。

2. 元宇宙赋能新型工业化

如何通过发展元宇宙为新型工业化注入活力是一个备受关注的话题。目前，元宇宙赋能新型工业的发展趋势在短期内变得更加明确。

工业元宇宙与消费元宇宙有所不同。消费元宇宙是一个全球性的虚拟空间，工业元宇宙则是为特定工业场景而构建的数字环境。其主要目标是给工业全周期、全价值链、全生命周期提供服务支持。

工业元宇宙可被视为一种数字化连接环境，其核心使命是将上下游合作商、全价值链合作伙伴、全周期利益相关者以及全生命周期相关者的整个生态系统汇聚在一个虚拟空间中。这个虚拟空间必须具备可溯源、可追溯、不可篡改、高度真实和高效率的特性，以创造一个有益的生态环境（Hao & Choi，2021）。在工业元宇宙中，领先企业已经开始在各个环节开发自己的数字系统，借助各种技术手段提高整个产业生态的效率，这些系统包括研发体系、供应链体系、运营管理体系等。最终，工业元宇宙将整合各种体系，形成数字孪生生态，为产业的数字化改造和升级提供支持。

工业元宇宙的应用领域广泛，主要体现在以下几个方面，如图 4-5 所示。

图 4-5 工业元宇宙的应用领域

在研发设计环节，工业元宇宙的应用使产品和工厂可以数字化建模，突破了时空限制，实现生产流程的精确模拟，从而有效地降低试错成本和风险。

在生产制造环节，工业元宇宙的实践推动虚拟和实际生产的融合，提高生产系统的敏捷性、实时分析能力以及自主决策能力，生产过程可以更加灵活地感知和适应变化，实时分析数据以作出更好的决策，提升生产效率和质量。

在运维管理环节，工业元宇宙的应用帮助深度挖掘人员和设备的价值，促进工业场景知识图谱的实际应用，实现知识的价值留存。运维团队可以更好地了解和利用场景中的知识资源，提高设备的可靠性和维护效率。

3. 工业元宇宙的各领域应用

在生产制造领域，工业元宇宙具有潜力实现生产过程的可视化和精准监控，从而显著提升生产效率和产品质量。以数字化技术为基础，企业可以实时监测设备的运行状态，预测可能的故障，并采取智能化的维修措施。此外，通过优化生产计划和物料管理，还能够降低能源消耗和物料损耗，实现更加可持续的生产流程。

在物流和供应链领域，工业元宇宙也发挥着重要作用，使全球物流变得可追踪、高效管理成为可能，为企业提供智能化的供应链解决方案，有助于提高物流效率和响应能力。

在研发设计领域，工业元宇宙可以支持大规模仿真实验，显著提升科研工作的效率，为科学家和工程师提供了有力的工具，有助于更快地推动创新和发现。

在销售领域，工业元宇宙不仅适用于 B2C 销售，还在 B2B 市场中扮演着重要角色。智能客服和 AI 主播等技术已经不再新鲜，而数字技术在 2B 市场中也可以大幅提高投标文件的质量，从而提高甲方对投标方案的评估准确性，为企业提供竞争优势和商业机会。

在建筑领域，广泛采用 BIM 技术以及全面推动数字化业务转型，已经为建筑企业带来了全新的数字化机遇，改变了工程项目从开始到结束的每个阶段。在传统的建筑过程中，建筑物通常是在实际施工阶段才真正形成的，但在实际建造之前，已经有了一个纯数字的虚拟建造过程，而在实际建造和维护阶段，数字化和实体将会更加融合。

上述数字化趋势意味着建筑产品、工艺流程、生产要素、管理过程以及所有相关主体都将以数字孪生的方式存在。一些领先的企业已经开始构建相应的数字化壁垒，建立了数字应用平台体系，逐渐成熟并不断演进和集成。同时，区块链技术的应用降低了内外部交易成本、提高了结构效率。

因此，工业元宇宙的发展趋势变得更加清晰，不仅在细分领域，而且在各种应用场景中逐步构建数字化场景，也为未来大规模的元宇宙实现奠定了坚实的基础。

第三节　元宇宙"初体验"

一、社交娱乐元宇宙

随着社交娱乐应用的持续增长，娱乐场景的边界正在逐渐模糊化。传统的社交、游戏和直播等单一场景已不再具备明显的吸引力。相反，新兴的"无界"娱乐玩法正在崭露头角，包括一起看电影、一起 K 歌、虚拟直播以及互动游戏等。这些创新场景为追求精神上的"无为"和反对"内卷"的人们提供了全新的社交"栖息地"。

1. 元娱乐社交的本质

社交长期以来都被认为是构建元宇宙现实入口的切入点。目前，元宇宙的发展仍处于初级阶段，元宇宙的概念将集中在社交网络、游戏和内容领域。因此，娱乐社交领域成为未来元宇宙发展的首选领域。与其他领域相比，娱乐社交更容易与元宇宙的理念相结合，而且用户上手体验相对轻松。因此，在当前阶段，娱乐社交领域更容易实现元宇宙的落地。通常情况下，在社交活动中，需要创建社交场所和场景。传统的社交场所和场景受到了时间与空间的限制，而网络社交虽然摆脱了这些限制，但缺乏原本的现实感和沉浸感（吴玉雯、陈长松，2023）。

社交活动的目的是人们相互娱乐和互相取乐，这与元宇宙的概念天然相联系。但是，目前经济系统在元宇宙中的应用相对较少。其中，挑战在于如何让不愿意露脸的用户通过虚拟形象获得面对面交流的沉浸式体验，这是元宇宙娱乐社交等领域首先需要解决的现实问题。对于用户而言，其拥有对沉浸感和高度互动性的需求；对于企业而言，为其提供了更多的变现机会。

2. 元宇宙社交的未来走向

在元宇宙炙手可热的背景下，元宇宙与社交相结合被视为未来社交的全新模式。元宇宙对传统社交的颠覆在于其创造了数字仿真世界，这个世界拥有更广泛的连接、更高效的沟通、更逼真的交流方式。元宇宙改变了以往依赖文字或视频的交流方式，使双方能够以更真实的数字形式进行互动。

然而，关于元宇宙社交的未来发展，目前需要解决一些问题。要关注当前元宇宙社交的发展和应用情况。国内一些相关平台正在积极推广元宇宙社交概念，尽管如此，目前实际落地并实现商业盈利的平台仍然不多见。此外，国内外的科技和互联网巨头已经投入了大量资源，并开始在元宇宙领域展开布局，这引发了人们对元宇宙社交未来发展的期望和关注（简圣宇，2022）。

当前，众多参与方都在竭力争夺机会，抢占风口，但是难以确切评估元宇宙市场的潜力有多大。无论如何，首要任务都是站在竞技场上，占领用户的心智。元宇宙娱乐社交领域似乎是一个非常具有潜力的切入点。在3D和XR技术的支持下，"元宇宙+社交"的结合可以构建出更加沉浸式的内容和体验，这似乎是行业未来的发展趋势。然而，还需要明确的是，元宇宙未来的发展可能需要经历一系列技术发展阶段，包括发展初期、停滞期和复苏期，才能成熟起来。

元宇宙的形式可能会多种多样，包括数字空间中的人物、个性、人际关系和世界构建，视频社区很有可能成为元宇宙的基础载体。元宇宙的发展除了强调沉浸式体验，还应该融入各种现有技术中，形成一种更全面的用户体验，而不是取代现有技术。

芒果超媒：元宇宙娱乐产业布局者

一、企业介绍

芒果超媒股份有限公司（以下简称"芒果超媒"）成立于 2005 年，总部位于长沙市，作为国有新媒体公司，专注构建完整的娱乐核心产业链，涵盖内容生态与渠道分发。芒果超媒以创新内容和融媒平台业务为核心，秉持双平台共赢的发展使命。通过不断自我革新和打破边界，芒果超媒逐步拓展业务至 IP 衍生、互动娱乐、内容电商和创意营销领域。

二、问道元宇宙

KTV、电影院以及"剧本杀"等传统娱乐方式正逐渐被沉浸式娱乐所取代，而在这场变革的潮流中，芒果超媒作为 A 股传媒板块的佼佼者，正在积极地布局，加速深耕沉浸式娱乐领域。芒果超媒依托其强大的综艺 IP 资源，不仅在"剧本杀"等市场争夺领先地位，更将目光投向未来元宇宙的落地方向。

相较于简单的"剧本杀"体验，芒果超媒更愿意将其所涉足的领域定义为"沉浸式娱乐"。这一定义凸显了芒果超媒对市场更为长远的规划和深刻的洞察。核心理念在于创造出令人沉浸的体验和强烈的互动性，而这正好契合了"元宇宙"的概念。芒果超媒计划开始将打造精品 VR 内容作为侧重点，深度结合影视和游戏 VR 内容的相关技术，结合虚拟人物技术的特点，有针对性地构建 NFT 数字艺术藏品交易平台，有层次地依次推动芒果星球元宇宙的构建。

在这一战略规划中，芒果超媒将注重沉浸感和互动性的提升。通过 VR 技术的应用，用户能够在虚拟世界中获得更加真实和深度的体验，使娱乐活动不再局限于观看和听取，而是能够更主动地参与其中，沉浸式娱乐的理念也与当下年轻人对于全方位体验的追求紧密相连。

1. 以5G重点实验室为基座

芒果超媒的5G重点实验室是技术的基础来源，该实验室是由国家广电总局牵头成立的，并由湖南广电授牌，其目标导向较强，致力于推动与5G和高新视频相关的技术研究及应用孵化。该实验室成立以来一直专注深入研究和应用5G，在数字人制作以及虚拟内容制播技术方面投入了大量资源。目前，芒果超媒将5G重点实验室作为核心立足点进行积极策划布局，推进构建芒果元宇宙平台的未来发展。

2. 三大维度构建元宇宙基础架构

芒果超媒在构建芒果元宇宙的基础架构方面，通过关注"互动+虚拟+云渲染"这三个关键维度，展现其对创新科技的深刻理解。为了进一步丰富数字内容领域，芒果超媒积极规划数字藏品交易平台。在此背景下，芒果超媒旗下的芒果幻视聚焦在 XR 研究与应用方面，以上战略性布局表明了芒果超媒在数字娱乐领域持续引领创新的决心。

3. 虚拟人融入头部优质内容创作

芒果超媒在虚拟人领域取得了显著的进展。虚拟主持人"小漾"在《你好星期六》节目首播中表现出众，在各大排行榜中名列前茅。另一位虚拟主持人"YAOYAO"被应用于"'马栏山'杯国际音视频算法大赛"、《潮音实验室》等多个项目。此外，芒果超媒在线下实景娱乐项目 MCITY 中也引入了备受欢迎且拥有庞大用户基础的虚拟人物——"甄橙"。芒果超媒希望通过以上虚拟人项目的扩展，为实景娱乐行业树立标杆。未来芒果超媒计划推出更多符合主营业务和市场需求的虚拟角色，致力于将虚拟人融入更多优质内容的创作。

4. 推动媒体产品形态的创新

芒果超媒与中国移动开展战略合作，推动媒体产品形态的创新。与中国移动咪咕公司建立了战略伙伴关系，并签署了全面合作框架协议，计划共同打造 5G 联合实验室，通过紧密合作展开更深入的媒体融合创新。芒果超媒在虚拟人创作与生产技术方面积累丰富经验，秉承着开放、包容、共享、共赢的合作理念，与中国移动咪咕公司等合作伙伴通力合作，共同应对媒体行业在新技术环境下的发展新机遇，共同努力创造全新的价值。

三、发展与总结

芒果超媒秉持以技术创新为引擎，引领业务不断发展。未来，将扩大优势资源的影响力，以芒果超媒独有的 IP 为基础，为系列化产品的开发铺平道路，构建芒果 TV 元宇宙，打造芒果 TV 元宇宙的行业优势。

参考文献

[1]李凌. 乘风的芒果能否再破浪[J]. 经理人，2023(6)：20-30.

[2]曾德祺，胡雨竹. 传媒企业战略研究[J]. 中国经贸导刊，2022(6)：88-89.

二、体育元宇宙

随着 AR、VR、云计算以及人工智能等前沿技术的迅猛发展，体育产业和元宇宙的深度融合正在全面展开。从运动员的训练方式到观众的比赛观赏体验，再到粉丝的互动方式以及推广营销手段等各个层面，这一融合呈现出强大的天然优势。

传统体育科技的应用与体育产业在沉浸式体验方面的目标形成相互补充，使体育元宇宙呈现更加系统化的趋势。在国外，体育产业已经建立了专业化和成熟的商业运营体系，为体育元宇宙的发展奠定了坚实的基础。在这个过程中，重新构思特许经营体系、探索全新的商业模式，已经成为使体育产业实现"元宇宙化"的关键价值（罗恒、钟丽萍，2023）。

1. 体育元宇宙发展提速

体育元宇宙的快速发展是不可否认的趋势。可以说，体育行业与元宇宙的融合具有显著的优势。体育的本质特征天然适应了元宇宙的核心特点，如社交性、开放创造和经验分享等。体育活动一直以来都是一种群体性活动，这与元宇宙追求的社交互动完美契合。另外，体育一直是前沿科技的试验场所，近年来，AR 和 VR 等技术已经在体育领域得到广泛应用，为体育赛事和活动场景引入元宇宙空间打下了坚实的基础。

在元宇宙的迅速布局中，体育产业也起到了关键的推动作用，这一现象背后受到了多种因素的驱动，包括技术进步、环境影响以及用户消费行为的变化等。

从技术层面来看，元宇宙的发展离不开多项关键技术的支持，其中包括 5G 通信、云计算、区块链、XR 以及 AI 等。尽管这些技术目前尚未完全成熟，无法完全实现元宇宙的愿景，但体育科技已经具备了较为强大的应用基础，技术的不断进步已经使虚拟体验足以重新定义传统体育活动的"现场"概念（徐超强、李碧珍，2023）。

2. 体育产业布局元宇宙的主要形式

元宇宙技术落地体育产业后，具体有以下三个发展形式，如图 4-6所示。

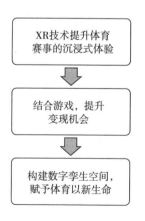

图 4-6　体育产业布局元宇宙的主要形式

（1）XR 技术提升体育赛事的沉浸式体验。将 XR 技术与体育观赛相融合已经不是什么新鲜事物。然而，随着 XR 技术的升级，XR 直播体育赛事在观众体验方面迎来了显著的提升，尤其是社交互动元素的融入。

从更宏观的角度来看，AR、VR 等技术在体育领域的应用已经相当普遍，元宇宙直播等新兴概念正在改变观众与体育赛事的互动方式。通过这些技术，可以提供更具互动性和沉浸性的观看体验，不仅促进了观众之间的联系，也让用户产生身临其境的感觉。

（2）结合游戏，提升变现机会。基于 VR 设备的体感互动性与体育运动有着天然的契合度，因此在 VR 游戏中，体育主题一直以来都很常见。而随着元宇宙概念的崛起，体育 NFT（非同质化代币）游戏迎来了新的发展机遇。

在游戏的参与感和刺激感等感官的作用下，体育赛事的娱乐性逐渐增强，有效地延长了体育 IP 的寿命。此外，区块链游戏的兴起，同样是在这一基础上成功实现了数字资产的长期保值，在元宇宙理念下，游戏产业与体育领域融合的优势一览无余。

（3）构建数字孪生空间，赋予体育以新生命。新一代游戏引擎和渲染技术已经逐渐演变成了创造 3D 虚拟体育世界的重要的工具。社交媒体平台上，体育爱好者纷纷在虚拟世界中自发地打造自己梦寐以求的体育乐园。在这个虚拟运动场上，身处不同地理位置的体育狂热者可以跨越地理和物理的限制，以虚拟身份会聚一堂，购买并佩戴其最喜爱的俱乐部的商品，与同样热爱体育的粉丝一同欢庆体育盛事。

三、教育元宇宙

1. 元宇宙如何赋能教育领域

元宇宙的出现，有望使教育领域得到发展，具体赋能方式如图 4-7 所示。

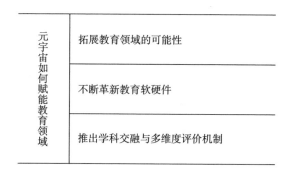

图 4-7 元宇宙如何赋能教育领域

（1）拓展教育领域的可能性。

作为虚拟且无限的数字领域，元宇宙为教育界带来了前所未有的机遇。元宇宙突破了传统教育中地理和时间的限制，使学生和教师能够自由地开展课堂学习。更进一步地，元宇宙为学习者提供了更加丰富和沉浸式的学习体验，使共享教育资源变得更加便捷。此外，元宇宙还允许个性化定制学习场景和实践环境，有助于学生更好地将知识应用到实际情境中，提高教育的针对性和实际效果（李嘉豪、胡雪萍，2023）。

（2）不断革新教育软硬件。

在硬件方面，元宇宙的发展推动了先进设备的涌现，例如，虚拟现实设备和智能机器人正在极大地丰富和改变着传统的教育方式。在软件方面，软件的升级让人工智能、大数据和云计算等前沿技术逐渐渗透到教育领域，为个性化学习和智能教育的实现奠定了坚实的基础。

（3）推出学科交融与多维度评价机制。

元宇宙通过学科交叉融合与多维度评价机制，为教育领域注入了强大的能量。在学科交叉融合方面，元宇宙的兴起催生了一系列新兴教育领域，如 STEM（科学、技术、工程、数学）教育和人工智能教育等。这种跨学科融合不仅有助于培养具备创新思维和跨界合作精神的综合型人才，还更好地迎合了未来社会的发展需求。此外，多维度评价机制的实施颠覆了传统的应试教育模式，强调对学生学习过程、个性成长和潜力挖掘的关注（钟正等，2022）。

这一评价机制充分借助了大数据和人工智能等先进技术，以长期、全方位的方式对学生的综合素质进行评估，使教育更加贴合个体差异，为培养富有创新精神和发展潜力的人才铺平了道路。

2."元宇宙+教育"可延伸价值点

"元宇宙+教育"可从以下六个方面延伸价值，如图 4-8 所示。

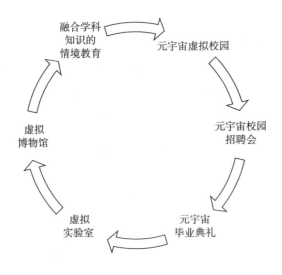

图 4-8 "元宇宙+教育"可延伸价值点

（1）元宇宙虚拟校园。

元宇宙虚拟校园是全新的教育平台，旨在创造具备可信度、高效率、低成本和全球化特点的学习环境，为学生提供丰富、全面和个性化的学习经历。

在元宇宙校园中，学生能够通过虚拟现实技术的帮助，仿佛置身于名校校园，探索不同文化以及学习各种技能。同时，区块链技术的应用也允许学生记录他们的学习成果和学习历程，构建个人的学习档案和信用评估系统。同时，学生有机会参与虚拟讲座和研讨会，与来自世界各地的学生进行互动和合作，从而提升其全球视野和语言能力，为学生提供更广阔的学术视野，促进跨文化的理解和合作。

（2）元宇宙校园招聘会。

在元宇宙中，能够促进教育与招聘活动的融合，从而打造出一场别开生面的虚拟招聘会。这个全新的理念，将为学生提供全面化、多样化的职业体验，有助于其更深刻地理解职业市场的现状和企业的需求，同时也能够提升学生的职业素养和竞争力。在这个虚拟招聘会中，学生将有机会进行虚拟面试并与各大企业互动，以更好地了解各种职位的详细要求和工作内容。

（3）元宇宙毕业典礼。

虚拟毕业典礼不仅为学生提供了传统毕业典礼的感受，还为其带来了更多的互动和参与机会。学生能够将自己的虚拟头像和声音融入毕业典礼，与同学分享自己的毕业心情和成长历程。这一特殊的毕业典礼还能邀请名人或成功人士作为特邀嘉宾，为学生送上祝福和鼓励。此外，还可以提供毕业照拍摄服务，使学生可以在虚拟世界中选择心仪的场景和背景，留下宝贵的回忆。

（4）虚拟实验室。

虚拟实验室能够模拟实际实验环境，为学生提供安全、经济且高效的学习平台。通过虚拟实验室，学生可以进行模拟实验，积极探索科学知识，不仅能提升实验技能，还能培养科学思维能力。与传统实验相比，虚拟实验室消除了危险因素、降低了经济成本，为学生提供了更可控的学习环境。这种创新方式使学生能够进行危险性较高的化学实验等，无须担心潜在的风险。此外，虚拟实验室还提供了更多的实验机会，有助于学生更深入地理解课程内容，提高学习成绩。

（5）虚拟博物馆。

虚拟博物馆不仅是知识的陈列馆，更是激发学生对历史、科技产生浓厚兴趣从而深入探索的场所。通过身临其境的体验，学生可以直观地感受到历史和科技的迷人之处。这种环境能够鼓励学生通过实践和思考培养创新的能力和解决问题的能力。

虚拟博物馆教育不仅面向学生，也面向广大公众普及科学知识和历史文化，为大众提供了一个深入了解并欣赏科学和历史精彩的机会，可以提升社会的科学素养和文化传承。

（6）融合学科知识的情境教育。

"元宇宙+教育"是创新的教育方式，将学科知识巧妙地融入情境，为学生提供沉浸式学习体验，从而显著地提升学习效果。这一方法能够激发学生的学习兴趣和积极性，让其更加全身心地投入学习过程，使学生的学习体验更加丰富，帮助其深刻理解和记忆知识，提高知识的应用能力。

四、文旅元宇宙

在国家文化数字化战略的引领下，元宇宙为文化旅游行业创造了全新的理念、业态以及模式，释放出了巨大的创新活力。文旅元宇宙与数字时代的追求完美地契合在一起，为游客带来了前所未有的沉浸式体验，同时与文化场景互动，显著提升了游客的参与感和忠诚度。随着"元宇宙+"项目的逐渐展开，文化旅游产业不断地推动沉浸式场景的创造与更新，为游客提供丰富多彩且多元化的旅游体验。

1. 文娱元宇宙的发展现状

元宇宙已成为数字化改革的关键领域，在文化旅游行业中崭露头角，带来了独具特色的业态、全新的虚拟空间，以及全新体验的供应模式，正在掀起文旅元宇宙时代的沉浸式消费浪潮。

文旅元宇宙作为崭新的文化旅游消费理念，将数字技术与虚拟空间相结合。游客在文旅元宇宙项目中可以尽情地探索大自然和人文景观，同时满足各种多样化的消费需求，为其提供全新的体验。此外，文旅元宇宙还需要具备综合平台功能，以在元宇宙环境下支持创作、制造、服务和就业等方面的需求（叶飞，2023）。

近年来，文旅行业积极融合科技，将数字技术应用于产品创新，成为推动行业发展的关键手段之一。然而，目前国内文旅元宇宙应用仍处于概念构想和技术应用的初级阶段，距离实现高水平、广泛覆盖、多领域应用的目标还有许多挑战需要克服。

2. 文旅元宇宙的应用场景

文旅元宇宙是专门为文化和旅游项目设计的，旨在提供深度沉浸的消费体验。通常，文旅元宇宙利用自然或人文景观以及空间资源作为创意的灵感来源，通过数字技术将虚拟元素融入实际场景，为游客和用户创造全新的互动和体验方式，具体应用场景如图 4-9 所示。

图 4-9 文旅元宇宙的应用场景

（1）"元宇宙+景区"促进文旅交融。

目前，元宇宙相关技术在旅游景区的应用已经相当广泛，是文旅领域最早尝试的领域之一。通过实时地将虚拟模型或场景与实际环境相融合，为游客带来更多探索和体验的乐趣。从使用手机应用导览景区到夜间灯光秀，再到 AR 数字化景区，文旅元宇宙的应用逐渐满足了人、景、物之间多维度实时互动的游览体验需求。

（2）"元宇宙+博物馆"推动数智艺术重构。

元宇宙正积极推动数智艺术的崭新发展，主要体现在博物馆领域的创新应用，其中包括数智博物馆和协助线下博物馆的技术支持。在数智博物馆领域，运用了数字化、云化和人工智能等先进技术，以促进文物的采集、储存和展示等活动。与此同时，在 VR、AR 的帮助下，线下博物馆能够将珍贵的历史文物重新呈现给观众，实现崭新的效果。

此外，在数智艺术空间的应用方面，元宇宙能够提供独特的平台，构建与物理世界平行、跨越虚拟与现实的互动空间，使观展者能够沉浸其中，获得前所未有的艺术体验。

（3）"元宇宙+演艺"营造全新娱乐业态。

沉浸式演艺是全新的娱乐形式，将元宇宙技术巧妙地融入现代旅游演艺领域，创造了令人惊叹的娱乐体验。这种演艺形式以多元的创意重新塑造经典故事 IP，借助先进的技术手段，包括 3D 渲染、VR、全息投影等，将高超的技巧表演、精彩纷呈的故事情节和引人入胜的艺术表达相融合，打破了传统舞台和角色的束缚，使观众能够以多感官、全方位的方式完全沉浸在演出的情境和氛围之中，不断丰富演艺作品的内涵，同时也推动了演艺产业的创新发展。

3. 文旅元宇宙未来展望

在元宇宙的引导下，文旅行业正在积极不断地更新沉浸式场景，旨在营造更加吸引人的旅游体验。借助数字技术的创新应用，景区得以达到前所未有的互动和参与程度，为游客呈现崭新的文化感知方式。无论是从宏观还是从微观的视角进行审视，元宇宙都为沉浸式景区的发展指明了明确方向。元宇宙通过模拟现实、构建栩栩如生的情境互动和消费体验，创造了超越常规生活、引人入胜的环境，为景区带来了全新的机遇和可能性。

文旅元宇宙的构建方式将虚拟与实际融为一体，与国家政策的支持以及数字化时代的需求紧密契合。尽管元宇宙应用仍然存在一些争议，但它展现出了巨大的潜力和发展前景（冯学钢、程馨，2022）。随着数字科技不断创新，可以预见元宇宙将在文旅产业中得到更广泛的应用，为产业的升级和转型注入新的动力。未来，虚拟与实际相结合的数字世界有望成为人类旅游的"第二发展空间"，而"元宇宙+文旅"这一新兴业态必定会为文旅消费开辟新的领域，为推动文旅行业的创新发展贡献力量。

第四节　元宇宙经济与商业模式

一、元宇宙虚拟经济

1. 元宇宙的天生优势

毫无疑问，在 2021 年元宇宙的概念成为备受瞩目的话题，吸引了大量的投资资本以及众多研究者的兴趣。目前，元宇宙可以分为两个主要发展方向，如图 4-10 所示。

与现实世界脱离的虚拟方向

加速与现实世界的融合方向

图 4-10　元宇宙的主要发展方向

一是与现实世界脱离的虚拟方向，继续扩展数字化领域，其中包括数字艺术、去中心化金融（DeFi）以及非同质化代币（NFT）等领域的代表性产品。

二是加速与现实世界的融合方向。在这个方向上，元宇宙的概念呈两种主要趋势：一种是与地理区域的发展相结合，另一种是与实际产业的融合。

企业在数字化转型过程中，可以借助创建数字孪生组织的方法，将现实世界与数字领域有机地连接在一起。这个过程包括实体世界收集数据，将这些数据传输到数字孪生实体中，数字孪生实体则汇集并关联分析这些数据，随后向实体世界发布具体的操作指令，最终由实体世界执行这些指令。这一循环不断重复，以持续更新状态和优化资源配置，满足用户的期望服务需求。企业可以使各种业务链中的不同角色和业务流程数字化，从而创建数字资产，并充分利用各种数字技术，如数据收集、挖掘和分析，以构建业务决策的坚实基础(关乐宁、单志广,2023)。

元宇宙经济是由创作者主导的体系,其构建和运营并非单一行业巨头的"私事",而是需要凝聚来自各个领域的合力,由广泛的用户群体共同共筑。每位参与者都能通过其独特设计为元宇宙贡献价值和力量,这种协同努力创造了多维互动的生态系统,使其中的实验仿佛更加贴近现实世界。

基于元宇宙的综合优势,进行沙盒测试可以更低的成本实现更全面的效果。想象一下这样的情景:在现实世界中建造商场之前,可以先在元宇宙中进行试运营,其中包括与其他元素互动,以观察它们对商场的实际影响,如它们是否会增加交通流量、吸引更多用户、改变用户的消费习惯等。然而,在现实世界中进行试运营可能会面临人员参与不足的问题,而且这样的尝试通常会带来高昂的成本。

早期的社交软件提供了很好的佐证。最初,它们的目的是实现便捷的沟通和信息传递,但随着时间的推移,逐渐演变成为交易平台。换句话说,用户的参与导致与最初设计的发展方向相去甚远。然而,元宇宙的显著优势在于,通过全面互动为用户呈现了更多的可能性。因此,元宇宙以数字形式独立存在,不受物理限制的制约,也不再受到物理世界的负面影响。

2. 元宇宙经济的驱动模式

元宇宙采用了创作者驱动的模式,构建了基于"利益相关者制度"的经济模型。在这个模型中,不再存在传统意义上的股东、高管、员工等区分,而是所有参与者共同参与"共创、共治、共享"的过程,如图 4-11 所示。

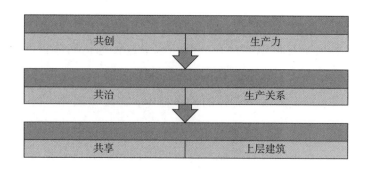

图 4-11 利益分割模式

经济体好比一个"大蛋糕",其中"共创"象征着共同参与蛋糕制作的过程,"共享"则代表了共同分享这个蛋糕的过程。与此同时,"共治"是指共同建立了蛋糕制作和分配的规则。这三个元素涵盖了元宇宙世界的生产力、生产关系和上层建筑,构成了基本社会结构的层面。在现实世界中,传统的中心化公司模式很少给予"共治"足够的空间,因此以区块链为基础的去中心化应用成为元宇宙前沿的代表。元宇宙是数字化的世界,更适合去中心化的管理。区块链技术的应用为"共治"提供了新的可能性,彻底颠覆了传统的工业模式和管理方式,同时也有望减少垄断,缩小贫富差距。

在元宇宙经济中,所有的持续贡献都会转化为用户的数字资产,并储存在加密账户中。随着元宇宙社区的壮大,用户有望通过数字资产升值获得额外收益。这种数字资产的增值不仅是对个体贡献的回报,也是整个元宇宙社区共同成就的结果。因此,只要妥善保管私钥,任何参与元宇宙的个体就都有机会从无资产者转变为有资产者,这表明元宇宙通过增加有资产者的数量,实际上正在实现普惠金融的目标(高尚,2023)。

当然,元宇宙的发展是一个渐进的过程,需要多个平台的协同作用,整合各方力量。当前阶段,元宇宙的确切定义尚未确立。在元宇宙的概念不断演进和发展过程中,可能会面临一系列挑战,如价格泡沫、资本控制、伦理冲突以及监管漏洞等。因此,个体参与者和监管机构都需要警觉潜在风险,并采取进一步措施规范相关行为。

● 专栏 4-4 ●

网易:元宇宙风口追逐者

一、企业介绍

网易网络有限公司(以下简称"网易")是我国领先的科技公司,在互联网应用、服务以及其他技术领域保持着国内领先地位。通过先进的互联网技术,网易致力于加强人与人之间信息的交流和共享,以实现"网聚人的力量"的愿景。作为互联网行业的佼佼者，网易不仅在技术领域取得了卓越成就，而且在推动元宇宙概念的发展方面走在了前列。

二、网易的元宇宙布局

1. 元宇宙虚拟方案

网易作为中国领先的科技和娱乐公司，近年来积极参与元宇宙领域的探索，通过对外投资和自身的研发努力，构建了一系列独特而深度融合的元宇宙解决方案。网易的特殊之处在于其在元宇宙的场景探索和技术赋能方面取得了显著进展。

（1）网易的投资布局。

网易在元宇宙领域的对外投资十分频繁，其中包括投资虚拟形象技术公司 Genies、虚拟社交平台 Imvu、虚拟交互式演唱会公司 Maestro、专注虚拟人生态公司次世文化以及 NextVR 和 AxonVR 两家 VR 相关公司。网易的全方位投资布局展示了其对元宇宙多元化发展的战略布局。

（2）网易的元宇宙实践。

在网易伏羲推出的沉浸式活动系统——"瑶台"中，网易形象成功地还原了线下敲钟仪式的场景，通过虚拟场景中的音视频通话功能以及平台直播动能，在虚拟场景中观礼嘉宾能够操控自己的"数字分身"在线见证敲锣时刻，体现了网易在虚拟现实技术上的领先地位，凸显了其对用户沉浸式体验的重视。

（3）对 To B 市场的关注。

除了对元宇宙的 To C 方向的布局，网易还发布了两个重要的 To B 解决方案。首先是"IM+RTC+虚拟人"解决方案，巧妙地运用了网易伏羲的"捏脸技术"，并且结合网易云信的 IM+RTC 能力，辅之以 WE-CAN 全球智能路由网络相。通过技术深度融合的方案降低了用户通过虚拟形象开展实时互动活动的门槛，使性能较低的终端也能通过摄像头或上传视频的方式，实现高质量的虚拟形象互动。其次是"游戏/VR 语音"解决方案，网易搭建了 spectrum reverb 混响模块和 shoe box 模型的反射模块，为了优化语音效果，构建了 720 度空间，不仅在水平方向上丰富了听觉体验，更在垂直方向上提供了更真实的声音反馈，为用户在元宇宙中获得身临其境的感觉提供了关键支持。

网易的 To B 解决方案凸显了其对技术深度的追求，通过结合不同技术模块，提供了更加全面、高质量的元宇宙服务。这也意味着网易在元宇宙市场具备了更强大的技术赋能，为用户创造更加丰富、真实的虚拟体验。

2. 元宇宙商业逻辑

元宇宙不仅是底层通信技术的开放，同时也包括商业范畴的安全风控和商业增长。用户接触到的内容规模远比移动互联网提供的内容更加丰富，其中 90% 以上是由用户创造的 UGC 内容。保护内容安全成为元宇宙的关键，为此网易提出了一套完整的虚拟世界数字内容风控解决方案。

(1)品牌-用户关系的变革。

元宇宙正在深刻地改变品牌和用户之间的传统关系，不再局限于简单的买卖交易。沉浸式互动体验催生了众多企业直接连接用户的场景，这很可能会进一步加速直销模式的流行。因此，网易明确了发展重点：致力于构建服务与营销的一体化闭环，以线上线下服务触点的建设为基石，赋能企业积累用户之声，从而优化用户体验，实现更加精细化的用户运营。

(2)安全保障体系的创新。

为解决内容安全问题，网易引入了以"机器识别+安全策略+人工审核"为核心的安全保障体系，不仅帮助企业降低了安全风险，还减轻了管理层面的工作负担，为用户提供了更安全的虚拟体验环境。

(3)商业模式的演进。

元宇宙的出现使企业更为注重用户参与和互动的商业形态。网易紧随潮流，明确了服务与营销一体化闭环的发展方向。通过构建线上线下服务触点，企业能够直接接触用户，了解其需求并积累用户反馈，从而优化产品和服务。

三、发展与总结

元宇宙的发展仍在不断演进，网易在这一领域的布局和拓展仍在路上。虽然起步较晚，但网易通过充分利用游戏基因，将元宇宙与 2B 市场相融合，展现了探索新领域的决心。随着技术的不断演进和市场的变化，网易元宇宙的发展或将在多个方面呈现丰富的可能性。

参考文献

[1]文烨豪. 巨头"拾荒"元宇宙[J]. 销售与市场(管理版)，2023(11)：90-93.

[2]任日莹. 虚拟现实，欢迎来到"元宇宙"世界[J]. 杭州，2022(18)：14-17.

二、元宇宙数字资产平台

1. 元宇宙数字资产平台的真面目

数字资产已经不再是一个抽象的概念，而是一种有力的战略，可以为社会数字经济和实体经济提供强大支持。这一战略依赖多种技术领域的支持，包括云计算、人工智能、扩展现实以及边缘计算等，这些技术不仅可以应用于各个领域，从普通用户到员工再到整个企业和社会的运营，更能推动现实世界与虚拟世界的融合，赋予实体经济全新的发展引擎。因此，为了推动虚拟经济发展，需要明确两个发展方向，如图 4-12 所示。

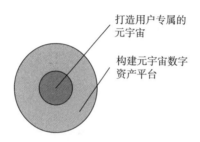

图 4-12　推动虚拟经济的两个发展方向

（1）打造用户专属的元宇宙。

与传统网络不同，共享网络的控制权不受单一实体的束缚，区块链在可组合性和透明性方面更加自由。在区块链上，游戏项目、DeFi协议和NFT艺术品本就难以组合，现在却可以通过共享的基础架构进行相互连接，实现无缝的价值转移。这一新兴数字生态系统建立在成熟的经济模型之上，能够实现快速的迭代和创新（张元林，2023）。

（2）构建元宇宙数字资产平台。

随着数字经济的不断崛起，元宇宙数字资产的需求也随之迅速增长。为了打造一个成功的数字资产平台，必须结合最先进的开发技术，整合明星娱乐内容，以及涵盖元宇宙电商、元宇宙演出、元宇宙办公和元宇宙游学等多方面的元素，确保在数字资产平台上发行的数字资产都能够在元宇宙中得到广泛应用，为元宇宙数字资产领域带来崭新的机遇和可能性。

然而，数字资产平台的后期运营和维护并非一劳永逸的事情，需要持续不断的技术研发和内容生态建设，包括挖掘娱乐内容文化、潮流文化和元宇宙数字文化等，然后通过数字化技术进行创作和发行，以丰富元宇宙数字经济和娱乐内容的多样表现形式，为元宇宙和数字资产领域的发展提供坚实的推动力和贡献（袁园、杨永忠，2022）。

2. 挖掘数字资产所有权的价值

如今，全球许多大型企业已经采用了租赁式商业模式提供数字资产。在这种模式下，用户并不真正地拥有所享受的音乐、电影和电视节目，以及用来构建虚拟身份的账户。相反，这些数字资产以某种方式租赁给用户，通常是通过订阅费或其他潜在的隐性成本，这些成本可能包括广告投放或数据挖掘。

然而，区块链技术、加密货币的出现，为验证数字资产的真实所有权提供了可能性。用户现在可以随意交易拥有的数字资产，不再受限于大企业的控制，这些技术正成为构建真正属于用户的元宇宙和元宇宙经济的重要推动力。与此不同，数字资产不再受项目开发团队的单一掌控，即使项目本身失败，这些数字资产也可以得到保留。

在区块链领域，用户终于有机会真正拥有数字资产，就像其实际拥有 DVD、衣物或其他物质商品一样。在区块链网络中，可转让的数字资产所有权和租赁的数字资产所有权之间存在显著差异。NFT 拓宽了虚拟空间中数字性能和身份的概念，仿佛是在模拟现实世界中的隐性社会结构，创造了与现实世界平行的虚拟世界，并提升了虚拟世界的真实感。

区块链网络还具有一个显著的特点，就是其出色的互操作性，这意味着所有在区块链上的项目都能够相互交互，从而构建一个高度连接的生态系统，并提供统一的用户体验。

用户可以在同一个区块链平台上进行多种操作，如向去中心化金融 DeFi 协议贷款、参与"边玩边赚"游戏等。在这些场景中，用户都能够轻松地访问相互关联的生态系统。由于所有操作都在同一个区块链网络上进行，可以确保用户的链上体验是一致且协调的，这正是构建元宇宙的关键要素之一。

三、元宇宙消费场景

1. 消费元宇宙的定义及特征

元宇宙消费是在虚拟三维环境中进行一系列交易，包括获取和使用各种相关产品和服务的行为。消费元宇宙的特征有五个，如图 4-13 所示。

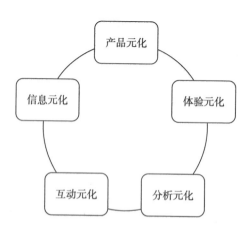

图 4-13　消费元宇宙的特征

（1）产品元化。

通过利用 VR 和 XR 技术，创造全新的虚拟场景，以强化品牌曝光，并引入数字化收藏品等新元素，从而满足用户不断增长的消费需求。这一趋势引起了剧本杀、房地产、知识产权、文化以及奢侈品等各行各业的浓厚兴趣。

（2）体验元化。

包括创造全新的虚拟体验，注重提供沉浸式互动。体验元化已经在零售、娱乐、历史、旅游、科普等领域取得了显著进展。

（3）分析元化。

在多个领域广泛应用的元宇宙技术，具备能够将实体物体转化为可再现的虚拟资源的能力。这一技术常常在航天、地球科学、军事、农业、工业、碳排放、城市规划，以及招聘等各个领域得到应用。

（4）互动元化。

通过将虚拟世界与现实相结合，元宇宙技术显著地提升了互动效率和体验。该技术常被广泛地应用于教育、组织党建、社交交往以及办公等领域，为这些领域带来新的可能性。

（5）信息元化。

元宇宙工具赋予了信息处理更智能、更自主的能力，并且通常在招聘、运营商、监管、医疗保健等多个领域中发挥着关键作用，提高了效率和精度。

2. 元宇宙中新型消费的价值

在消费元宇宙中，开展新型消费具有如下价值，如图 4-14 所示。

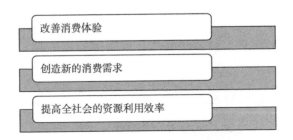

改善消费体验

创造新的消费需求

提高全社会的资源利用效率

图 4-14　元宇宙中新型消费的价值

（1）改善消费体验。

传统的消费方式通常包括人们之间的交流和与物品的直接接触。在这种情况下，用户可以通过亲自观察商品或者借助商家的介绍了解产品的特性，然后基于这些信息作出购买决策。在元宇宙中，消费则更多地涉及信息之间的直接互动。更确切地说，这是信息与信息之间的互动，因为在元宇宙中，个体被视为信息的一种表达方式。用户能够接触到关于商品的信息，这种信息不仅仅局限于表面信息，而是能够深入了解商品的内部数据和功能效果。

在元宇宙中，通过模拟环境的设定，用户能够直观地了解商品在特定工作强度下的使用寿命，以便确定其是否符合个人需求。元宇宙的实现有望打破用户与商家之间的信息不对称，减少用户之间的沟通障碍，为用户提供了一种可自由切换的视角，使其能够真正拥有自由探索的机会。

（2）创造新的消费需求。

元宇宙的诞生不仅突破了现实世界中时间和空间的束缚，还有能力重新塑造各种生产要素，为用户提供优质的商品，同时创造全新的消费需求。元宇宙的价值在于持续地突破物质对人类思维的束缚。在这一基础上，元宇宙内的消费实际上体现为信息与信息之间的需求，而不再是物质与物质之间的需求。因此，信息消费才是未来元宇宙中主要的消费方式（张宇东、张会龙，2023）。

与物质消费相比，信息消费具有独特的优势。信息消费能够迅速满足个体需求，而且不受时间和地点的制约。更重要的是，与实体商品不同，信息产品可以实现高度的个性化定制。商家可以根据用户的独特要求，提供各种不同的信息产品，只需要借助一套智能算法工具，这在物质商品领域是无法企及的。

基于信息产品的消费模式，用户的需求得以真正解放。人们可以在虚拟网络空间中摆脱物质压力的束缚，从而激发创造力和想象力。可以预见，随着元宇宙技术的不断发展，音乐、美术和雕塑等艺术领域将得到飞速发展。

（3）提高全社会的资源利用效率。

传统的资源分配方法通常强调了市场和政府这两种二元选择，社会需要在这两者之间作出取舍。无论社会是否能够找到市场和政府资源分配之间的最佳解决方案，都不能忽视在这个探索过程中浪费了大量资源的事实。此外，随着社会的不断发展，以前使用的资源分配模式可能已经不再适用于新的社会状态。

然而，在元宇宙的情境下，不同于一种商家或平台的营销工具，它更像是社会算法的整合体，其核心目标是维护整个社会的利益。通过元宇宙的智能分析，资源可以更加精准地匹配，而不再依赖市场机制或政府主导的方式。这种新的资源分配模式以元宇宙的智能分析为主导，同时以市场和政府政策为辅助手段，实现了资源更加有效地分配。

元宇宙技术的崛起已经使用户与其所需的商品之间能够建立更为紧密的联系，这种联系是一对一的，同时也能够根据个体用户的实际需求精准匹配商品。这一技术不仅显著降低了用户在寻找所需商品方面所需投入的时间和精力成本，还有效地避免了资源供应与市场需求之间的不匹配问题。

元宇宙的高级算法为商家提供了独特的能力，能够准确预测未来消费市场的走向。通过这些算法，商家能够避免供需失衡的情况，无论是供应不足还是供应过剩，都能够得到有效的规避，从而实现消费市场更为稳定和持续的发展。

四、元宇宙经济体系

元宇宙世界将跳过物理世界的农耕社会和工业社会阶段，直接进入数字社会。与传统社会不同，元宇宙的发展速度主要取决于计算能力和技术进步，遵循摩尔定律，这也是元宇宙未来的重要潜力。

同时，元宇宙经济将对传统经济学理论提出挑战。监管、信用、中介机构等概念将需要重新定义。例如，在元宇宙中，经济活动的本质是观念经济，不会受到这些限制。因此，这是元宇宙发展的关键因素，也是金融科技所能贡献的重要部分。

首先，传统的西方经济学观点认为，每个从事经济活动的个体都追求以最小的经济代价获取最大的经济利益。正如亚当·斯密（Adam Smith）在《国富论》中指出的："我们所获得的食物并非出于屠夫、酿酒师和面包师的仁慈，而是源于他们的自利动机。"这种"自利动机"被视为驱动现实世界中人类经济行为的主要力量。

然而，这一观点并不适用于 Z 世代（指出生于 1995~2009 年的人）。Z 世代是与互联网同步成长的一代，他们的第一部手机就是智能手机，他们最早接触的应用程序是游戏，他们的首次个人创作成果通常是短视频。这一代人具备成为元宇宙创造者的潜力，积极参与元宇宙社会，并通过这个虚拟社会改变现实社会，其主要动力可以归结为"创造+分享"。

其次，从需求的角度来看，在传统的经济体系中，经济发展受到了物理资源的限制。土地在农业时代是最基本的生产要素之一，但总的土地面积是有限的。因此，人们必须不断发展各种技术以提高土地的产量，并提高有限资源的利用效率，以满足自己无穷无尽的需求。

根据马斯洛的层次需求理论，只有在物质生活需求得到满足之后，人类才会追求更高层次的精神需求。然而，Z 世代的人们已经享受到了丰富的物质生活，因此他们更愿意寻求自我满足，关注更高层次的需求，如与他人建立情感联系、获得自身价值认可，或者追求艺术和美的享受等。

归根结底，元宇宙世界内的一切事物、关系和规则最终都以 0 和 1 的排列组合为表现方式。在元宇宙中进行生产，最主要的成本源自对电能的消耗，因此元宇宙内的资源不再受限于稀缺性，物品的价值也不再取决于稀缺性。价格变动的核心不再依赖物品中固有的无差别人类劳动价值，而是由社区的共识决定数字商品的价值。

类似于物理世界中的艺术品，这些产品大多是为满足人类精神需求而存在的，其价值往往不遵循劳动价值决定的理论。不同画家创作的作品价格差异巨大，尽管在物理世界中这种情况相对较少见，但在元宇宙中，所有商品（NFT）都具备了艺术品的特性，它们独一无二且不可替代。因此，元宇宙中商品的价值将由社区的共识决定。

在现实生活中，IP通常指的是无形的概念或知识产权。然而，在元宇宙中，一切都可以被看作IP，这意味着我们需要重新审视这个概念，并采用新的方法确保知识的真实性和权属。例如，在物理世界中鉴别一幅画的真伪时，通常情况下，专业人士会根据艺术家的风格、画作的特点进行鉴别。然而，在虚拟世界中，这个过程需要更多的数字编码和技术支持，而这正是区块链技术擅长的领域。

在传统经济体系中，边际效应通常表现为随着生产规模的增加，边际成本逐渐上升，而边际收益逐渐减少。这意味着在追求最大利润时，企业必须面对市场竞争以及规模扩张所带来的困难。然而，在元宇宙中，边际效应的情况却完全不同。在元宇宙中，所有的原材料都以代码的形式存在，由0和1排列组合而成。因此，不存在传统经济中的原材料采购、劳工雇佣、生产线建设、仓储物流等过程。生产可以根据需要随时启动或停止，而且生产出的产品永远有效且不会损耗。所以，在元宇宙经济体系中，生产成本几乎可以忽略不计。

篇末案例

三七互娱：玩转元宇宙新空间

一、企业介绍

三七互娱网络科技集团股份有限公司（以下简称"三七互娱"）是一家备受关注的A股上市企业，专注综合性娱乐业务。其经营范围涵盖游戏和素质教育，并积极拓展至元宇宙、AIGC、影视、动漫、音乐、泛文娱媒体、新兴消费等多个领域。三七互娱旗下拥有备受认可的游戏研发品牌——三七游戏，并专注游戏运营，旗下运营的品牌包括 37 网游、37 手游、37GAMES 等。三七互娱的使命是为全球带来欢乐，其不遗余力地追求卓越，并致力于文娱业务的可持续发展。

二、发展历程

在元宇宙概念的推动下，游戏产业成为六大核心技术之一，使游戏公司在进军元宇宙的道路上具备了天然的竞争优势，尤其是在虚拟角色建模、虚拟空间开发与运营方面。随着"元宇宙+"理念的崭新驱动，元宇宙开始与更多行业融合，促使更多领域的数字化进程迅速发展。

得益于早期在元宇宙领域的前瞻性布局和持续的资金投入，三七互娱在提升元宇宙内容的质量和生态方面取得了显著进展。通过科技、艺术和文化的有机融合，三七互娱正在将元宇宙塑造成企业文化的重要一环，甚至成为传播中国传统文化的关键窗口。

1. 投资聚焦元宇宙上下游优质标的

三七互娱正积极策划元宇宙实现之路，这一决策的背后深植于其多年在优质内容生态和虚拟现实产业链上下游的辉煌经验。三七互娱的战略布局并非随波逐流，而是在主营业务和核心技术实力的基础上，以全局规划为引领。

在元宇宙战略布局上，三七互娱紧密追随市场趋势，坚守一贯的战略思维，将优质内容生态作为立足之本。三七互娱紧盯元宇宙技术与产业发展动向，通过多元化的投资策略，覆盖了算力、半导体、光学、显示、整机、应用及底层技术等多个元宇宙底层领域，这种上下游合理布局为元宇宙生态构建奠定了牢固基础。

三七互娱在内容生态领域一直积极投资，覆盖了多种内容形态，包括 AR/VR、影视、动漫、音乐等，同时也涉足社交、体育健康等多个应用场景。三七互娱明确将 AR/VR 作为通往元宇宙的入口，并投资加拿大的 VR 内容研发商 Archiact，该公司的作品 *Evasion* 在 VR 游戏领域赢得了口碑，甚至跻身 VR 游戏历史前十，为三七互娱在元宇宙领域的深耕奠定了坚实的基础。

在基础设施和底层技术方面，三七互娱还进行了有针对性的投资，覆盖了光学模组、光学显示、AR 眼镜、空间智能技术以及半导体材料等多个领域，上述投资不仅为公司提供了关键的技术支持，还为元宇宙的发展提供了重要的支持和基础设施。

在当前元宇宙生态仍处于早期阶段的背景下，硬件、底层技术和内容是相互关联、相互促进的要素。三七互娱的战略布局始于其丰富的内容生态，然后逐步延伸，通过对元宇宙上下游领域的有针对性投资，保持了对硬件和技术发展的敏感度，从而能够及时响应市场的需求，为元宇宙的发展贡献了力量。

总的来说，三七互娱在元宇宙领域的战略布局不仅仅是追随趋势，而是基于公司自身的实力和经验，以全局规划为指导，通过投资和布局形成了完善的元宇宙生态拼图。三七互娱的坚持和前瞻性决策使其在元宇宙领域站稳了脚跟，为未来的发展奠定了坚实的基础。

2. 技术加码探索元宇宙沉浸式 UGC 生态

随着元宇宙的崛起，三七互娱凭借其丰富的游戏和娱乐产业经验，积极参与元宇宙的发展，不断加大投资力度，拓展领域，深化技术研究，以满足元宇宙对高度发展技术的迫切需求，从而提供更为优质的内容。三七互娱不仅在元宇宙的上下游进行投资，还专注提升核心研发实力，以满足元宇宙内容生态日益增长的需求。

元宇宙作为虚拟世界，其成功在很大程度上依赖卓越的技术表现，包括高精度、高性能的动作捕捉技术和开创性的 UGC 生态系统。三七互娱积极探索 AI 算法在动作捕捉领域的应用，以实现更出色的虚拟游戏体验。AI 动作捕捉技术不仅可以应用于数字人物驱动、VR 体验、影视动画制作，还能为 3A 游戏制作带来更大的可能性。通过不断的技术研究，三七互娱有望改善游戏渲染方式，提升游戏的可互动性、可访问性和可扩展性，从而夯实技术壁垒，迈向成熟的元宇宙形态。三七互娱牢牢坚持以优质内容生态为核心，以硬件、软件、服务和应用等元宇宙相关领域为中心，不断挖掘自身优势并将领先科技应用于元宇宙的各个方面。三七互娱将持续深入探索娱乐、社交、智慧城市建设等领域，创造更多全球化优质数字资产，为用户提供多元化的服务和创新体验。通过技术创新和持续的探索，三七互娱积极迎接元宇宙的机遇和挑战，致力满足元宇宙对高水准技术的需求，不断努力提升其内容生态的质量。

三、元宇宙产业价值

2022 年，三七互娱以元宇宙数字技术引领业务创新，通过元宇宙数字技术与公司业务多元化结合的方式，积极探索元宇宙新文创体验，释放元宇宙产业价值。

1. 将先进技术转为生产力，聚焦玩法创新

在现代数字娱乐产业，技术创新不仅是推动成功的关键要素，更是生产力的催化剂。三七互娱充分认识到这一点，以"研运一体"的战略理念为指导，通过技术的不断创新和积累，不断推动多元化产品的发展，实现高成功率。关键在于其强大的数据分析能力，以及人工智能和大数据技术的广泛应用，从而为游戏研发带来新的可能性。

（1）数据驱动的创新。

三七互娱的技术创新源自对数据的深刻理解和分析，其拥有一系列强大的数据分析系统，包括"雅典娜""波塞冬""阿瑞斯"。这三个系统覆盖了游戏自研发开始的全生命周期的数据分析。例如，"雅典娜"能够为三七互娱提供多维度的玩家数据，允许公司深入了解不同玩家群体的特征，探索玩家的关键行为，洞察各种关键指标的变化，从而实现精细化运营。

在人工智能普及之前，三七互娱已经开始探索如何运用人工智能技术代替重复的机械操作，提高研发效率。当前，三七互娱已将人工智能应用到数值测试、关卡设计、舆情监控等多个领域，以节约研发成本，同时为

创新提供了更多的空间。

（2）中台业务的核心作用。

中台业务已经成为顶级游戏厂商的标配，是打造游戏工业化管线的核心能力。三七互娱在这一领域的表现也非常出色，其研发的中台系统——"宙斯"充分利用人工智能和大数据技术，实现了从研发到运营的自动化和标准化流程，不仅使研发资源得以充分利用，还降低了各部门之间的沟通障碍，发挥了游戏企业中台化的优势。

（3）人工智能与大数据的生产力转化。

三七互娱正在将人工智能、大数据等先进数字技术转化为生产力，既简化了游戏研发流程，也提高了可控性，使研发团队能够更加专注玩法的创新。通过数据分析和人工智能的协同作用，三七互娱成功地改变了游戏行业的传统做法，实现了更高效的生产方式。

（4）深度应用和前沿技术。

三七互娱不仅停留在将人工智能和大数据用于现有流程的程度，还在探索新的领域。三七互娱开发了智能研发平台——"丘比特"，并结合业内前沿算法进行技术研究与应用。这一系列探索旨在全面提升游戏研发效率，降低成本，并在游戏开发中实现更多创新。

三七互娱通过数据分析、人工智能、大数据等先进技术的广泛应用，成功将技术创新转化为生产力，为游戏研发带来了更多的创新性和可能性。在这样的创新模式下，不仅让游戏研发变得更加简单和可控，还让研发团队能够更专注玩法创新，为数字娱乐产业的未来发展奠定了坚实的基础。

2. 拓展优质赛道，探索亮眼场景

三七互娱不仅专注游戏产业，还积极地探索更广泛的机遇。公司一直保持着对行业发展的紧密关注，以不断挖掘游戏科技和文化价值的可能性。为了实现内外资源的有机结合，三七互娱选择了具有前瞻性的优质赛道，这是对公司主营业务的有益补充。

在探索虚实融合场景方面，三七互娱紧密跟随元宇宙技术和产业的飞速发展，持续努力创新，旨在提供更为沉浸式的互动社交新体验。三七互娱的不懈努力在一系列具有创新意义的沉浸式体验空间中得以体现，其中包括全国首个"元宇宙游戏艺术馆"和独创的"非遗+元宇宙+露营"概念，打造的"非遗广州红"元宇宙虚拟营地，这些空间不仅是娱乐场所，更是一种前所未有的互动社交场景，让参与者沉浸其中，享受全新的感官体验。

在数字领域，三七互娱不仅推出了多款专题数字藏品，还成功打造了数字虚拟人品牌代言人——"葱妹"，从而进一步提升了产品的亲和度。数字藏品不再仅仅是传统意义上的收藏品，而是一种数字化的身临其境的体验，让用户在虚拟世界中感受到前所未有的乐趣。"葱妹"作为数字虚拟人，为产品赋予了更生动和亲切的形象，为用户提供了更贴近心灵的互动体验。

三七互娱在元宇宙领域的成功探索并非偶然，2016 年，三七互娱就敏锐地意识到元宇宙核心技术领域的重要性，开始积极投资相关领域。如今，三七互娱的投资广泛涵盖了算力、半导体、光学显示、整机、应用及底层技术等多个与元宇宙底层技术相关的领域，投资布局使三七互娱对元宇宙技术的发展方向拥有高度的敏感性，能够更好地把握技术发展的脉搏。

通过对元宇宙底层技术的多领域投资，三七互娱确保自身在元宇宙的发展中占据有利位置。基础技术的投资为三七互娱提供了强大的技术支持，使其能够更好地驾驭元宇宙的未来。投资策略不仅使三七互娱在技术研发上有了更强大的实力，同时也为其在元宇宙产业链的不断延伸打下了坚实的基础。

综合而言，三七互娱不仅专注游戏领域，还在多个有前瞻性的领域积极探索，以拓宽业务范围并寻求更多可能性。三七互娱的虚实融合场景探索和元宇宙领域的深入投资显示了其对未来科技和文化融合的执着追求。这种立足当下、着眼未来的战略为三七互娱带来更多增长机会，同时丰富人们的娱乐体验，成为行业的领先者。

3. 三七互娱海外投资，开创 Web3 领域新格局

随着元宇宙的全球火爆，Web3 生态的蓬勃发展正推动着这一概念的加

速实现。在当前形势下，海外 Web3 生态正在迅速扩张，商业应用的规模也不断扩大。因此，全球范围内的互联网巨头公司纷纷将目光投向海外 Web3 生态中的杰出企业，积极展开布局和投资。

三七互娱以其对海外市场的敏锐洞察和快速布局，已经在国际化战略上取得了令人瞩目的成绩。除了在产品领域的布局，三七互娱还在 2022 年采取了一系列引人关注的举措。例如，作为中国游戏企业中早期进军国际市场的公司之一，三七互娱在投资优质内容的基础上，积极参与了 Web3 内容生态相关领域的发展。

首先，三七互娱已投资元宇宙 UGC 平台 Yahaha Studio，以进一步支持创作者经济。在 Web3.0 时代来临的背景下，实时可交互的 3D 内容需求迅猛增长，推动内容创作方式由 PGC 向 UGC 和 AIGC 的演变，意味着未来移动互联网 UGC 内容的核心将建立在具有低门槛和提供高质素材模板的内容创作工具之上。

其次，三七互娱还投资了元宇宙社交平台 May.Social，进一步深入 Web3.0 社交领域，为构建多元元宇宙开放互联提供了有力支持。这是一个有望成为未来元宇宙的社交枢纽，将有助于不同元宇宙之间的互联互通，创造更为丰富多样的虚拟世界体验。

未来，三七互娱将继续紧密关注元宇宙技术的最新发展动态，积极探索元宇宙技术在实际场景中的应用，致力于打造更高质量的元宇宙文化和娱乐体验。Web3.0 生态的崛起已经成为全球科技产业的一大亮点，而三七互娱的积极投资和布局，标志着中国企业正在加快步伐，积极参与到这一激动人心的领域中。通过支持元宇宙相关企业和项目，三七互娱不仅为自身业务拓展提供了广阔的机会，还有望为中国的创新力量注入新的活力，进一步推动元宇宙技术和文化的蓬勃发展。

四、发展与总结

从游戏研发一直到游戏发行，再到元宇宙的勘探，三七互娱一直没有停下对研发领域的不懈探索。展望未来，三七互娱将继续坚定地前行，持续投入更多资源和精力，帮助公司实现更广阔的发展前景，确保公司的高质量稳步前行。

参考文献

[1]徐义涵. 多元化战略对游戏公司绩效的影响：以三七互娱为例[J].中国市场，2022(10)：89-91.

[2]三七互娱：积极承担社会责任，强化游戏双重功能[J]. 中外企业文化，2021(12)：20-22.

本章小结

本章主要讨论了元宇宙的相关内容。元宇宙从问世以来一直都是热门的话题，对新业态的加深了解有助于追赶时代的发展潮流。第一节介绍了何为元宇宙，对元宇宙的起源、产业脉络、发展空间及未来蓝图作了详细的描述；第二节阐述了元宇宙的发展"航路"，具体介绍元宇宙的虚拟表现、交互技术、孪生技术与产业化；第三节从元宇宙的产业融合入手，包括社交娱乐元宇宙、体育元宇宙、教育元宇宙、文旅元宇宙；第四节介绍了元宇宙经济与商业模式，对元宇宙虚拟经济、数字资产平台、消费场景与经济体系作了概括。

第五章 物联网

随着科技的不断进步和社会的不断发展，物联网已经成为当今数字时代的一个重要组成部分。本章将带领读者深入探讨物联网的概念、发展历程以及与工业互联的数智化新发展之间的紧密关系。让我们一起踏上这个充满无限可能性的数字之旅，探索物联网如何在不同领域中引领新的数智化发展，塑造未来的数字世界。

未来二十年，智能化技术和物联网技术将是两大战略性技术，物联网作为底层技术将支撑智能化时代发展。数字化趋势势不可当，复用、高效、低成本的公共数字化平台将助力中小企业抓住数字化转型机遇。

——中电海康集团有限公司董事长　　陈宗年

☆物联网如何作用于生活领域

☆工业互联的优化路径

☆物联网企业的价值创造

☆工业互联网产业链韧性的维护

海康威视：智联安防龙头

一、企业介绍

杭州海康威视数字技术股份有限公司（以下简称"海康威视"）创立于2001 年，是一家专注技术创新的高新技术企业。海康威视致力于将物联感知、人工智能和大数据技术服务各行各业，引领智能物联的崭新未来。通过广泛的感知技术，海康威视努力实现更紧密的物与人的互动联系，为构建智能化世界奠定坚实的基础。同时，通过提供多样化的智能产品，海康威视能够深刻洞察并满足不同需求，使智能科技触手可及。同时，海康威视通过不断创新的智能物联应用，致力于建立方便、高效、安全的智能世界，从而为每个人带来更美好的未来。

二、发展里程碑

自成立以来，海康威视一直致力于安防视频监控领域的发展，并围绕视觉物联提供全面的解决方案和大数据服务。

2007 年，海康威视首度推出摄像机产品，这一举措标志着公司在安防前端领域迈出了重要的一步。两年后，海康威视开始转型为一体化解决方案提供商，以满足用户的个性需求。

2010 年，海康威视成功在深交所上市，随后在次年跻身全球视频监控市场的发展前列，巩固了其在行业中的领先地位。

2012 年，海康威视积极探索深度学习人工智能技术，并于 2015 年正式发布深度智能产品，这标志着公司进入了智能化发展时期。随后，海康威视陆续推出了多款 AI 产品，确立了其在数字化安防领域的领先地位。

自 2021 年以来，海康威视将发展重点定位于"智能物联 AIoT"，积极将物联感知、人工智能和大数据服务应用在各行各业，引领智能物流领域的未来发展。

三、业务领域硬实力

1. 基于感知能力切入，积极拓展业务边界

在初期的发展阶段，海康威视以卓越的视觉感知技术为支撑，逐渐积累了在软件领域的实力。通过不断投入对人工智能等新兴技术的研发，公司积极参与企业数字化改革的浪潮。最初，海康威视主要专注视频板卡技术，随后逐步推出了一系列涵盖前后端的全面视频监控产品。在这一过程中，海康威视持续加强了其核心能力，即视觉感知。

随着时代的发展，海康威视不断向软硬件一体化解决方案合作商方向进行转型，其在综合安防领域的软件能力得到了显著的增强。海康威视已经摆脱了仅仅充当硬件合作商的角色，为用户提供多元化的解决方案，以满足日益多样化的需求。转型的关键在于海康威视逐渐积累了综合安防领域所必需的软件技术实力，为其在这一领域的成功奠定了坚实的基础。

随着人工智能技术的不断演进，安防领域成为最早应用这一技术的领域之一。在推动安防产业智能化升级的过程中，海康威视逐渐掌握了 AI、大数据、云计算等核心技术。借助这一机会，海康威视开始积极参与企业数字化转型领域，迎来了全新的增长机遇。

海康威视致力于协助各行业用户构建智能感知系统，并运用大数据技术协助不同领域构建认知智能系统。对于企业用户而言，实现深度数字化转型的关键在于将视频等感知设备视作重要的数据采集入口，通过收集这

些数据，有助于公司更全面地理解和分析业务状况。海康威视已逐步从满足辅助性需求（主要是与安保部门合作）升级到满足生产力管理需求，这意味着与不同业务部门的合作正在逐步深化。海康威视的技术和解决方案正在逐渐渗透到用户的核心经营和管理领域，从而强化了用户与公司之间的紧密联系和依赖度，上述发展趋势进一步增强了用户黏性。因此，海康威视在协助用户建立更智能的业务体系方面扮演着积极的角色。

海康威视在数字化转型领域的业务战略表现出极高的灵活性，不断扩展其业务边界。海康威视起初以基础设施为立足点，然后积极向应用层拓展，致力于为用户提供更丰富的附加价值。在实践中，海康威视坚持"三分技术+七分业务"的理念，深入研究各行业场景，以确保能够将用户的愿景转化为切实可行的解决方案。总体而言，海康威视将数字化转型解决方案划分为两个主要部分：一部分是相对标准化的解决方案，由公司独自完成；另一部分是对特定业务的深入理解，这部分则由用户或生态合作伙伴来实施。战略的实施不仅有助于确保解决方案与用户需求高度契合，还能够最大限度地满足了不同用户的独特需求。

2. 软硬件互为支持，形成庞大产品矩阵

自成立以来，海康威视一直专注于推动安防行业的不断进步。现在，海康威视已经构建了一套软硬件互通的产品系列，实现了云端与边缘的无缝整合。通过 HEOP 嵌入式开放平台（海康合湾），海康威视让各类智能物联网设备都能共享同一软件基础，从而显著提高了开发效率。

（1）硬件产品家族。

海康威视已经构建了坚实的硬件产品架构，这个架构包括"节点全面感知+域端场景智能+中心智能存算"三个主要组成部分。在节点层面，海康威视提供了涵盖多个领域的边缘产品，包括前端摄像机产品、智能交通与移动产品、门禁与对讲产品以及报警产品等；在域端层面，海康威视的产品涵盖广泛的行业，包括智能应用一体化设备、会议平板产品以及智能视频传输产品三大类产品。同时，海康威视的云中心产品一直在不断提升其存算能力，主要包括通用计算产品、智能计算产品、通用存储产品、流式存储产品以及大屏显示产品。这一产品架构使海康威视能够提供全面的硬件解决方案，满足不同领域的需求。

（2）软件产品家族。

海康威视的软件产品家族分为三个主要组成部分，包括软件平台、智能算法、数据模型。软件平台由基础平台、通用平台和行业平台组成，旨在为不同行业和各种智能应用场景提供全面的服务支持；智能算法包含通用算法和专业行业算法，可以满足各种不同行业的特定需求；数据模型主要侧重行业业务数据模型，以支持各行各业的大数据应用服务。

软件产品家族中的不同组成部分相互协作，以满足各行业和智能应用场景的多样化需求。软件平台为整个系统提供了坚实的基础，智能算法为处理各种问题提供了强大的工具，数据模型则为不同行业提供了丰富的数据资源，以支持大数据应用。提供这一综合性的解决方案，有助于提高各行各业的效率和智能化水平。

四、发展与总结

自成立以来，海康威视一直致力于将物联感知、人工智能以及大数据技术融入各个领域，为各行各业提供服务，持续不断地探索智能物联领域的新道路。展望未来，海康威视将不断扩展智能物联应用，为社会的各个方面带来智能物联技术的新奇和便利。

参考文献

[1]赵皎云. 海康威视：为智慧物流园区提供强有力的技术和服务支撑：访杭州海康威视数字技术股份有限公司物流行业解决方案专家卢亚鹏[J]. 物流技术与应用，2022，27（3）：126-128.

[2]王新明，唐艳. 刚柔并济　海康威视供应链数字化转型[J]. 企业管理，2021（12）：63-68.

第一节　物联网的概念与演进

一、物联网的概念及运作机制

近年来，物联网一直备受瞩目，无论是在专业领域还是在日常生活中，都能听到与物联网相关的话题。然而，对于物联网究竟是什么以及其潜在的应用的认识可能仍然存在一些模糊之处。

1. 什么是物联网

当初次提及物联网时，可能会感到既熟悉又陌生。这是因为物联网涵盖了广泛的领域，包括射频技术、智能穿戴设备、智能家电，以及快速发展的智能家居、智能交通、共享单车、无人机运输、智慧医疗等，但这些仅仅是物联网潜在应用的一小部分。

物联网是基于通信和感知技术的创新应用，具有巨大的潜力，可以彻底改变世界信息产业的发展格局，以及对生产和生活方式的影响，已经掀起了世界信息产业发展的第三次浪潮。

物联网是一种技术体系，通过各种信息传感器、射频识别技术、全球定位系统、红外感应器、激光扫描器等多样化装置，实时收集各类信息，如声音、光线、温度、电流、机械状态、化学性质、生物特征、位置等，用于监测、连接和互动各种物体或过程。这些信息可以通过各种网络接入方式传输，实现物与物、物与人之间的广泛互联，使物品和过程能够智能感知、辨识和管理。物联网能够将所有可寻址的普通物理对象连接成一个网络，实现了彼此之间的通信和数据共享。

"物物相连，万物互联"的概念在互联网的基础上得到延伸和扩展，形成了一个巨大的网络，将各种信息传感设备与网络紧密结合，实现了人、机器和物体之间在任何时间、任何地点的互联互通。通过使用信息传感设备，能够按照约定的协议，将各种物体连接到网络上，使它们能够通过信息传播媒介进行信息交换和通信，以实现智能化的识别、定位、跟踪、监控等功能。

物联网的出现颠覆了传统思维方式。在物联网时代，能够看到钢筋混凝土、电缆与芯片、宽带一体化，构建了统一的基础设施，这就是物联网的本质，将物理世界和数字世界融为一体。物联网的目标是消除地理限制，实现根据需求进行信息的获取、传递、存储、融合和使用等服务的网络。

2. 物联网运作机制

物联网同样是一个神奇的概念，其运作机制可以被简化为三个主要组成部分：传感器、网络连接协议以及云计算数据处理。

在物联网中，传感器起着关键作用，使各种物品能够接收、感知并获取信息。这些传感器可以是小巧的芯片，为产品赋予感知和数据处理的能力，即使是传统的家电产品也可以通过集成这些芯片实现智能化。

一旦产品收集到数据，这些数据需要上传到云端进行集中处理，这一过程依赖网络连接实现。物联网需要使用低功耗广域网络协议进行数据传输，以确保能够在低功耗和长距离的情境下高效传输数据。

物联网的最后一个重要环节是数据处理，这一环节的关键在于将采集到的原始数据经过复杂的算法和分析，转换成用户能够理解和运用的信息。这一步骤的执行通常依赖云服务器，因为它们具备足够的计算能力和存储资源应对庞大的数据流。一旦数据在云服务器上得以处理，它们会以更加易于理解和互动的方式重新呈现给用户，以便用户能够从中获取所需的信息，或者执行相关的操作。

物联网的发展前景让人充满期待。在 4G 时代，就已经看见物联网的雏形。随着 5G 商用的启动，人们似乎与理想中的物联网未来更接近了。从 4G 到 5G，这不仅是数字上的进步，更是技术上的一次巨大飞跃。

二、物联网的发展历程

1. 物联网的发展历程

物联网的发展经历了三个关键阶段，如图 5-1 所示。

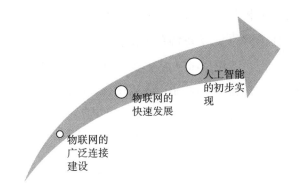

图 5-1　物联网发展经历的三个关键阶段

第一个阶段标志着物联网的广泛连接建设。在这一时期，越来越多的设备经过装备通信模块，通过各种连接技术，如移动网络、Wi-Fi、蓝牙、RFID 和 ZigBee 加入互联网。在此阶段，网络基础设施的建设、连接的建立和管理，以及终端设备的智能化都扮演着核心角色。

第二阶段是物联网的快速发展时期。大量连接到互联网的设备开始感知周围环境，生成了大规模的数据，构成了物联网的大数据资源。在这个时期，各种传感器和计量器等装置不断智能化，多样化数据得以感知和采集，然后在云平台上进行集中存储、分类处理和分析。

第三阶段标志着人工智能的初步实现，将为物联网数据的智能分析、物联网行业的应用和服务提供核心价值。在这一时期，物联网数据的潜在价值得以充分挖掘，企业可以对传感数据进行深度分析，并根据分析结果构建解决方案，实现商业变现。

2. 物联网行业现状

近年来，物联网技术更加完备，产业链也逐渐完善和成熟。因此，各个领域和行业，无论其发展水平如何，都在不断推动物联网的进步。这种交替式的推动扩大了全球物联网行业规模，使其呈现爆发式增长的趋势（姚日煌等，2023）。

可以说，5G 技术的正式落地将开启全新的物联网时代。在与物联网的关系中，5G 就如同 4G 与互联网的关系一样，是更高级别的演进。5G 的本质在于扎根通信，并将其逐步与一切事物进行互联。物联网则是建立在互联网基础之上，具备网络发展新特色的新阶段，通过将有线网络、无线网络与互联网无缝融合，广泛应用于网络融合领域（范成功，2023）。

近年来，政府积极出台多项政策，致力于推动物联网行业的蓬勃发展。在国家层面，许多地方政府纷纷发布物联网专项规划、行动计划以及发展愿景，为物联网产业提供了全方位的政策支持，如土地规划、基础设施建设、税收激励、核心技术研发和应用领域的支持，为物联网产业的增长打下了坚实的基础。

物联网已成为全球信息产业领域的第三次浪潮，引领着未来的科技发展潮流。目前，全球的物联网核心技术正在不断进步，相关标准体系的建设也在加速进行中，产业生态系统正迅速建立和完善。可以预见，在未来几年全球物联网市场将迎来飞速发展的局面。

3. 前景及挑战

物联网的升级需求为其带来了崭新的发展机遇，如图 5-2 所示。

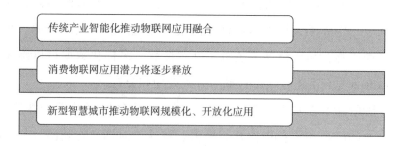

传统产业智能化推动物联网应用融合

消费物联网应用潜力将逐步释放

新型智慧城市推动物联网规模化、开放化应用

图 5-2　物联网的发展机遇

（1）传统产业智能化推动物联网应用融合。

物联网应用融入各个业务领域，涵盖工业的研发、制造、管理和服务等全流程。此外，农业、交通、零售等领域也在积极推进物联网综合应用的试点项目，为物联网的进一步发展提供了助力。

（2）消费物联网应用潜力将逐步释放。

从全屋智能系统的推出到健康管理可穿戴设备的研发，再到智能门锁和车载智能终端的推广应用，用户市场呈持续增长的趋势。随着共享经济模式的蓬勃发展，以及"双创"精神的指引，为这一领域带来了新的活力和机遇（马思宇，2023）。

（3）新型智慧城市推动物联网规模化、开放化应用。

全国各地的智慧城市建设已经从试点阶段逐渐过渡到全面建设阶段，这将促使物联网应用从小规模、封闭系统的应用向大规模、跨领域融合、开放式应用的发展方向迈进。

我国在物联网产业领域存在长期积累的核心基础能力不足的问题，高端产品依赖进口的情况较为严重，而原始创新能力相对不足。此外，随着物联网产业和应用的快速发展，也遇到了一系列新问题，如图5-3所示。

物联网发展遇到的新问题	在产业整合和引领方面存在明显不足
	物联网安全问题凸显
	标准体系不完善

图5-3 物联网产业发展遇到的新问题

（1）在产业整合和引领方面存在明显不足。

全球的科技巨头纷纷以平台为核心，积极构建产业生态系统，在兼并整合、开放合作等方式的作用下，其在产业链上下游的资源整合能力越发强劲。相比之下，我国缺乏引领产业协调发展的龙头企业，产业链的协同性能力较为薄弱。

（2）物联网安全问题凸显。

随着数以亿计的设备陆续接入物联网体系当中，用户隐私的保护、基础网络环境的维护成为重要话题，并且时刻面临不断增加的安全风险和威胁。当前阶段，物联网领域的风险评估不够完善，安全评测方面也尚不够成熟，这成为限制物联网应用推广的重要因素。

（3）标准体系不完善。

一些重要标准的研制进展较为缓慢，跨行业应用标准的制定也面临着困难，这导致难以满足产业紧迫需求和规模化应用的要求。

三、物联网在工业领域的应用

1. 什么是工业物联网

工业物联网融合了各种具备感知和控制能力的传感器和控制器，通过物联感知和通信技术将它们整合到工业生产过程的不同环节中。这一融合的过程旨在提高生产效率、提升产品质量、降低产品成本和资源消耗，最终推动传统工业迈向智能化的全新阶段。

工业物联网代表着物联网在工业领域的应用，但它不仅仅是"工业+物联网"的简单组合。实际上，工业物联网是一套支持智能制造的使能技术，通过将工业资源互相连接、数据共享和系统互操作，实现了生产原材料的智能配置、生产过程的精确执行、生产工艺的智能优化以及生产环境的快速调整。这一过程旨在实现资源的高效利用，构建一个以服务为驱动的全新工业生态系统。

2. 工业物联网的价值

（1）工业物联网推动产业转型升级。

物联网技术不断成熟，随着工业 4.0 等一系列国家战略的提出和实施，工业物联网这一概念应运而生，推动着工业体系开展智能化变革。工业物联网的应用领域涵盖了设计、生产、管理和服务等全生命周期的各个环节，是新兴产业中不可或缺的一部分。通过利用工业物联网改造传统产业，将不仅提高产业的经济附加值，而且有效推动经济发展方式从生产驱动向创新驱动的转变（沈军，2020）。

（2）工业物联网契合产业应用需求。

在企业数字化转型的浪潮中，企业正积极采用工业物联网技术解决各种实际业务挑战。例如，通过使用传感器、仪器和仪表实时监测生产设备、原材料及员工状态，以实现智能化制造流程，从而提高生产效率和产品质量。此外，利用射频识别（RFID）等识别技术构建智能仓储系统，将其与生产流程紧密连接，以优化原材料的高效配置。另外，通过感知技术获取数据，从而实现设备的预测性预警，提供远程维护等服务。工业物联网在工业制造领域的广泛应用，有望改善产能过剩和成本压力等问题。

（3）工业物联网助力智能制造。

制造行业正面临一项紧迫的战略任务，需要提高生产效率、实现节能减排，并进行产业结构调整。工业物联网技术将在企业的生产、经营和管理方面引发深刻的变革。智能制造具备自感知、自学习、自决策、自执行和自适应等功能，是一种全新的生产方式。工业物联网的部署和实施为智能制造提供了坚实的基础。智能制造将结合工业物联网，合理调配供应链资源，以提升生产和服务效率，从而推动制造行业的智能化管理模式创新（邵泽华等，2023）。

3. 工业物联网的典型特征

工业物联网的六大典型特征如图 5-4 所示。

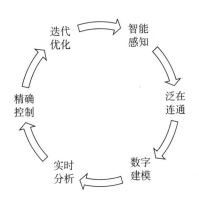

图 5-4 工业物联网的六大典型特征

（1）智能感知。

智能感知乃是工业物联网的基石。当工业生产、物流、销售等多个产业领域面临庞大的数据涌入时，工业物联网利用传感器、射频识别等多元感知技术，积极收集工业全生命周期内各个层面的信息数据。

（2）泛在连通。

泛在连通作为工业物联网的先决条件，对工业资源的互联互通具有至关重要的意义。工业资源通过有线或无线方式相互衔接，或者与互联网相连，以构建便捷高效的信息通道，使工业资源的数据能够互相关联，从而拓展机器与机器、机器与人、机器与环境之间连接的广度和深度。

（3）数字建模。

通过将工业资源映射到数字领域，在虚拟环境中模拟工业生产流程。借助数字领域强大的信息处理能力，实现了对工业生产过程的全方位抽象建模，为工业物联网中的实体产业链运营提供了有力的决策支持。

（4）实时分析。

实时分析专注对感知到的工业资源数据进行技术分析，通过数字领域中的实时处理，识别工业资源状态在虚拟和现实空间之间的内在联系，将抽象的数据可视化，使之更直观，以便及时响应外部物理实体的需求和变化，为工业物联网系统提供及时的洞察和反馈机制。

（5）精确控制。

精确控制是通过感知工业资源的状态，逐步实现信息互联，构建数字建模和完成实时分析，将基于虚拟空间生成的决策转化为实际，在操作过程中下达可供理解的控制命令，实现对工业资源的高度精确管理，确保信息的无缝交互和协作。

（6）迭代优化。

工业物联网系统可以持续学习和改进，通过对工业资源数据的处理、分析和存储，构建出互联互通的知识库、模型库和资源库。针对工业资源的原材料、生产过程、制造工艺和制造环境，进行不断的迭代和优化，以实现最佳目标。

● 专栏 5-1 ●

恒宝股份：展望物联网数智未来

一、企业介绍

恒宝股份有限公司（以下简称"恒宝股份"）创立于 1996 年，是中国金融科技、物联网、数字安全及数字化服务领域的龙头企业。专注为银行、通信、政府公共服务部门、防务、交通和先进制造等领域提供全面的金融科技、物联网和数字安全解决方案。公司以在金融、物联网和数字安全领域积累的独特经验，成功为数十亿用户提供服务。

二、移动通信与物联网

随着全球现代化信息技术的普及和发展，物联网作为其中的重要组成部分已粗具规模。在物联网发展的过程中，许多国家将移动通信技术与互联网技术视为主要经济增长点，为各行各业带来了巨大的便利。移动通信技术的不断进步为社会各个领域带来了创新，而物联网技术在这一进程中的作用不容忽视。

1. 数据安全与物联网的优势

在当前市场上，普通 SIM 卡市场呈现趋于稳定的态势。为适应不同场景的需求，新型卡及应用逐渐增多。基于在智能卡行业的丰富经验和行业解决方案，恒宝股份致力于满足各类场景使用的需求，如 SIM 卡、5G USIM、物联网 M2M 智慧卡、eSIM 等产品，为用户提供方便快捷的底层通信能力，展现了强大的数据安全能力，同时整合了行业应用和终端集成服务，帮助用户更专注于实现业务稳定。

多年来，恒宝专注 SIM 卡、物联网 M2M 智能卡、eSIM 等产品的研发，同时提供丰富的卡端行业增值应用方案，致力于服务移动终端用户、消费电子设备商、工业制造商、汽车制造商等各行业用户，协助用户及时跟进市场需求，加速移动通信能力的融合，并解决集成过程中的困难，从而为迅速形成产品化提供助力。

（1）强大的开发能力。

恒宝股份拥有经验丰富的专业开发团队，能够迅速响应定制产品需求。这支团队具备多年的行业经验，能够提供全球和本地化的各种产品需求支持。

（2）优质的服务能力。

提供一站式解决方案，通过行业应用、安全产品和系统平台的全方位服务能力，解决用户在一站式开发和行业应用集成过程中面临的难题，保障用户更顺利地将新技术应用到其业务中，实现更高效的运营。

（3）稳定的供应能力。

恒宝股份拥有世界先进的生产设备、专业的生产管理和良好的生产环境，致力于维持一流的产品质量和交付能力，以满足用户的需求。同时，本着用户为本的原则，恒宝股份不断优化现有产品线和供应链管理，确保用户获得可靠的产品和服务。

2. 数据安全与物联网的未来

恒宝股份以其多元化的产品线和强大的研发实力，正紧密契合数字化时代的脉搏。恒宝股份的主营业务围绕智能卡、数字化安全和物联网等核心领域，不仅在市场上拥有强大的竞争力，为更广泛的用户群体提供了优质的数据安全和物联网解决方案。同时，恒宝股份的主营业务在市场上备受认可。核心产品的热销不仅赋予公司强大的市场竞争力，也使其在众多行业中建立了坚实的用户基础。

恒宝股份的战略规划不仅着眼当前市场的需求，更积极拓展新兴领域。大数据和区块链等技术的引入，使恒宝股份能够更好地适应科技发展的潮流，为未来的市场竞争提供更多选择和支持。在数字化和安全需求持续增长的趋势下，恒宝股份有望持续受益于市场的旺盛需求。

恒宝股份的竞争优势不仅在于产品，更在于其强大的研发实力和技术积累。在智能卡、数字化安全、物联网等领域，恒宝股份拥有多项核心技术和专利，具备持续自主创新的能力。长期战略合作关系的建立，使其与知名企业形成紧密的技术合作网络，共同推动技术创新和市场扩展。恒宝股份在销售网络和售后服务方面能够及时响应用户需求，并提供高效的售后服务。

三、发展与总结

在数字经济蓬勃发展的大潮中，恒宝股份坚定地抓住机遇，努力赋予自身数字化的动力，全力推动蜕变和不断提升，以实现时代使命为己任。未来，恒宝股份将坚定建设成为世界一流企业的目标，迈向更广阔的航程，坚定而有力地前行。

参考文献

[1]郭一格.物联网中移动通信技术的有效运用[J].科技与创新，2021(20)：166-167，169.

[2]罗颖婷.5G安全标准化进展研究[J].江苏通信，2023，39(4)：130-133.

四、物联网对社会生活的影响

随着经济和社会的数字化转型步伐加速以及智能技术的不断提升，物联网已经成为新型基础设施中不可或缺的一部分。在这个充满万物互联的时代，数字技术已经深入人们生活的方方面面，对社会生活产生了深远的影响，如图5-5所示。

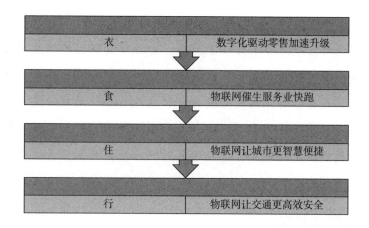

图 5-5　物联网对社会生活的影响

1. 衣：数字化驱动零售加速升级

随着物联网技术的广泛应用，购物体验正在经历革命性的变革。传统的实体店购物正逐渐向在线购物过渡，这意味着用户可以随时随地使用智能手机或其他智能设备购买其所需的服装和配饰。

智能穿戴设备已成为时尚和科技的完美融合，为用户提供了独特的购物体验。这些设备不仅可以提供个性化的购物建议，还能够为用户提供定制服务，满足其独特需求，这种个性化的购物方式正在成为一种趋势，因为人们渴望在购物过程中能受到更多的关怀或专属的服务。

与此同时，物联网技术还使零售企业能够更好地了解用户的需求和行为。通过大数据分析和人工智能技术，能够精确地了解用户的购物偏好，甚至可以预测其未来的需求。这些数据驱动的能力使零售商能够实施精确的市场营销策略，并优化供应链，以满足不断变化的需求。

2. 食：物联网催生服务业快跑

在食品行业，物联网已经引发了巨大的革命。物联网技术的广泛应用使整个食品供应链变得前所未有的透明化。从生产阶段到最终配送，每个环节均可以被实时监控和追溯，显著提高了食品安全的标准。用户现在可以更加放心地选择食品，因为食品的来源可以轻松被追溯到。

除此之外，物联网的浪潮还推动了食品外卖和在线订餐等服务业的迅猛发展。无论是在家还是在办公室，用户都可以轻松地享受各种美食。与此同时，餐饮企业也得以扩大其经营范围，进一步提高了在市场中的竞争力。

3. 住：物联网让城市更智慧便捷

随着物联网技术在城市管理中的广泛应用，城市正逐渐转变成更智慧、更便利的环境。智能化的交通系统为城市交通带来了更高效、更安全的体验。通过智能交通信号灯的智能控制和实时交通数据的监测，交通拥堵问题得以有效解决（郑坚、王罡，2023）。

在智能楼宇管理方面，住宅和商业大厦正变得节能、高效。居民和员工可以借助手机应用轻松地远程控制家居和办公设备，实现了智能家居和智能办公的愿景，不仅提高了生活质量，还有助于能源的有效利用。

此外，物联网技术还在城市安全和环境监测领域发挥着关键作用，提升了城市的整体安全性和环境质量。城市安全系统变得更加智能，更容易监控潜在威胁，并采取相应的措施。同时，环境监测系统也能够实时监测大气质量、水质等环境参数，有助于改善城市的生态状况（王旭红等，2023）。

4. 行：物联网让交通更高效安全

物联网技术在改善交通出行方面产生了显著影响。智能交通系统和自动驾驶技术正迅速成熟，为交通运输带来了更高效和安全的未来。智能交通系统通过实时监测和分析交通数据，提供了有关交通拥堵和路况的信息，引导司机选择最佳行车路线，有力地缓解了交通堵塞和减少了出行时间。与此同时，自动驾驶技术的创新发展为交通安全带来了革命性改善，有望减少交通事故的发生，提高道路安全性。展望未来，随着智能交通技术的不断完善，人们的出行方式将更加便捷、舒适，交通系统的效率将进一步提升。

第二节 工业互联"四新"

一、数智新未来

1. 工业互联数智化转型的本质

5G 技术作为数字世界的支柱，承载着巨大的数字化潜力，与之并驾齐驱的 AI 技术则充当了数字世界的引擎，引领着创新的浪潮。数智化转型的核心目标在于充分利用先进的连接性和计算力，重塑各行各业的工艺流程，重新定义业务场景，从而实现生产力的提升。

近年来，数字经济呈现出蓬勃的态势，不同领域都在积极探索数字技术如何推动行业的创新和发展，以构建全产业链上稳定增长的综合生态系统。

工业 AI 也称工业智能，本质上是将人工智能技术与工业领域的场景、机制以及专业知识相结合，以实现设计模式的创新和生产决策的智能化应用。而 5G 技术，具备高速率、低时延、高可靠性等特点，完美地满足了工业制造、能源电网、交通港口、教育医疗、农林牧渔等产业互联网场景的发展需求。结合云计算和大数据技术，这些数据可以被高效地存储、分析和计算。随后，引入人工智能技术，利用强大的计算资源和先进的算法，对数据进行深度处理，以挖掘更多的潜在价值。

人工智能与制造业的融合将 5G 大数据与 AI 智能结合，为工业制造注入了强大的动力。这不仅仅是简单地将物联网与工业设备连接云端，而是更深入地将科技应用于工业实际场景中，以引导、赋能、提升和保障生产过程的各个环节，从而真正提高工业生产的速度和效率。这是工业互联数字化转型的核心本质(黄光灿、马莉莉，2023)。

2. 数智化工业互联的应用场景

当前，复杂机械装备的仿真设计、制造工艺的优化、产品质量(瑕疵)

的检测、智能仓储物流、能源消耗的管理及安全管理等应用场景已成为突破口。5G 技术与工业 AI 的结合正在推动人工智能与工业的深度融合。这不仅是现代工业发展的必然趋势，同时也为人工智能的广泛发展提供了更加广阔的空间（Liu et al.，2022）。

随着数字化转型和新基建战略的不断推进，我国正在迅速普及 5G 技术，同时催生了大量融合了"5G+云+AI"的实际应用场景，成功实施了成千上万的 5G toB 应用项目。

随着人工智能技术在制造领域的不断渗透，机器能够在更复杂的情境下自主参与生产，进一步提高生产效率。目前，数智化工业互联主要应用于以下两个关键领域，如图 5-6 所示。

图 5-6　数智化工业互联的主要应用领域

首先是工艺优化。其包括利用机器学习技术，建立产品的健康模型，识别不同制造环节参数对最终产品质量的影响，最终找到最佳的生产工艺参数，以确保产品的高质量生产。

其次是智能质检。这一领域利用机器视觉识别技术，能够快速扫描和评估产品的质量，大幅提高了质检的效率。

随着这些技术的不断普及和实际应用，人工智能与制造之间的融合也在不断演进，以更好地适应工业制造的实际需求。

在新的经济环境下，制造工厂必须作出明智的决策，及时采纳新技术，并引入创新工具，以适应新的工业场景。只有通过客观科学的方式理解工业互联网数智化转型的本质，才能够更好地改善经营和生产，提高生产效率，降低成本，增加效益，从而提高企业的竞争力。

二、优化新路径

工业互联网是数字时代的重要产物，它深刻地将工业和互联网领域融合在一起。工业互联网扮演着产业数字化的基础设施和媒介的角色，成为传统产业数字化改革的支柱，也提高了产业链和供应链的现代化水平。

1. 工业互联网"三看"

从产业生态来看，工业互联网需要吸引众多不同领域的参与者，包括企业、科研机构、金融机构等，以建立跨界融合、开放包容和协同创新的产业生态系统。这种多元化的生态系统能够有力地推动工业电商、供应链金融等新业态和新模式的创新发展，从而促进产业的不断升级与演进（陈旭杰，2023）。

从发展路径来看，工业互联网通过建立全面的跨设备、跨系统、跨厂区和跨地区的互联互通体系，推动数据要素的流动，实现数据流引领技术、资金、人才和物资的流动，从而促进建立基于数据驱动的全新生产制造和服务体系。工业互联网一方面，有助于企业获取有价值的数据、降低运营成本，并提高管理效率；另一方面，有助于捕捉市场需求，提升产业协同发展水平。

从消费模式来看，工业互联网迅速实现供给侧和需求侧的精准对接，推动 C2M（用户直连制造）等模式的快速发展，为新商业模式和消费方式的不断涌现提供了动力。尤其是随着个性化定制和柔性化生产的广泛应用，传统的以工厂为中心的大规模制造模式正在向以用户为中心的大规模定制模式转变，工业互联网的创新发展持续取得新的突破。

2. 工业互联网优化路径

随着工业互联网的不断深化发展，其有效推动了众多企业，特别是中小型企业的"上云用数赋智"进程。这进一步助力了制造业、能源、矿业、电力等支柱产业的数字化转型和升级，为畅通经济循环、深化供给侧结构性改革、创新生产模式以及产业组织方式等提供了关键支持。近年来，互联网、大数据、人工智能等新一代信息技术迅猛发展并不断取得突破。在这一新形势下，进一步促进工业互联网的创新和发展需要依托以下两个新路径，如图5-7所示。

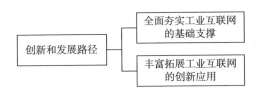

图5-7　促进工业互联网创新和发展的路径

（1）全面夯实工业互联网的基础支撑。

工业互联网的发展是庞大的工程，要依赖新兴技术，如5G和大数据等，提供必要的基础支持和促进协同创新。此时，需要加强新型基础设施的建设，全面提升数字化、网络化和智能化水平，同时积极推动5G技术在各领域的应用，以构建领先的网络基础设施、多样化的应用场景，以及具有产业特色的5G生态体系。此外，工业互联网平台作为核心，具有极大的潜力，能够显著优化业务流程、减少工业企业成本，并提高效率和盈利能力。另外，需要采取政府、企业和协会等多方合作的方式，充分依托各领域优势产业，以促进工业互联网平台的技术、产品和解决方案与制造业各个关键环节更好地协同。此外，还需要强化标杆企业的引领作用，选拔一批智能制造试点企业，同时建立工业互联网专家库，以引导中小企业主动与平台资源对接，从而有效降低企业数字化改造的成本。

（2）丰富拓展工业互联网的创新应用。

积极利用工业互联网，促进新产业和新业态的发展。在工业大数据应用方面，可以利用软件园、数据港等平台支持大数据及相关产业的发展。具体来说，有以下六项措施：

第一，要着眼智能产业，鼓励制造业和信息软件企业在工业互联网和人工智能等关键领域积极发展工业软件。

第二，要完善科技咨询服务，运用政府购买服务、市场化运行二者共同推进的方式，鼓励龙头企业为中小企业提供咨询和诊断服务。

第三，要建立"互联网+供应链金融"平台，支持金融机构充分利用工业互联网平台的数据，以更好地发挥供应链金融的产业聚合力，解决融资难题。

第四，需要探索工业电商的新业态，鼓励行业领军企业自行或联合建立行业电商平台，以迅速建立规模和竞争优势。

第五，要加速培育共享制造的新模式和新业态，通过工业互联网共享制造平台调动闲置资源，实现资源的跨企业配置。

第六，需要提高远程服务质量，鼓励龙头企业开发智能网联产品，以有效提升远程咨询、远程运维和故障实时诊断等服务的质量和效率。

●专栏 5-2●

新天科技：物联网智能产业开拓者

一、企业介绍

新天科技股份有限公司（以下简称"新天科技"）创立于 2000 年，作为中国智慧能源、智能表及系统领域的先行者，经过不懈努力和高速发展，如今已傲然成为该行业的领导者。随着科技的不断进步，新天科技不仅局限于智慧能源和智能表领域，还积极融入物联网工业领域，不断创新业务模式，为用户提供更智能、更便捷的服务。

二、业务及智造体系构建

1. 智慧水务系统

新天科技的智慧水务系统是汇集了云计算、大数据、人工智能、数字孪生、GIS 地理信息、自动控制、智能能耗分析等技术的创新性成果。该系统以水务公司为核心，涵盖了生产、管网、营销、服务、运营以及决策六大板块，包括 38 个子系统，构建了全面智能的水务管理平台。

（1）全面连接的水务生态。

智慧水务系统的核心理念在于将水务公司的各个方面有机地连接起来，构建综合性的系统平台，其中包括水厂生产、压力、水质、流量、能耗、二次供水等供水系统要素。通过云计算和大数据技术，实现从水源头到用户水龙头的流程化、智慧化管控，打通水务公司的信息孤岛。

（2）技术的深度融合。

智慧水务系统与工业互联技术实现了深度交融，使系统更加强大和智能。数字孪生技术的引入使水务系统的实际运行情况得以在虚拟环境中进行模拟和分析，为决策提供了更全面的依据。同时，GIS 地理信息技术的应用使空间信息和业务信息有机结合，为管网的优化提供了更科学的依据。

（3）运行数据的全面管理。

智慧水务系统通过全过程运行数据的采集和存储，实现了运行情况的可视化展示。运用人工智能技术进行调度分析决策，业务过程的管理得以更加高效。异常检测预警及运行能效分析的引入，进一步降低了管网爆管的风险和产销差。

2. 应用管理软件以及云平台服务

为了更好地满足用户需求，新天科技不仅提供高效的数据采集终端，还专注定制开发管理软件系统，以全方位满足能源管理部门的日常需求。通过多维度数据的采集，新天科技利用数据中台系统实现自动数据清洗、汇总分析，并通过直观的图表向各级管理者展示业务数据，从而提供精准的决策支持。

新天科技推出了基于 SAAS 云平台的智慧水务轻量级统一业务支撑平台，以进一步方便水务企业与用户的连接。该平台秉承 SAAS 云部署、模块化、轻量级的设计原则，通过提供多种线上业务办理渠道和自动服务终端设备渠道，实现了水务企业业务的电子化和在线化。

在这一创新平台上，水务企业可以通过"云缴费""云抄表""云巡检""云数据""云工单""云报装"等服务，更加高效地处理业务，满足用户需求。采用集约化管理的模式，成功连接了用户、员工、在线设备以及合作伙伴，形成了企业数据化资产，为供水服务提供便利和实惠。

3. 智能制造体系

智能制造体系是制造业数字化、网络化、智能化发展的关键路径，是信息化与工业化融合的必由之路。近年来，新天科技一直秉承着"产品在网上、数据在云上、市场在掌上"的智能制造服务新模式，引领制造业迈向数字化时代。通过深化信息化与工业化的融合，新天科技将5G、人工智能（AI）、大数据等信息化技术与工业互联网相协同，实现了智能制造的深度融合。

新天科技以自动化产线为基础，结合5G技术，成功打造了一系列应用场景。其中，5G+AGV物料配送、5G+智能仓储、5G+环境检测、5G+工业数采等场景的推出，为制造业带来了更高效、更智能的生产方式。不仅如此，新天科技率先将5G技术应用于智能水、气、热、电表的核心生产环节，为智能仪表制造业带来了颠覆性的变革。

三、发展与总结

在未来，新天科技将坚持不懈地以深入推动新一代信息技术与制造业的融合发展为主线。其将聚焦智能计量仪表制造，致力于积极推进智能产品设计与服务的新型能力建设，为制造业数字化转型与高质量发展提供有力支持。

参考文献

[1] 徐文杉. 上市公司可持续发展能力分析：以新天科技为例 [J]. 老字号品牌营销，2022（22）：172-174.

[2] 刘畅，刘胜利，王雪岩. 新天科技"四表合一"助推智慧城市发展 [J]. 建设科技，2017（16）：31-32.

三、应用新模式

工业互联网应用的六大模式代表了对新业态、新应用，以及新发展方式的积极探索。这些模式不仅是经验的总结，也是推动制造业向高端、智能和绿色方向发展的生动实践，为支撑工业经济的更广泛、更深度、更高水平的融合发展提供了有效的路径。

深入推进工业互联网六大模式需要着力突破传统思维，转变发展方式，并不断创新业务模式，以满足高质量发展的需求，这一过程将推动制造业的生产方式和组织结构发生根本性变革。

（1）平台化设计。

平台化设计采纳多元策略，包括高效轻量化设计、并行设计、敏捷设计、交互设计和基于模型的设计，以弥补传统设计方法的缺陷，涵盖了串行设计、反馈延迟、效率低下、周期漫长、成本高昂、设计与生产装配之间脱节和协同修订的难题。通过整合设计资源，如人员、算法、模型和任务，致力于实现云协同、资源共享和实时交互，旨在提高大中小型企业在研发设计领域的协同效率和质量，推动数字交付等创新设计成果的产出，不仅有利于提高产业竞争力，还有助于降低中小企业的研发设计成本。

（2）智能化制造。

智能化制造通过强化生产的智能化和基于实时反馈的智能制造，以解决传统制造业中存在的问题，包括生产运营数据缺乏、资产管理滞后、备品备件库存过高、设备故障率高、生产效率低、难以进行预测性维护等。借助新一代信息技术在制造业中的快速应用创新，智能化制造在两个主要方面展现巨大的潜力。

一方面，智能化制造可以提高生产过程的智能化程度，这是通过将感知设备、生产设备、控制系统和管理系统等元素广泛连接在一起实现的。这种广泛互联使工业现场能够实时感知和监测所有要素，实现各个环节之间的数据互通和集成，从而实现智能化的全方位管理和控制。

另一方面，智能化制造可以使生产环节更加敏锐地反映市场信息，这是通过数据分析和决策优化实现的，从而使生产可以更加智能地管理和运营，该方法允许企业作出更智能的决策，以更好地适应市场需求。

（3）网络化协同。

通过网络化协同，企业可以强化内部和全产业链的合作，从而解决传统合作方式中对人力资源的过度依赖，以及合作范围狭窄、效率低下和错误率较高等问题。这一方法依托合理配置用户、订单、设计、生产、经营等各类信息资源，以期提高企业内部的合作效率，打破不同部门之间的界限，动态地组织生产制造，有效地利用资源，缩短产品交付周期，并减少生产和交易成本。同时，通过推动供应链企业和合作伙伴之间的信息资源共享，这一网络化协同方法还能够增加产业组织的灵活性，促进新型产能共享等业态的快速崛起。

（4）个性化定制。

通过采用低成本、高效率的方式，满足大批量生产的需求，并与用户的高质量、个性化需求协同工作，致力于解决传统生产经营方式中存在的问题。通过深度互动，实现了个性化定制的革命性转变。这一变革创新了生产服务模式，使用户能够在产品的整个生命周期中积极参与。与此同时，鼓励企业发展以用户为中心的柔性生产能力，使其能够以低成本、高质量和高效率的方式大规模生产个性化产品，并在产品的设计、生产、销售和服务方面实现真正的个性化。

（5）服务化延伸。

以服务化延伸为核心战略，着眼提升效能和创造附加价值，致力于解决传统制造企业所面临的多方面难题，解决传统企业难以实时获取用户反馈和产品数据的问题，以及由于难以将价值创造环节延伸至价值链两端而盈利能力不足的困境。

企业应向更为复合的"制造+服务"和"产品+服务"转型，加大力度建立产品追溯系统、实施在线监测、提供远程设备运维、预测性维护。同时，引入设备融资租赁和互联网金融等服务模式，为企业提供全方位支持。通过现产业链增值服务，协助企业将无形资产和智力资本快速转化，加速迈向价值链的高端。

（6）数字化管理。

数字化管理是基于透明度、实时性和扁平化的管理方式，解决企业在资源分配中由于无法获得实时数据而面临的协调困境。同时，数字化管理致力于从庞大的数据中提取关键信息，通过建立以数据为驱动力的经营管理体系，实现高度灵活和高效的运营，帮助企业打通内部管理环节，推动可视化管理的普及，促进动态市场响应和资源分配的优化，以及智能战略决策的实施。

数字化管理的优势不仅体现在内部管理的改善，同时也在于为企业带来创新。通过优化甚至重塑企业的战略决策、产品研发、生产制造、经营管理和市场服务等方面，通过数字化管理构建以数据为基础的高效运营管理的新模式（鲁春丛，2021）。

需要特别强调的是，推动工业互联网的六大应用模式必须始终紧密与制造业结合，不能只空谈模式的应用与方法的创新，否则将无法获得源源不断的支持和坚实的基础。另外，还需要与工业互联网自身的发展步调一致，为制造业注入能力、智慧和价值，从而有力地推动实体经济提升质量、提高效率、降低成本以及增强安全性，实现绿色可持续发展。

四、生态新体系

工业互联网平台被视为构筑数字经济产业坚实的"基石"，在培育和增强数字动能以及为企业的转型升级提供有力支持上扮演着至关重要的角色。

1. 生态新体系打造着力点

打造工业互联网生态新体系需要注重以下着力点，如图 5-8 所示。

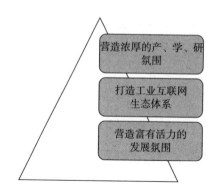

图 5-8 生态新体系打造着力点

（1）营造浓厚的产、学、研氛围。

工业互联网在企业数字化转型和智能制造方面发挥着关键引领作用。需要积极创建富有创新性的工业互联网产业生态系统，以加速工业互联网产业园的建设。因此，可以通过引入高水平的创新人才和技术创新团队，确保技术研发与成果转化之间的无缝衔接，同时集结工业互联网产业链上下游的企业形成合力，共促发展。

（2）打造工业互联网生态体系。

随着工业互联网平台融合应用不断向纵深发展，以平台为核心的生态体系逐渐壮大，以"平台+场景"的方式成功解决了工业企业的关键问题，通过"平台+技术"充分挖掘工业数据的潜在价值，以及"平台+行业"的协同努力，为不断推动制造业的数字化转型和经济高质量发展提供了新的动力（毛光烈，2022）。

在供给侧，工业互联网平台的参与主体不断扩大，目前一些具有显著行业和地区影响力的平台逐渐壮大；在应用侧，基于这些平台的解决方案已广泛渗透到工业领域的各个方面，不仅涉足了不同行业和领域，而且还在不断延伸和壮大，形成了新的工业互联网应用生态系统，包括由需求推动、技术融合和转型赋能等方面的发展。

（3）营造富有活力的发展氛围。

为了把握数字经济的重要战略趋势和潜在机遇，需要集中精力在五大关键行动领域展开工作，这些领域包括增强数字创新能力、优化数字经济布局、实现数字产业的千亿级突破、提升数字集群的综合实力，以及推动数字实体与数字技术的深度融合。同时，鼓励工业互联网服务提供商积极拓展国际市场，主动寻求交流与合作机会，与国际伙伴共同努力，为制造业企业提供更加高效、高质的数字化解决方案。

2. 新生态的价值

（1）推动产业体系新旧动能转换。

工业互联网是工业革命4.0的重要支柱，全面连接了工业生产的各个要素、全产业链和全价值链。加快工业互联网的创新和发展步伐，对塑造现代工业体系的各个组成部分具有积极意义。其中包括推动工业生产组织形式的革新和提高生产效率，以及建立基于集群式和开放式创新的新型科技创新体系。进一步地，这将从根本上促进产业体系的新旧动能转换（李丽、李君，2022）。

（2）遵循"离工业最近"原则，鼓励建设大数据分中心。

在推动工业互联网的发展中，大数据扮演着重要的角色。工业互联网大数据中心的使命在于汇聚、处理、分析以及分享各种数据资源，以推动工业经济中各要素、全产业链和全价值链之间的数据流通与共享，从而实现工业领域各类资源的有效协调管理和合理调配，同时充分发挥数据在核心生产要素中的关键作用，促进价值创造和分配。这个过程有望产生巨大的生产力乘数效应，引领新的生产关系形成，为培育全新的工业互联网产业生态奠定基础（黄洁、夏宜君，2021）。

在积极推动我国工业互联网大数据中心建设进程的同时，应该谨慎、有序地推进工业互联网大数据分中心的兴建。发展目标不仅能加速我国工业互联网的发展，更能提升我国工业经济和工业互联网的数据采集和监测能力。通过工业互联网大数据分中心的建设，更加有效地推动数字化、网络化和智能化的发展，特别是为中小微企业的发展提供有力支持。

第三节　连理之木：物联网与元宇宙

一、共荣共生：构建紧密关系

物联网和元宇宙的紧密结合将激发出一系列创新效应。当物联网技术与元宇宙概念相互交织时，将催生出新的商业模式、工作方式以及企业与个体之间的互动方式。这种融合不仅促进产品的不断升级和演进，还让用户能够更全面地享受消费、创造和获得经济收益。

可以说，元宇宙可被视为物联网发展的最终形态，其内部将呈现出充满可能性和无限连接的数字世界。

1. 元宇宙与物联网的关系

元宇宙代表了创新的 3D 虚拟生态系统，巧妙地融合了多种前沿技术，包括沉浸式技术、区块链、不可替代代币、人工智能和机器学习，以及物联网技术。这个虚拟生态系统构建在计算机生成的模拟真实世界环境网络之上，为用户提供了多功能场所，让其进行互动、创收、工作、社交和娱乐。

值得一提的是，物联网技术在元宇宙中十分关键，是整个基础设施的支柱，能够充分释放元宇宙的无限潜力。物联网技术与元宇宙的完美结合为科技领域的持续增长和发展提供了崭新的机遇。

首先，物联网的概念首次提出于 1999 年。该技术连接了计算机、数字设备、物体、事物和人，为企业提供了便捷的方式对其功能进行扩展，实现全球性的覆盖，使虚拟空间能够与现实世界实现无缝互动和访问。

其次，元宇宙技术为物联网设备提供了强大的 3D 用户界面，从而为用户提供了以用户为中心的物联网和元宇宙体验。诸如此类的组合不仅为用户带来了沉浸式的体验，还通过优化数据流程，为数据驱动的决策提供了支持，而且无须复杂的培训和繁重的工作。

最后，物联网设备的巨大潜力允许用户轻松地打造自己的数字化身份，为其提供更多的控制权和创造力，使其能够更加个性化地塑造数字化世界。

2. 物联网连接现实世界和元宇宙的路径

物联网连接现实世界和元宇宙的路径有三条，如图 5-9 所示。

图 5-9　物联网连接现实世界和元宇宙的三条路径

（1）云技术。

物联网和元宇宙之间的紧密联系在很大程度上取决于云技术的发展。众所周知，行业领先的云服务提供商已经成功实现了无限可扩展的云资源访问，为各种组织提供了数据的高效收集和处理能力。随着云原生平台的不断发展，未来几年将成为创新的推动力，帮助有前瞻性的开发人员构建新型应用架构，这些架构具备出色的弹性和敏捷性，以确保快速迎合元宇宙的需求。元宇宙的成功关键在于实现 AR 和物联网数据之间的无缝互操作，而这一创新将以云计算为基础，释放出一系列高级应用程序，有助于解决实际世界的各种问题（张金钟等，2022）。

（2）数字化身。

元宇宙的数字化身是基于强大的物联网架构和云技术支持的，该数字身份的形成离不开数据分析的帮助。物联网为这些数字人类对应的虚拟体验提供了重要支持，让用户能够在元宇宙中获得更加精细的模拟体验。有了元宇宙和物联网的结合，技术工程师可以创造数字孪生或复制品，使虚拟世界更贴近真实。

借助物联网，元宇宙将更接近现实世界的感觉，用户可以与物联网设备进行更多的互动，元宇宙的环境和流程也会变得更加复杂。这意味着在元宇宙中，用户可以参与更多沉浸式体验，从而无须经过繁重的学习和培训就能够更好地应对现实世界的各种情境。

通过元宇宙培训计划，学生有机会开发基于物联网和其他先进技术的项目，为元宇宙用户创造更加神奇的体验，有助于培养下一代工程师和创新者，推动元宇宙技术的不断发展。

（3）基于交互的计算。

在未来的元宇宙中，AR、VR 技术的广泛应用将彻底改变用户与物联网设备互动的方式。用户将很难分辨他们是在真实环境中还是在虚拟环境中与这些设备互动，而这一切将大幅提升用户的体验，使之更加生动化和情境化。在物联网的支持下，各类先进的传感器，如运动检测、人工智能辅助的传感器，以及量身定制的数据收集装置，将能够实现更加身临其境和交互性极强的计算体验。

物联网的主要目的在于构建紧密联系物理世界和数字领域之间的不可或缺的纽带。为了应对不断复杂化的数字环境，开发更为复杂的物联网基础设施至关重要，这样的基础设施能够为元宇宙提供强大支持。通过物联网的应用，个体可以轻松地实现在这两个不同世界之间的无缝过渡。将数字化与物联网生态系统相互融合，有助于构想互联网未来的面貌（王艳群，2023）。

二、大有可为：打造数字世界

1. 元宇宙、物联网和人工智能之间的关系

人工智能、物联网和元宇宙是三项潜力巨大的技术，三者的融合开辟了高度沉浸式和紧密相连的数字世界，为创新、合作和沟通带来了前所未有的机遇。这些技术的独特之处在于它们的综合应用，能够将整个基础设

施智能化，创造深刻且人性化的解决方案，使人们能够更深入地理解各类工业过程，并体验到崭新的世界。

人工智能实现了对物联网所产生的海量数据的实时获取，从而实现更高效的自动化、更智能的决策。也就是说，人工智能可以利用从物联网设备中收集的数据，以更加智能的方式管理和控制各种系统，使决策过程更加精确和高效，该融合将为企业和组织提供更强大的技术支持，以应对不断变化的需求（高微等，2023）。

在元宇宙中，人工智能能够用于创造更具吸引力和逼真的虚拟环境。它不仅提供了动力，改进元宇宙中的视觉和交互体验，还支持了智能虚拟助手和其他可与用户进行互动的虚拟代理的发展。这些虚拟代理可以成为用户在元宇宙中的向导、合作伙伴和助手，为其提供更加个性化和丰富的互动体验（杜兰，2023）。

相应地，物联网可提供基础设施，用于传输和汇集来自各种设备的数据，以便在数字领域和物理世界之间建立一种无缝的信息流。元宇宙为用户提供了高度互动和创新的方式，使其能够与数字对象和周围环境进行深入交互。

2. 元宇宙技术的交融

（1）元宇宙和物联网的融合。

物联网是具有物理实体的网络，与软件、传感器以及其他技术相互连接，通过互联网实现与其他设备和系统的数据交换和互联。这一技术能够影响通信、自动化、全球 IT 支持系统和商业流程等多个垂直领域。

另外，元宇宙构建了虚拟世界，通过技术手段改变个体周围的环境，创造极致的用户体验。当这两种技术领域相互交汇时，它们会成为实现虚拟世界和现实世界互动和交流的桥梁。简而言之，二者能够从成千上万的设备中采集数据，然后将这些数据注入虚拟世界。

上述融合也为使用者创造了全新的机会，不仅能够进一步丰富元宇宙的内容和互动性，也能够提供更多优化物联网应用的可能性，将其与虚拟世界更紧密地结合在一起，不仅能够改变互联通信方式，还能够深刻影响自动化和业务流程，成为未来科技发展的关键领域之一。

（2）元宇宙中的人工智能。

元宇宙的概念正在蓬勃发展并受到广泛的欢迎。在这个全沉浸、高度互动的虚拟世界中，人工智能被寄予了厚望，有望发挥关键作用。其中，允许用户与虚拟环境互动，从而创造了无限的可能性。

人工智能将扮演多重角色，为元宇宙的发展和运营提供关键支持。人工智能可以被应用于多个领域，包括自然语言处理、智能 NPC、用户个性化体验、自动驾驶汽车技术以及元宇宙内容的创作。以上人工智能应用将为用户提供更加身临其境的体验，增强其参与感，并创造出更加个性化的虚拟世界（钱学胜，2022）。

3. 三大技术融合的益处

人工智能、物联网和元宇宙技术融合带来了众多益处。

（1）提升自动化水平。

人工智能、物联网和元宇宙技术的协同应用在任务自动化方面发挥了巨大作用，不仅提高了效率，还降低了成本。具体而言，物联网设备与人工智能传感器的融合使数据的实时采集和分析成为可能，这为企业提供了机会简化运营流程，并使其更明智地制定决策。

（2）增强用户体验。

元宇宙中的用户体验丰富多彩，而当人工智能和物联网技术相互融合时，用户体验会更加丰富，以满足不同用户的偏好和需求，为用户带来更多的乐趣，并使其产生满足感。

（3）提升安全性。

人工智能和物联网技术的应用使元宇宙成为更加安全、更值得信赖的环境。具体来说，物联网设备能够实时采集和分析数据，以防止潜在事故的发生，并确保用户的安全。同时，借助人工智能算法，潜在的安全问题得以监测和检测，确保安全风险的最小化。

● 专栏 5-3 ●

宝通科技：被低估的元宇宙龙头

一、企业介绍

无锡宝通科技股份有限公司(以下简称"宝通科技")成立于2000年，专注百年通工业输送、宝通智能物联、宝强织造等产业协同平台的建设。以"先进输送技术与数字化服务创新中心"为科技孵化载体，宝通科技秉持科技创新和可持续发展的理念，通过积极发挥产业链优势，为行业用户提供安全可靠、节能高效、绿色环保、智能互联的工业散货物料输送产品、技术与服务。

二、工业互联与元宇宙双轮驱动

1. 元宇宙：打造概念龙头

宝通科技的核心业务是以工业传送带为基础，逐步拓展至智能传输、工业互联和智能物联等领域。宝通科技通过积极投资和孵化，成功实现向移动互联网的转型升级，形成了以工业互联与移动互联双轮驱动的独特发展模式。在A股市场上，宝通科技是首家，更是唯一一家以工业场景为基础逐步实现无人化管理的元宇宙概念股。

宝通科技的元宇宙战略并非孤立进行，而是通过战略合作的方式，结合工业场景软硬件应用和内容生产进行布局，使其在元宇宙领域既有形体实体，又有灵魂内核，可谓是形神兼备。

2. 工业互联：成就智能输送

宝通科技在矿山智能输送领域取得了卓越的成绩，不仅如此，还在矿山智能运营服务方面进行了深入布局。通过数字化改造智能输送系统，宝通科技运用自身的软硬件技术和算法，致力于构建智能化和无人化的输送系统。同时，宝通科技与踏歌智行、哈视奇、一隅千象等战略合作伙伴积极联手，共同构建数字孪生场景，为下游客户提供全流程智能化运营集成服务。

在宝通科技战略规划中，下游露天矿业务被明确为关键的发展领域，而在这一业务场景中，无人驾驶矿车已经成为物料输送的不可或缺的组成部分，被视为实现露天矿智能化发展的必由之路。宝通科技为了在这个领域取得领先地位，积极投资并与踏歌智行合作，后者目前在矿区无人驾驶技术与解决方案领域处于领先地位。

宝通科技作为智能输送服务领域的领军企业，凭借超过十年的专注输送带、机械及工程领域的研发、设计、制备和运营经验，成功打造了一流的智能输送系统总包服务。宝通科技以物联网、大数据、区块链和人工智能等先进技术为支撑，结合丰富的工业互联网应用实例，为用户提供了高效可靠的输送系统智能技术解决方案。

宝通科技深刻理解行业变革的趋势，不拘泥于传统思维，积极进行商业模式创新，与用户紧密合作，共同开创输送服务模式的新未来。在这个过程中，物联网技术在各个环节的深度运用，使输送系统更加智能化、高效化。宝通科技还积极探索元宇宙概念的融入，将虚拟和现实世界相互交织，创造出更为丰富、立体的智能输送体验。元宇宙作为数字化、虚拟化的存在形式，为宝通科技提供了更多的可能性。

三、发展与总结

宝通科技是工业传送带领域的龙头企业，成功实现了向工业互联和元宇宙双轮驱动的转型。宝通科技在创投领域紧密围绕主营业务场景展开布局，发展势头良好，宝通科技可谓是被低估的元宇宙龙头，未来发展空间巨大。

参考文献

[1]任芳. 宝通科技鸿山基地的智能化物流系统建设[J]. 物流技术与应用，2021，26(12)：116-119.

[2]宝通科技碳中和输送带正式下线[J]. 橡胶科技，2022，20(8)：399.

三、扶摇直上：创造持续价值

1. 物联网企业如何参与建设元宇宙？

元宇宙是充满前景的数字生态系统，其关键特征在于大规模协作和自组织经济体的涌现。物联网企业可以积极参与元宇宙的建设，前提是以元宇宙的理念为指导，构建适应新时代的系统和网络。物联网企业应该如何制定参与建设元宇宙的策略？

（1）理解元宇宙的核心概念。

物联网企业首先需要深入了解元宇宙的核心概念，包括虚拟现实、增强现实、区块链技术、分布式网络、数字身份、智能合同等，这些概念构成了元宇宙的基础。

（2）创造数字身份。

在元宇宙中，数字身份是关键，每个参与者都需要具备唯一的数字身份，以便进行交互、合作和交易。物联网企业可以开发安全的数字身份解决方案，确保用户的隐私和安全。

（3）构建虚拟资产和环境。

物联网企业可以为元宇宙创建虚拟资产和环境，如虚拟土地、数字化的物理对象、智能设备等，为元宇宙的用户提供互动和体验的机会。

（4）开发应用程序和服务。

物联网企业需要开发元宇宙应用程序和服务，以满足不同用户的需求，从虚拟商店、社交平台、娱乐体验、教育工具等方面入手，为元宇宙的多样性和丰富性作出贡献。

（5）参与元宇宙生态系统。

物联网企业应积极参与元宇宙的生态系统，与其他企业、开发者和用户建立合作关系，共同推动元宇宙的发展，分享经验和资源，创造更多机会。

（6）探索区块链技术。

区块链技术在元宇宙中具有关键作用，用于确保数据安全、智能合同执行和虚拟资产的所有权追踪。物联网企业可以研究和应用区块链技术，以加强元宇宙的可信度和透明度。

2. 物联网企业如何在元宇宙时代创造效益？

在元宇宙时代，物联网企业有机会创造巨大的效益，但要理解网络效应和价值是如何确定的。网络效应是指随着用户数量的增长，网络的价值随之增加。关于网络效应的定律有三个，分别是美国广播通信业之父大卫·萨尔诺夫（David Sarnoff）提出的萨尔诺夫定律、以太网标准发明者罗伯特·梅特卡夫（Robert Metcalfe）提出的梅特卡夫定律、美国计算机科学家大卫·里德（David Patrick Reed）提出的里德定律。

萨尔诺夫定律表明，网络的价值随着用户数量呈几何级数增长。这意味着伴随更多的用户加入元宇宙，其整体价值将呈指数级增长。这一定律强调了网络规模的重要性，因此，吸引了更多的用户参与元宇宙，这可以极大地提高其潜在价值。

梅特卡夫定律声称，网络的价值等于网络用户数量的平方。这一定律表明，随着用户数量的增加，网络的价值增长速度会减缓。然而，在元宇宙中，由于每个用户都可以是创造者和参与者，这一定律可能会被打破。因为用户的创造力和贡献不仅取决于数量，还取决于其在元宇宙中的活动和互动。

里德定律认为，前两个定律低估了网络的价值，尤其是那些易于形成子集的网络。这意味着元宇宙中的网络价值可能会远远超过梅特卡夫定律所预测的。这是因为元宇宙不仅是一个大规模的用户网络，还是一个庞大的生态系统，每个节点都可以贡献创造性的价值。

在元宇宙时代，一个显著的变化就是用户被造物者所取代。每个个体在元宇宙中不仅是内容的创造者，同时还是使用者，因此导致网络效应和价值被重新定义（马红丽，2022）。

在这个新的环境下，网络的价值将更多地依赖个体的创造能力和互动能力。元宇宙中的每个节点均可以贡献独特的虚拟资产、应用程序、服务和体验。网络的价值增长可能不再遵循传统的定律，而是由网络中的创新和互动所推动。

在这个新的数字生态系统中，创造和共享价值的方式正在发生根本性变化。物联网企业需要积极适应这一变化，不断寻求创新和合作，以实现在元宇宙中的长期可持续性和成功。同时，逐步推进元宇宙的建设，把握未来数字经济的发展机遇。

四、坚如磐石：提高安全保障

元宇宙备受瞩目的主要原因在于技术的显著推动。新一代信息技术，如 5G、物联网和智能人工智能，为元宇宙概念的崭露头角提供了坚实的基础。物联网和 5G 技术以惊人的速度发展，已经在工业制造、金融服务、在线医疗等领域得到广泛运用。

1. 元宇宙的网络安全问题

元宇宙符合新一代信息技术的演进规律和发展趋势。未来，那些着眼于元宇宙战略布局的互联网企业将专注新一代信息技术的基础理论和技术，努力突破人机交互技术的界限，实现各大企业平台之间的互联互通。

然而，尽管现在资本市场对元宇宙的关注如此之高，但它也可能在一瞬间面临巨大的崩塌风险，导致资本投入毁于一旦。这一风险的原因在于元宇宙将面临严峻的网络安全问题。元宇宙与其他技术不同，因为它将各种技术融为一体。尽管技术使元宇宙变得更加引人入胜，但同时也存在大量的漏洞，从而引发了更多的网络安全问题，给黑客提供了更多的攻击机会(郑丽、何洪流，2023)。

元宇宙依赖 VR、AR、XR、云计算、物联网、5G、Wi-Fi 等领域的技术，这些技术的安全性、内容和攻击成本各不相同。

物联网的网络安全问题同样会对元宇宙产生影响。虽然物联网被誉为继计算机和互联网之后的世界信息产业第三次浪潮，但在其快速发展的背后，安全威胁也逐渐浮现。物联网的通信方式主要依赖无线通信，并广泛使用电子标签和自动化设备进行数据传输。然而，受成本和性能等方面的限制，物联网中的终端设备大多属于脆弱的终端，极易受到非法侵入和破坏。这意味着用户在使用过程中，其隐私信息很有可能被攻击者获取，对用户造成潜在的安全威胁。

随着 5G 技术的不断发展，网络正在迎来一场巨大的革命。未来的网络将转向原生云和分布式体系结构，网络管理和运营也将实现高度自动化，以应对大规模和多样化设备的需求。此次变革还将深刻地改变网络安全格局，尤其是随着 5G 的支持，自动驾驶、远程手术和智能化工厂等应用成为可能。在全面互联的世界中，网络攻击不再只是简单地断开连接，而是可能导致基础系统，如交通、制造和公共安全等陷入瘫痪。这就是 5G 时代带来的网络攻击挑战，而这一挑战可能会延伸到未来的元宇宙（韩金朋等，2022）。

2. 打造坚如磐石的安全保障

打造元宇宙世界，不仅要建立互联互通的平台，还要切实解决网络安全攻击问题，特别是在元宇宙与物联网融合的背景下。元宇宙已经站在了未来发展的风口，而网络安全问题可能成为发展的一大阻碍。为了避免这一安全风险，需要采取以下安全保障措施。

（1）建立强大的身份验证和访问控制系统。

元宇宙将汇聚大量的用户和设备，因此必须确保只有合法用户才能访问和参与其中的活动。强制使用多因素身份验证，如指纹识别、面部识别或生物识别技术，可以有效地减少未经授权的访问。

（2）加强数据加密和隐私保护。

元宇宙中将涉及大量敏感信息，包括用户的个人资料和虚拟资产。数据应该在传输和存储过程中进行端到端加密，并严格监控数据访问和使用，以保护用户的隐私权。

（3）实施智能安全监控系统。

利用人工智能和机器学习技术，可以实时监测元宇宙的网络流量和活动，以检测异常行为和潜在的威胁，方便及时采取行动应对潜在的网络攻击。

（4）建立全球合作和标准。

网络安全是一个全球性问题，因此元宇宙的安全解决方案需要跨越国界的合作。制定共同的标准和协议，促进各国合作，可以加强整个元宇宙网络的安全性。

总之，无论元宇宙能否成为现实，各大互联网企业目前均已着手制定元宇宙的战略规划，这无疑标志着元宇宙已站在未来发展的前沿。因此，网络安全将不可避免地成为未来发展的焦点。只有在网络安全得到充分保障的前提下，元宇宙才能成为真正的互联互通且安全的数字世界，为人类社会的发展带来无限可能。

第四节　工业互联：连接智慧制造的纽带

一、跨时空协同：重塑生产管理方式

1. 工业互联的创新价值点

（1）以工业互联为代表的技术创新是制造业的必然选择。

近年来，行业的发展情况深刻地提醒了制造企业，特别是工业互联网、云计算、人工智能、5G等新技术代表的新型基础设施对企业复工和复产至关重要。一些企业开始积极探索远程办公和非现场管理，同时也在寻求突破时间和空间的限制，以实现协同生产和智能调度。

短期内，这些措施虽然主要是应对突发情况而采取的紧急措施，但从长远发展的角度来看，这些企业似乎已经找到了适应外部快速变化的可持续方法。借助这些新技术，不仅有助于企业的灵活应对，同时也成为满足未来可持续发展需求的核心能力。

（2）工业互联将工业知识、工业数据和人工智能深度融合，以机制为核心。

工业知识是企业提升质量、降低成本和提高效率的关键，是通过大量的工业软件和个人经验传承而来的。工业领域已经历了蒸汽机、电气化和自动化时代的发展，建立了庞大而复杂的系统，不同行业积累了大量的工业知识。然而，以经验和机制为基础的传统工业知识已经无法满足现代制造业日益复杂的高端制造、高质量标准、可持续性发展的需求。随着计算能力的提升和人工智能算法的突破，人工智能已经在不同行业产生显著影响。这是因为工业数据和知识与人工智能的深度融合，解决了传统机制无法解决的问题。机制可以解决定性问题，而数据和人工智能可以解决定量问题。通过二者的深度融合，为企业创造更大的价值。

因此，在智能时代，工业将经历新的升级，其核心在于将工业知识、工业数据和 IT 技术（以人工智能为代表）深度融合，重构生态系统，这正是工业互联的本质。

2. 工业互联的跨时空协同

工业互联结合人工智能和 5G 技术，提高生产和服务数字化与智能化水平。同时，以工业互联为工业智能领域的引领，为企业提供全面的工业解决方案，帮助提升企业的核心业务流程的质量和效率。深刻理解三个核心业务流程是业界产业数字化和智能化升级成功的最佳印证。

（1）以产品加工为核心的生产制造流。

这是工业企业最关键的环节，大量数据在此产生，包括设备数量、各种传感器数据以及应用系统数据。所有应用数据，包括来自外部用户和合作商的数据，也需要在这一环节汇总。工业企业非常重视通过微小的优化提升企业价值，尤其是在生产制造流程中，微小的模型优化和效率提升都能为企业创造巨大的价值。在当前工艺优化已经达到极限的情况下，引入适用于工业场景的 AI，可以帮助企业进行生产执行、决策、预测和优化，这是企业未来发展的关键路径。

（2）以产品流通为中心的价值创造流。

在价值创造的过程中，供应链结构是复杂、跨领域、动态且全球化的。通过工业互联技术，工业企业能够整合全供应链信息并实时分享，实现对物流状态的实时监测和预警，提高内部生产调度和资源分配效率，同时增加了对定制产品的灵活性。

（3）以产品为中心的产品全生命周期流。

以产品为中心的产品全生命周期流包括研发、设计、仿真和上市等阶段，特别适用于中小企业，它们对成本较为敏感。通过平台技术，可以实现不同厂商和工艺阶段的工业软件和数据集成，从而显著地降低研发周期和成本，提升产品全生命周期管理的效率。

3. 工业互联重塑生产管理方式的趋势

在未来的 5~10 年，人工智能将渗透到生产系统，工业互联将彻底改变企业的生产管理方式。越来越多的企业已经认识到数字化转型的紧迫性和重要性。通过数字设备和数字流程，决策和优化可以变得更加敏捷，加速了不同部门和地区之间的协同工作，提高了任务执行效率，并提升了产品质量。通过深度整理上下游价值链数据，对数据进行整合和行业共享，能够更加明确地了解用户的产品需求变化（王昶等，2023）。

企业需要充分发挥其在云计算、人工智能和 5G 技术方面的优势，并赋予整个生产过程以数字化、智能化能力，保障企业进入新一轮的高质量发展阶段。

二、无缝对接：驱动供应链数字化革新

1. 驱动供应链数字化革新的关键点

结合工业互联网在推动供应链数字化革新方面的行业热点，有三个关键要点需要明确。

首先，工业互联网和供应链之间存在紧密的互动关系，它们相互交织、相互依存，难以分割。工业互联网已经广泛应用于国民经济的 40 多个大类

行业，为这些产业供应链的形成和创新发展产生积极作用。

其次，随着国际格局的不断演变和中国经济社会进入新的发展阶段，工业互联网和供应链的融合变得更为迫切，需求也更加明确，为它们之间的融合提出了新的要求，同时也带来了新的机遇和挑战。

最后，从全球可持续发展的角度来看，绿色供应链已经成为未来供应链发展的核心方向。供应链需要变得更加环保、低碳、可持续，可持续性是其发展的基石。尤其是在当前不确定的时代，供应链的韧性和安全显得尤为关键，而实现这些要求必然需要工业互联网的主导作用。

2. 供应链数字化革新的趋势

未来的供应链数字化革新必然以工业互联网为核心基础。无论是在全球范围还是特定于中国市场，供应链的数字化改革都将主要集中在以下四个趋势上。

（1）组织协同。

要将供应链提升至更高的组织协同水平，工业互联网是不可或缺的基石。未来的供应链数字化革新将以工业互联网为基础，从而提高供应链内部和外部的组织协同能力。这一趋势下，协同的可能性将变得无限，不仅可以实现企业内部的协同，还可以跨越企业界限，促进不同行业之间的组织协同合作（戴建平、骆温平，2023）。

（2）数字化。

从供应链的角度推动数字化，实质上是将先进的数字技术与现代化的生产组织方式巧妙融合。工业互联网充当了大数据、人工智能、区块链等数字技术的有机结合平台，将工业互联网与现代供应链组织方式紧密结合，这必定会推动我国供应链数字化的发展进程，有望实现供应链数字化，从而为各个产业的价值创造能力注入新动力。

（3）绿色低碳可持续发展。

绿色供应链代表着未来供应链行业的巅峰，也是最高级别的供应链形式。只有在实现绿色供应链的基础上，才能真正迈向可持续发展。绿色发展的核心特征在于全面性，它要求将绿色理念和机制贯穿整个供应链产业链，从产品设计一直到最终消费品进入回收再利用的循环过程。要达成这一目标，必须依赖工业互联网的互联互通特性，以实现这一愿景。因此，工业互联网是绿色低碳可持续供应链创新和发展不可或缺的一部分。

(4)供应链的韧性和安全。

通过工业互联网的应用，可以促进整个供应链的创新机制不断提升，从而有望解决一些关键的技术挑战。工业互联网的最重要特征之一是互联互通性，其正在推动整个供应链实现全产业链的自主可控性，这对供应链的发展至关重要。

此外，工业互联网本身提供了预测、应急和监测的体系。在整个供应链中，核心体验是共享利益和分担风险。工业互联网可以将这种风险共担的机制固定在一个供应链管理平台上，通过技术手段实现这一机制的有效运行。这对未来供应链的创新和发展，尤其是提高供应链的韧性和安全性，具有极重要的意义(林海，2021)。

通过数字化的无线连接，工业互联网使供应链变得更加灵活和可定制，进一步提升了供应链的韧性水平，为供应链的未来发展提供强大的动力。

三、融通共享：促进产业链协同创新

1. 工业互联网全面提升产业链创新效能

工业互联网利用数字技术，将行业的核心知识、基础工艺、业务流程和专业经验等内容进行数字化编码、模块化处理，并建立模型化的方式，从而促进工业领域中知识的可重复利用、共享以及重新创造价值。这一创新性的方法正在改变传统制造模式、生产组织方式以及整个产业的形态，成为企业数字化转型的关键路径和方法论。

(1)工业互联网推动产业链创新需求个性化。

工业互联网作为智能制造的新兴模式，以用户价值为核心，依赖数据推动生产。其主要具有以下两个方面的功能。

第一，充当供需的中转站。借助新一代数字技术，工业互联网能够灵敏地捕捉中间和终端的个性化、结构化和趋势性需求，并迅速作出响应，使用户能够广泛、实时地参与研发、生产和价值创造的整个过程，从而实现大规模的个性化制造。

第二，支持柔性生产。工业互联网通过重新排列、重复利用和更新系统配置，将生产系统从"刚性"向"柔性"转变，这意味着生产系统可以迅速适应市场需求的动态变化，不仅能够提高生产系统与市场需求之间的动态配置效率，还能极大地降低经济成本。

（2）工业互联网推动产业链创新价值共享化。

工业互联网的全面连接是其创新价值创造的核心特征，其背后有深刻的逻辑。

第一，促进了线上创新价值的共享。相关企业将技术、经验、知识和最佳实践固化封装为工业互联网平台的工业机制模型和工业 App，方便积累资源，构建新型研发体系。

第二，工业互联网促进了线下创新价值的共享。企业可以整合和汇聚分散的实验仪器、检测设备等线下研发资源，实现分时段和跨地远程协同，从而提高了线下研发资源的有效配置效率。

（3）工业互联网推动产业链创新更具安全韧性。

随着信息技术和操作技术的深度融合，产业技术威胁不再局限于外部网络，而是开始渗透进工业内部网络。工业互联网对产业链安全产生了重大影响，能够确保产业链的顺畅运转、加强对关键环节的控制（胡德兆，2022）。

第一，大数据技术的应用促进了上下游企业间的合作关系。通过"上云用数赋智"，企业间的摩擦会减少，资源要素能够更好地互联互通和共享，从而有效解决信息不对称和渠道不畅的问题。

第二，工业互联网的共享平台以"云+网+端"为特征，能够强化对产业链关键环节的控制。产业链的每个环节都相互关联，只有在关键环节和关键时刻确保不会出现问题，才能确保产业链的安全。通过平台赋能，整合创新资源要素，推动企业在产品研发和技术突破方面取得进展。

2. 充分利用工业互联网促进产业链现代化建设

(1)关注产业链、供应链全过程，充分利用需求端的引领作用。

第一，围绕中间和终端需求，深入挖掘市场需求，利用工业互联网的数据采集、传输、远程监控、数据分析和智能决策功能，加速全产业链和全生命周期的数字化转型。

第二，鼓励领先的下游企业充分发挥数字化转型的先发优势、资源整合优势和示范效应，带头创建产业链数字化创新联盟，引导上下游企业协同研发、共享技术和人才，促进中间产品生产企业加强数字技术创新和应用，增强创新合作的吸引力。

第三，鼓励企业不再采取分散、孤立、盲目的工业互联网部署策略，打破产业链供应链中的信息孤岛，解决瓶颈和问题，促使上下游企业共同合作、实现协同发展。

(2)加强内外工业互联网基础设施，建立以平台型企业为主导的创新生态系统。

第一，加速内外企业互联合作的发展，以大幅提高企业数字化支持水平。推动企业内部网络从单一改进向系统性互联转型，实现工业生产设备和仪器的智能化，确保工业全流程的协同运作，以及异构数据的实时交互。

第二，鼓励企业外部网络的充分利用。引导工业企业、平台提供商和标识解析节点等参与高质量外部网络，提高外部网络应用效率，确保其充分利用。推动产业链领头企业、平台企业、系统服务提供商以及高校科研机构等协同合作，促进数字化产业链转型，培养新兴的工业互联网企业。同时，发挥工业互联网产业联盟等组织的沟通协调作用，为工业互联网的高质量发展创造良好的生态环境。

(3)提高产业链的韧性和安全水平。

第一，提高工业互联网产业的自主可控能力。加大对关键技术领域的支持力度，特别是那些目前存在瓶颈的领域。可以考虑将工业互联网技术产品纳入"首台套"支持计划，以推动技术创新。同时，加速建设制造业创新中心和技术创新中心，不断突破自主可控技术和产品。

第二，推广平台和标识解析在关键产业链中的应用。建立网络化智能供应链系统，增强全产业链的开放式创新和韧性安全能力。解决中小企业在创新平台、融资、人才和供应链等方面的问题，推动产业链各个层面的融合创新。

第三，加强平台安全保护，确保全产业链的数据安全。制定一系列高质量、可度量、可应用的国家和行业标准，建立工业互联网供应链安全标准框架。要着重发展高度可信的网络，快速开发网络安全技术和相关产品，建立网络安全技术保护系统。构建重要行业供应链工业互联网管理和安全保护的"知识库"，提高基于工业互联网技术的供应链风险管理水平。

● 专栏 5-4 ●

汇川技术：工业云平台数字化创新

一、企业介绍

深圳市汇川技术股份有限公司（以下简称"汇川技术"）创立于 2003 年，专注为高端设备制造商提供服务。汇川技术重视自主知识产权的维护，并且工业自动化控制技术为核心，为用户提供个性化解决方案。一直以来，汇川技术致力于推动工业文明的发展，通过领先技术不断提供更智能、更精准、更前沿的综合产品和解决方案。

二、智造新生态

汇川技术专注工业领域的自动化、数字化和智能化，其核心技术涵盖信息层、控制层、驱动层、执行层、传感层，致力于研发、生产和销售工业自动化控制产品。在工业互联网方面，汇川技术开发了一系列物联网网关产品和全面的工业设备物联网解决方案，用于现场工业设备的联网服务、数据收集和远程调试。上述解决方案以蜂窝网络和无线局域网为主要承载网络，为工业用户提供可靠的无线数据传输通道。鉴于此，汇川技术对现场设备进行远程数据采集和控制变得轻而易举，为用户设备创造了更紧密的连接。汇川技术的全系列产品均采用了同标准的工业级设计，具有更加稳定可靠的运行性能，可广泛应用于各类工业场景。

1. 汇川工业云

汇川技术旗下的汇川工业云平台，以工业自动化和信息化技术为核心，为用户提供全面的解决方案，涵盖感知层、传输层、支撑层和应用层。通过与合作伙伴开发者的联合合作，汇川技术致力于为不同行业的工业场景打造适用的物联网产品，以提高用户所在行业的生产效率。其中，离散设备应用服务通过物联网设备精准获取实时运行数据，实现对设备的全生命周期管理，将设备从终端到合作商的全数字打通。在工厂业务应用服务方面，结合物联网设备、边缘计算服务器和工厂业务管理软件，通过物联网技术采集现场实时运行数据，实现工厂的智能生产管控，并与汇川自研或第三方的 MES、ERP 等系统进行对接。

2. IOT 物联网屏

物联网 HMI 是连接工业领域 OT 与 IT 信息关键桥梁，对工厂生产管理和设备服务水平的提升至关重要。在这一背景下，物联网 HMI 系列产品成为连接 OT 与 IT 的重要支持，为用户提供清晰透明的生产管理和及时高效的设备服务。这一系列产品支持与汇川 Uweb 平台的快速连接，用户仅需 1 分钟即可构建属于自己的物联网平台。同时，支持与第三方平台基于 MQTT 协议的快速对接，使设备连接更加灵活便捷。多种通信模式的支持，如有线和无线、广域网和局域网等接入方式，智能适配最优网络，可显著地提高网络连接覆盖率，使设备不再孤立于信息孤岛。

汇川技术的物联网 HMI 系列产品的涌现，使设备在信息处理方面不再是独立存在的单元，而是紧密地融入整个生产体系，为产业链的可持续发展注入了新的活力。因此，IOT物联网屏的问世，不仅代表着技术水平的提高，更是产业链协同创新的重要成果，使工业智能化迈出了更加坚实的步伐。

三、发展与总结

展望未来，汇川技术将持续保持敏锐的市场洞察力和创新精神，以实现更高效、更智能的工业自动化为己任。在数字化转型的时代浪潮中，汇川技术将凭借其独特的视角和丰富经验，致力于助力各行各业实现"智能改革，数字转型"，为推动中国工业自动化的全面发展做出更大的贡献。作为市场的领导者，汇川技术将继续深耕创新领域，提供先进的解决方案，以满足用户日益增长的智能化需求。

参考文献

[1]刘政鑫.汇川技术：机器人贴近场景实现智能制造[J].机器人产业，2023（3）：45-47.

[2]墨影.数自融合让汇川技术入"高端局"[J].纺织机械，2023（6）：54-55.

四、营造生态：打造工业云平台

智能制造已成为当今工业领域的焦点话题。随着工业革命4.0的兴起，传统的制造行业不得不积极转型，以实现智能化、高效化和自动化的目标。在变革过程中，必然依赖现代化技术工具，此时，工业云平台在其中扮演着至关重要的角色。

1. 工业云平台的概念

工业云平台是基于云计算和大数据技术的智能制造平台，其主要任务是对制造过程进行智能管理和优化。该平台能够实现与设备、传感器、控制器以及实际生产线的紧密连接，实现数据的采集、存储、分析和处理。通过深度数据分析和挖掘，工业云平台为企业提供全面的生产和工艺优化方案，有助于企业降低生产成本、提高产品质量和生产效率（张李伟，2020）。

2. 工业云平台的作用

工业云平台的主要使命是推动智能制造的演进，这一发展方向被普遍认为是未来工业的重要趋势。借助工业云平台，传统的生产方式能够实现数字化、网络化和智能化的转型，从而使企业更加迅速地适应市场的变化，同时提高产品质量和生产效率。

此外，工业云平台在节能减排和质量管理等方面也具有显著的优势。通过实时监测和数据分析，允许企业对设备、设施和生产过程进行持续监控，从而避免不必要的能源浪费和环境污染，有助于提升企业的环保意识和社会责任感。另外，通过实时分析和管理生产数据，企业能够及时发现和解决生产过程中的问题，提高产品的质量，进而提升市场竞争力（秦龙、陈志峰，2023）。

3. 工业云平台的应用

第一，工业云平台能够有效管理设备和设施，通过实时监测和远程维护，降低设备故障率和维修成本，并延长设备的使用寿命。

第二，工业云平台也可用于优化生产流程，从而提高生产效率和产品品质。对于传统的生产线来说，通过数字化和网络化的优化，可以实现生产过程的自动化和智能化控制，减少人为干预，提高生产效率和精准度。

4. 工业云平台的未来发展趋势

随着信息技术和工业化的飞速发展，工业云平台正迅速崭露头角，有望成为工业智能化的重要支柱之一，其应用前景和潜力广泛而深远。在当前阶段，越来越多的企业纷纷投资并深入参与到工业云平台的部署中，以加速数字化和智能化转型。在实践中，这些探索已经逐渐描绘出了工业云平台未来的发展趋势，如图5-13所示。

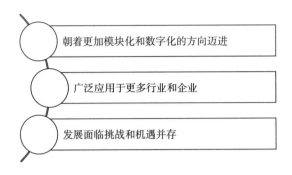

朝着更加模块化和数字化的方向迈进

广泛应用于更多行业和企业

发展面临挑战和机遇并存

图 5-13 工业云平台未来的发展趋势

第一，工业云平台将朝着更加模块化和数字化的方向迈进。随着人工智能和大数据等关键技术的持续演进和普及，工业云平台将更加趋向智能和自动化，能够根据不同企业和行业的独特需求，提供高度专业化和量身定制的服务。同时，工业云平台还将借助新一代通信技术，进一步实现对工业设备和生产过程的远程监测和控制，从而提高生产效率和安全性。

第二，工业云平台将广泛应用于更多行业和企业。目前，主要应用于制造业和物流业，未来将进一步渗透到能源、医疗和建筑等领域，为企业提供更精准、更可靠的数字化服务。另外，在国际舞台上，工业云平台将发挥日益重要的作用，推动全球制造业的升级和转型。

第三，工业云平台发展面临的挑战和机遇并存。需要明确的是，工业云平台的安全和可靠性问题亟须得到更好的保障与解决；同时，对工业云平台人才的需求也将不断增加，这对人才培养和引进提出了新的要求。然而，尽管面临挑战，工业云平台的发展仍然具有广阔的前景，将为中国制造业转型和发展注入新的活力和动力。

总之，工业云平台的前景充满了无限可能性。然而，要实现智能制造，推动中国制造业向中国"智"造业的转型升级，需要行业从业者的共同努力与支持，这是需要众多人共同参与并齐心协力的发展过程。

国联股份：打造产业互联数字化

一、企业介绍

北京国联视讯信息技术股份有限公司（以下简称"国联股份"）是国内领先的 B2B 电子商务和产业互联网平台企业。国联股份以工业电子商务为核心，并以互联网大数据为支撑，专注为相关产业提供在线商品交易、商业信息服务和数字技术服务。国联股份的使命是推动传统产业的降本增效，实现新技术（如互联网、物联网、大数据、云计算和人工智能）与传统产业的深度融合，从而创造更大的价值。

二、智能互联打造之旅

1. 成长之路

国联股份的成长之路，体现了从解决一个问题逐渐扩展到解决更多问题的过程。国联股份成立于 2002 年，借助产业互联网的浪潮，经历了从 B2B 1.0 到 B2B 2.0 的发展历程，最终完成从传统黄页业务向 B2B 电商平台的成功转型，如今正专注产业互联领域的发展。

第一阶段（2005~2013 年）：2006 年，国联股份创立了国联资源网，为各行业会员提供商机、会展、资讯和广告服务，开启了互联网 1.0 时代。国联股份为企业提供信息化服务，通过收取会员费和广告费等方式获取收入。

第二阶段（2014 年至今）：国联股份成立了多个工业品垂类电商平台，将自营业务作为核心。2014 年，国联股份创立了涂多多电商，进行了互联网 2.0 转型。2015 年，涂多多电商平台正式上线运营，主要面向涂料化工行业的 B2B 电商交易，正式进入交易服务领域，将交易业务确立为公司的核心业务。随后，国联股份陆续推出了玻多多、卫多多、纸多多、粮油多多和肥多多电商平台，覆盖了玻璃、卫生用品、工业用纸、粮油农资和肥料产业链。

随着国联股份在 B2B 电商自营交易业务上的积极发力，营业收入迅速增长。"多多"平台的正式上线大幅推动了商品交易业务的增长，也带动了整体营收的提升。在国联股份发展的过程中，物联网发挥了重要作用，为国联股份提供了新的机遇。通过物联网技术，国联股份能够更好地连接各个产业环节，实现数据的互联互通，从而提高效率和可视化管理。工业互联则使国联股份能够更深入地了解各行业的需求，为用户提供更全面的解决方案。通过对万物互联的深入探索，国联股份的规模不断扩大，为产业链上的企业带来了更多的机遇。

2. 平台攻克痛点

工业品传统供应链的问题一直以来备受关注。传统供应链通常过长而分散，这在供应和需求两端都引发了一系列问题，亟待解决。在这个背景下，"多多"平台崭露头角，其迅速发展的原因之一是成功地解决了行业的痛点，即为下游企业降低了采购成本。

（1）需求端视角。

在传统的工业品采购链中，存在合作商和合作商层层加价的问题，导致下游企业的采购成本居高不下。工业品传统采购链的主要痛点之一是流通环节过长，使终端用户不得不承受较高的采购成本。

（2）供应端视角。

复杂的中间流通层级导致了产品质量的不一致性，难以满足 B 端用户对产品质量稳定性的要求，从而影响了上游合作商的声誉。此外，冗长的供应链也使上游制造商无法迅速适应市场变化，无法及时调整生产计划。

"多多"平台主要解决了"省"的问题。其核心模式是将分散的下游用户订单集中起来，整合成大订单，然后向上游合作商订购，从而获得一定的议价权，帮助下游企业降低成本。平台采用集合采购、拼单团购和一站式采购等方式，将分散的下游订单集中到一起，直接向上游合作商集中采购。

这种做法越过了多层分销环节，减少了交易环节，也降低了下游企业的采购成本。

另外，国联股份积极开展供应链数字化革新。通过数字化技术，"多多"平台能够更好地追踪和管理订单、库存和交货，从而提高供应链的可见性和效率，不仅加速了订单处理，还有助于准确预测需求、降低库存成本。

"多多"平台的成功不仅解决了传统供应链的痛点，还通过供应链数字化革新和生产管理方式的重塑，为工业品采购领域带来了深刻的变革。国联股份帮助下游企业降低了采购成本，提高了供应链的效率和可见性，有助于合作商更好地满足市场需求，为行业带来更大的活力和竞争力。

3. 工业互联网数字生态联盟

一直以来，国联股份致力打造真正的产业互联平台，除了"多多"平台，还开展了更多的多元化服务，致力构建工业互联网数字生态联盟，以支持更为长期的增长逻辑。这一数字生态联盟的创建初衷主要包括以下三个方面：

（1）推动多多产业链上下游企业的数字化升级。

国联股份一直坚信数字化升级是未来工业发展的必然趋势。在"多多"平台的基础上，国联股份采用交易驱动的合作模式，有着大量企业的数字化升级需求和工业场景应用需求。通过与更多的服务提供商和解决方案合作伙伴联手，国联股份能够全方位、大规模地服务用户，推动数字技术服务平台的发展。

（2）建立数字化服务生态。

国联股份拥有丰富的资源，包括优质的服务商、社会资源和供应链商务关系。这些资源构成了公司的竞争优势。通过建立数字化服务生态，不同的科技企业能够相互协作，充分发挥各自的专业擅长，共同探索新的服务模式和商业模式，为企业提供一站式数字化服务。数字化服务生态将为企业提供更多选择、更灵活的解决方案，以满足不断变化的需求。

（3）打造数字生态联盟后盾，相互赋能。

数字生态联盟的创建不仅有助于推动成员单位的数字化转型，还能够为其提供更全面的解决方案和实施途径。不同企业在技术、资源、经验等方面可能存在差异，但通过联盟，可以互相补齐短板，共同成长。此外，数字生态联盟还能够帮助企业拓展各自产品的销售渠道，以及联合开发全新的场景解决方案，从而丰富成员之间的商业合作模式，不断加速工业互联网数字生态的发展，为企业创造更多商机。

三、未来的发展趋势

1. 纵向深挖+横向复制，渗透+转化双向发力

中国产业电商行业正处于蓬勃发展的阶段，呈"一超多强"的发展态势，其中阿里巴巴是领军企业，其他公司则专注于不同的细分领域。在这个激烈的竞争环境中，国联股份不断取得令人瞩目的营业收入和净利润，不仅证明了国联股份在综合类产业电商行业中的竞争实力，也显示了其持续的成长性。

就国联股份内部而言，未来的增长逻辑主要涉及两个方面，即纵向深挖和横向复制。

（1）纵向深挖。

产业纵向深挖战略将着重于提升渗透率和转化率。当前，国联股份旗下"多多"平台的用户和合作商主要源于国联资源网的会员。然而，无论是从"多多"用户数与国联资源网注册用户数的比值来看，还是从相关产业分网会员数与其对应"多多"平台的用户数、合作商数的转化率来看，目前的用户转化率仍然偏低，这意味着还有巨大的提升空间。因此，提升内部用户转化率是"多多"平台发展中的重要挑战和机遇。

（2）横向复制。

行业横向复制战略将致力于打开新的市场空间。"多多"平台的成功在很大程度上归功于国联股份成功的选品策略。从新老"多多"平台的发展现状来看，六大行业的发展规模近年来都取得了显著成绩。三大老"多多"平

台——涂多多、卫多多和玻多多自上线以来，自营电商用户数和自营电商订单数保持着快速增长。这为新的"多多"平台打开新的市场空间提供了宝贵经验和参考。因此，国联股份有望借鉴这些成功的经验，巩固自身在如何选择垂直赛道切入方面的优势，进一步推动产业横向复制战略的实施。

2."平台、科技、数据"构建产业互联

在当前宏观环境下，数字经济和实体经济的融合发展趋势越发明显。政府宏观政策明确支持企业通过数字化手段进行转型和升级，为此提供了有力支持。在这样的政策红利背景下，国联股份所在的产业领域正在迎来前所未有的发展机遇。

国联股份积极抓住这一历史机遇，将"平台、科技、数据"作为其产业互联网战略的核心要素。国联股份的发展蓝图包括从现有的 B2B 多多电商向更广泛的交易流程渗透，最终实现更全面的"产业互联"。

在平台方面，国联股份通过工业电子商务为流通环节提供了高效的交易解决方案。通过业务切入，国联股份已经开始建立起产业互联网的全面布局，为各参与方提供更加便捷和高效的交易平台。

在科技方面，国联股份着力开展交易数字化、供应链数字化以及生产数字化的三大服务体系。这些服务体系为产业链的上下游企业提供了数字化工具，使其能够更好地应对市场需求，提高生产效率，并加强供应链的可视化管理。

在数据方面，国联股份通过交易端数据、供应链大数据以及生产经营大数据的沉淀，建立了庞大的数据体系。这些数据不仅可以支持平台的更高效运营，还可以促进整个产业链的质量提升和效率变革。通过深度分析这些数据，国联股份能够更好地理解市场趋势，为用户提供更精准的服务，不断提升核心竞争力。

国联股份着眼于未来，将工业云平台作为其发展的下一个关键节点。工业云平台建设将为产业链上的企业提供更多的数字化工具和资源，进一步推动整个产业向更智能化、更高效化的方向发展。工业云平台的引入不仅会加速数字化转型，还将有助于推动实体经济与数字经济更紧密地融合。

（1）国联云。

国联股份旗下的国联云技术板块，专注为不同行业的企业提供丰富的数字化技术服务。国联云在公司内部承担着支持技术服务的重要职能，同时也向外部企业提供各类数字化工具和应用。在这个领域，国联云为企业提供多种云服务，其中包括云直播、运动会展等服务，以及一系列专业的平台解决方案，如行业 ERP、质量管理系统（QMS）等。通过这些服务，国联云帮助企业实现数字化改革和升级，为其发展注入了新的动力和活力。

（2）云工厂。

国联股份的云工厂方案，旨在推动传统企业进行数字化改造，以促进其降低成本、提高效率。云工厂模式被定义为"深度供应链+数字工厂"。

首先，深度供应链是指通过一站式采购上游原材料以及一站式销售下游产成品，为企业提供了更加高效便捷的供应链服务。采用云工厂模式不仅能够释放上游工厂的潜在产能，还能够降低下游的采购成本。目前，国联股份已经成功将云工厂模式应用到多个细分行业中，达到了显著的效果。

其次，从数字工厂的角度来看，国联股份免费为部分工厂提供数字化改造模块，包括管理数字化、质检数字化、安全监控数字化、物流数字化、生产数字化、订单排查数字化、设备管理数字化以及人员定位和高空巡检的数字化实施。传统的生产环节往往存在许多可以优化的细节，而实施生产数字化能够帮助企业更高效、更灵活地实现生产目标，提升工厂整体的运营效率。

四、发展与总结

国联股份充分利用其优势，积极开展合作，涵盖产业技术服务和行业资源共享等领域，以实现资源的协同合作和共同的发展目标。未来，国联股份将依托其产业互联网技术和数字化经济方面的专业优势，结合自身丰富的实践经验，进一步开辟更广阔的万物互联契机，致力于推动产业数字化迈向蓬勃发展。

参考文献

［1］李泽伟. 基于生命周期理论的电商平台财务战略及效果分析：以国联股份为例［J］. 全国流通经济，2023（19）：181-184.

［2］洪鸿. 国联股份再度发起产业链战"疫"行动［J］. 中国设备工程，2022（14）：2.

本章小结

本章主要讨论了物联网的相关内容。在互联网思维指引下，物联网技术的运用与普及是打造万物互联的关键。第一节主要讲述了物联网的概念与演进，从物联网的定义、发展历程、工业应用、社会生活影响展开；第二节阐述了工业互联"四新"，分别为数智新未来、优化新路径、应用新模式、生态新体系；第三节讲述了物联网与元宇宙的关系，从二者的关系、共同作用、价值创造、安全保障方面展开；第四节介绍了工业互联连接智慧制造的内容，工业互联在重塑生产管理方式、驱动供应链数字化革新、促进产业链协同创新、打造工业云平台四个方面举足轻重。

参考文献

［1］王志红，曹树金，王连喜，等．万物互联时代面向智慧数据的聚合型研究：内涵、途径及启示［J］．情报科学，2022，40（12）：28-35.

［2］黄奕．5G移动通信支撑下的物联网技术及应用［J］．产业与科技论坛，2021，20（23）：33-34.

［3］张帆，陈思宇，赵晓玲．数字经济时代的企业管理转型［J］．商展经济，2023（2）：166-168.

［4］张媛，谢寅溥，邓君．以数字文化引领企业数字化转型的策略［J］．信息系统工程，2023（6）：140-142.

［5］Guan Z. Research on the Training Mode of Informatization Leadership Based on Internet Thinking［J］．Academic Journal of Computing Information Science，2022，5（3）：65-69.

［6］闫小飞．互联网思维下企业经营管理的数字化转型［J］．企业科技与发展，2022（2）：147-149.

［7］黄津孚．智能互联时代的企业经营环境［J］．当代经理人，2020（4）：27-34.

［8］翟伊美．基于用户思维的企业精准营销策略研究［J］．现代营销（上旬刊），2022（4）：154-156.

［9］朱彧，王中珏．3V模型视角下顾客价值的迭代思维［J］．商场现代化，2021（23）：1-4.

［10］张芬芬．流量思维导向下企业电商精准营销的逻辑、困境及策略［J］．

天津中德应用技术大学学报，2023（2）：79-84.

[11]窦锋昌.从"流量"思维向"产品"思维的回归[J].青年记者，2022（12）：127.

[12]尚汤心地.运用平台思维探索为企服务新模式[J].新闻世界，2022（12）：16-19.

[13]Daniel T，Tommaso B．Landlords with no Lands：A Systematic Literature Review on Hybrid Multi-sided Platforms and Platform Thinking[J].European Journal of Innovation Management，2022，25（6）：64-96.

[14]高石宇.数字经济时代下物联网创新企业发展态势及建议[J].商展经济，2023（19）：69-72.

[15]Sudesh S，Sanket V．A Consumer-Centric Paradigm Shift in Business Environment with the Evolution of the Internet of Things：A Literature Review[J].Vision，2023，27（4）：431-442.

[16]寇军，张小红.物联网背景下供应链产品与物流服务联动发展研究[J].物流科技，2023，46（7）：104-106.

[17]张帆，胡建华.物联网下智能物流供应链管理研究[J].中国储运，2023（4）：150-151.

[18]Ayub A K，Ali A L，Peng L，et al．The Collaborative Role of Blockchain，Artificial Intelligence，and Industrial Internet of Things in Digitalization of Small and Medium-size Enterprises[J].Scientific Reports，2023，13（1）：1656-1656.

[19]李宁宁.基于人工智能时代企业人力资源管理工作模式的创新升级[J].商场现代化，2023（18）：71-73.

[20]Rita A G，Amanda M B，Saleh S，et al．Artificial Intelligence（AI）Tech Decisions：The Role of Congruity and Rejection Sensitivity[J].International Journal of Bank Marketing，2023，41（6）：1282-1307.

[21]詹远志，颜媚.稳步创新发展元宇宙　开启数字经济"下半场"[J].

通信世界，2023(18)：18-19.

[22]郭涛，陈友梅．元宇宙脱虚入实助力数字经济[J]．数字经济，2023(3)：32-35.

[23]夏佳雯．元宇宙的特征、风险及治理原则[J]．求索，2023(5)：68-73.

[24]高佳萌，吕途，国玉琳．工业互联网企业信息安全防护能力提升路径研究[J]．青岛大学学报(自然科学版)，2023(10)：1-6.

[25]薛益．工业互联网"新动能"逐渐成为产业智能化发展的"主引擎"[J]．现代工业经济和信息化，2023，13(8)：94-96.

[26]谢露莹，吴交树．工业互联网信息安全面临的挑战及防御对策研究[J]．信息与电脑(理论版)，2023，35(7)：228-230.

[27]赵志君，庄馨予．中国人工智能高质量发展：现状、问题与方略[J]．改革，2023(9)：11-20.

[28]朱梦珍，尚斌，荣爽，等．人工智能发展历程及与可靠性融合发展研究[J]．电子产品可靠性与环境试验，2023，41(4)：1-6.

[29]邓晓芒．人工智能的本质[J]．山东社会科学，2022(12)：39-46.

[30]Muneeb A，Ramatryana A N I，신수용 Deep Learning Enabled MIMO-NOMA System：A Genesis of 6G and Artificial Intelligence[J]．한국통신학회 학술대회논문집，2021(7)：259-262.

[31]刘志阳，王泽民．人工智能赋能创业：理论框架比较[J]．外国经济与管理，2020，42(12)：3-16.

[32]Eppe M，Wermter S，Hafner V V，et al. Developmental Robotics and Its Role towards Artificial General Intelligence[J]．KI - Künstliche Intelligenz，2021，35(1)：1-3.

[33]吴晓如．通用人工智能助力数字经济发展[J]．软件和集成电路，2023(9)：64-65.

[34]欧青青．我国人工智能产业发展探究[J]．投资与创业，2023，

34(13)：163-165.

[35]李志祥．人工智能体如何可能成为一部道德机器？[J]．山西大学学报(哲学社会科学版)，2023，46(4)：62-69.

[36]王会文，吴春琼．数字化转型、开放式创新与实体经济高质量发展[J]．技术经济与管理研究，2023(8)：56-61.

[37]王皓．助力企业数字化转型　护航实体经济远行[J]．现代商业银行，2023(15)：70-72.

[38]史宇鹏，曹爱家．数字经济与实体经济深度融合：趋势、挑战及对策[J]．经济学家，2023(6)：45-53.

[39]陈辉．人工智能在数字经济发展中的应用研究[J]．网络安全和信息化，2023(8)：11-14.

[40]李涛．做好人工智能与数字经济深度融合[J]．数字经济，2023(3)：54-56.

[41]刘知云．人工智能与计算智能在物联网中的应用[J]．无线互联科技，2022，19(12)：88-90，132.

[42]罗小江．数据智能：赋能企业数字化转型[J]．数字经济，2022(12)：38-42.

[43]李永发，陈舒阳，王东．人工智能企业商业模式创新的差异化路径研究：引致颠覆型还是完善型？[J]．经济与管理研究，2023，44(5)：3-20.

[44]Inés M C G，Mercedes A G，Jorge A B，et al. Business Analytics Approach to Artificial Intelligence[J]. Frontiers in Artificial Intelligence，2022(5)：974180.

[45]王仕斌．助力商业创新，打造领先实践[J]．企业管理，2023(4)：100-103.

[46]王新霞．人工智能与企业高质量发展：相关研究回顾[J]．商展经济，2022(15)：110-112.

［47］杨学聪，杨阳腾，李景，等．人工智能产业布局提速［J］．智慧中国，2023(6)：31-32.

［48］David C D B，Burton G. Expert Systems：Commercializing Artificial Intelligence［J］．IEEE Annals of the History of Computing，2022，44(1)：5-7.

［49］张世天，范博，郝春亮．人工智能安全新进展标准化研究［J］．信息技术与标准化，2023(9)：11-15.

［50］闫晓杰，孔祥栋．加快人工智能与制造业深度融合，构筑国际竞争新优势［J］．中国信息化，2023(9)：110-112.

［51］朱兰．人工智能与制造业深度融合：内涵、机理与路径［J］．农村金融研究，2023(8)：60-69.

［52］言方荣．人工智能在生物医药领域中的应用和进展［J］．中国药科大学学报，2023，54(3)：263-268.

［53］Harald K，Daniel F，Martina B，et al. AI Models and the Future of Genomic Research and Medicine：True Sons of Knowledge?：Artificial Intelligence Needs to be Integrated with Causal Conceptions in Biomedicine to Harness its Societal Benefits for the Field.［J］．BioEssays：News and Reviews in Molecular，Cellular and Developmental Biology，2021，43(10)：210-225.

［54］杨望，王诗卉，魏志恒．推进"金融+人工智能"融合发展［J］．金融博览，2023(3)：52-54.

［55］Trukhachev V I，Dzhikiya M. Development of Environmental Economy and Management in the Age of AI Based on Green Finance［J］．Frontiers in Environmental Science，2023(10)：1087034.

［56］李世瑾，戴蕴秋，顾小清．场景规划：人工智能教育实践形态的可行路径［J］．电化教育研究，2023，44(10)：40-47.

［57］刘蕾，张新亚．人工智能依赖对创造力的影响与未来教育发展路径的省思［J］．广西师范大学学报(哲学社会科学版)，2024(1)：83-91.

［58］荆林波，杨征宇．聊天机器人（ChatGPT）的溯源及展望［J］．财经

智库，2023，8(1)：5-36，135-136.

[59]秦涛，杜尚恒，常元元，等.ChatGPT 工作原理、关键技术及未来发展趋势[J].西安交通大学学报，2022(5)：1-11.

[60]匡文波，王天娇.新一代人工智能 ChatGPT 传播特点研究[J].重庆理工大学学报(社会科学)，2023，37(6)：8-16.

[61]朱永新，杨帆.ChatGPT/生成式人工智能与教育创新：机遇、挑战以及未来[J].华东师范大学学报(教育科学版)，2023，41(7)：1-14.

[62]徐光木，熊旭辉，张屹，等.ChatGPT 助推教育考试数字化转型：机遇、应用及挑战[J].中国考试，2023(5)：19-28.

[63]张夏恒.基于新一代人工智能技术(ChatGPT)的数字经济发展研究[J].长安大学学报(社会科学版)，2023，25(3)：55-64.

[64]Anna Collard. ChatGPT：What Cybersecurity Dangers Lurk behind this Impressive New Technology？[J]. M2 Presswire，2023(2)：665.

[65]张红春，陈琳，邱艳萍.信息技术革命背景下的大数据素养：概念界定及其比较[J].大数据时代，2023(1)：25-36.

[66]李栋，乔辛悦.大数据时代企业运营管理创新研究[J].市场周刊，2023，36(10)：5-8.

[67]王越悦.大数据时代医院档案管理工作的创新与发展[J].黑龙江人力资源和社会保障，2022(9)：82-84.

[68]高晓峰.大数据的保护等级划分及数据保护[J].科技创新与应用，2021，11(36)：110-113.

[69]Gema H，Sofía M，Iván V S，et al. Big Data Value Chain：Multiple Perspectives for the Built Environment[J]. Energies，2021，14(15)：46-54.

[70]伍威.大数据赋能商业模式创新的价值分析与案例研究[J].企业改革与管理，2021(8)：96-100.

[71]胡志康.大数据与社会认识论：追本溯源、领域拓展及其实践探索[J].华中科技大学学报(社会科学版)，2021，35(2)：136-140.

［72］张媛. 运营商大数据产业发展布局研究［J］. 中国新通信，2023，25（10）：37-39.

［73］Anh T C P，Stefano M，Claudio D. The Role of Design Thinking in Big Data Innovations［J］. Innovation，2022，24（2）：290-314.

［74］史学军. ChatGPT 类生成式 AI 发展及其产业冲击［J］. 国际品牌观察，2023（11）：17-21.

［75］樊博. ChatGPT 的风险初识及治理对策［J］. 学海，2023（8）：58-63.

［76］张立. ChatGPT：生成还是创作？助手还是对手？［J］. 传媒，2023（10）：21-22.

［77］詹海宝，郭梦圆. 融合与共创：ChatGPT 介入内容生产的人机关系再审视［J］. 媒体融合新观察，2023（4）：9-14.

［78］吴炜华，黄珩. 智能创作、深度融入与伦理危机：ChatGPT 在数字出版行业的应用前景新探［J］. 中国编辑，2023（6）：40-44.

［79］赵大伟. AIGC 能力本质与应用场景［J］. 企业管理，2023（9）：42-45.

［80］李白杨，白云，詹希旎，等. 人工智能生成内容（AIGC）的技术特征与形态演进［J］. 图书情报知识，2023，40（1）：66-74.

［81］杨望，王钰淇. ChatGPT 的创新发展探索［J］. 国际金融，2023（9）：61-65.

［82］熊明辉，池骁. 论生成式大语言模型应用的安全性：以 ChatGPT 为例［J］. 山东社会科学，2023（5）：79-90.

［83］李东洋，刘秦民. 论 ChatGPT 在医学领域可能带来的伦理风险与防范路径［J］. 中国医学伦理学，2023，36（10）：1067-1073，1096.

［84］马武仁，弓孟春，戴辉，等. 以 ChatGPT 为代表的大语言模型在临床医学中的应用综述［J］. 医学信息学杂志，2023，44（7）：9-17.

［85］胡思源，郭梓楠，刘嘉. 从知识学习到思维培养：ChatGPT 时代

的教育变革[J].苏州大学学报(教育科学版),2023,11(3):63-72.

[86]蒋里.AI驱动教育改革:ChatGPT/GPT的影响及展望[J].华东师范大学学报(教育科学版),2023,41(7):143-150.

[87]马文博.ChatGPT:引领零售业变革[J].中国商界,2023(3):17-19.

[88]杨小玄.ChatGPT对金融领域的影响、局限性及建议[J].黑龙江金融,2023(4):52-54.

[89]陆磊.面向数字时代的金融发展和金融治理[J].金融会计,2023(3):12-14.

[90]黄欣荣.元宇宙究竟是什么?:从哲学的观点看[J].贵州大学学报(社会科学版),2022,40(6):27-36.

[91]Riva G, Wiederhold B K. What the Metaverse is(really)and Why We Need to Know about It[J]. Cyberpsychology, Behavior, and Social Networking, 2022, 25(6):355-359.

[92]夏佳雯.元宇宙的特征、风险及治理原则[J].求索,2023(5):68-73.

[93]张明,陈胤默,路先锋,等.元宇宙:现状、特征及经济影响[J].学术研究,2023(8):84-91.

[94]崔冰,马涛,何颖.全球元宇宙产业化布局策略及启示[J].软件和集成电路,2022(7):52-54.

[95]罗有成.元宇宙的应用困境及其法律规制[J].北京航空航天大学学报(社会科学版),2023,36(4):178-185.

[96]陈林生,赵星,明文彪,等.元宇宙技术本质、演进机制与其产业发展逻辑[J].科学学研究,2023(4):1-14.

[97]冯江华.数字经济时代我国元宇宙产业的内涵特征、政策特点与发展趋势[J].新疆社科论坛,2022(5):100-106.

[98]时立荣.元宇宙空间的虚实匹配及其社会性延展[J].社会科学辑

刊，2023(1)：179-186.

[99]杨晨，祝烈煌．元宇宙安全：为虚实融合世界保驾护航[J]．信息通信技术，2022，16(6)：4-6.

[100]侯文军，卜瑶华，刘聪林．虚拟数字人：元宇宙人际交互的技术性介质[J]．传媒，2023(4)：25-27，29.

[101]彭影彤，高爽，尤可可，等．元宇宙人机融合形态与交互模型分析[J]．西安交通大学学报(社会科学版)，2023，43(2)：176-184.

[102]丁盈．数字孪生：企业元宇宙的内核与延伸[J]．数字经济，2023(6)：28-32.

[103]吴威，徐傲．数字孪生与数字化运维[J]．智能建筑电气技术，2023，17(3)：115-119.

[104]张茂元，黄芷璇．元宇宙：数字时代技术与社会的融合共生[J]．中国青年研究，2023(2)：23-30.

[105]菲利普·托尔，魏宏峰．人工智能赋能元宇宙发展[J]．张江科技评论，2022(5)：24-28.

[106]Hao Y H，Choi H W．A Study on the Virtuality and Reality of Metaverse[J]．한국콘텐츠학회 ICCC 논문집，2021(12)：211-212.

[107]吴玉雯，陈长松．场景革新、交互升级、信息迭代：元宇宙社交对移动社交的解构与重构[J]．中国传媒科技，2023(9)：84-87.

[108]简圣宇．娱乐数字化：元宇宙创构的动力、风险及前景[J]．深圳大学学报(人文社会科学版)，2022，39(3)：33-43.

[109]罗恒，钟丽萍．元宇宙赋能体育产业：应用场景、现实挑战与推进策略[J]．山东体育学院学报，2023(11)：90-97.

[110]徐超强，李碧珍．数字技术驱动体育产业数智化应用场景创新研究[J]．福建师范大学学报(自然科学版)，2023，39(4)：139-148.

[111]李嘉豪，胡雪萍．元宇宙与教育的深度共融及其现实启示[J]．牡丹江大学学报，2023，32(8)：74-82.

[112]钟正，王俊，吴砥，等．教育元宇宙的应用潜力与典型场景探析[J]．开放教育研究，2022，28(1)：17-23．

[113]叶飞．文旅元宇宙：走向数字时代的"诗和远方"[J]．传媒，2023(7)：17-18．

[114]冯学钢，程馨．文旅元宇宙：科技赋能文旅融合发展新模式[J]．旅游学刊，2022，37(10)：8-10．

[115]关乐宁，单志广．元宇宙经济的要素重构、创新变革与系统性治理[J]．电子政务，2023(10)：1-13．

[116]高尚．元宇宙视域下的经济体系[J]．数字经济，2023(8)：28-32．

[117]张元林．元宇宙与数字资产[J]．数字经济，2023(3)：14-17．

[118]袁园，杨永忠．走向元宇宙：一种新型数字经济的机理与逻辑[J]．深圳大学学报(人文社会科学版)，2022，39(1)：84-94．

[119]张宇东，张会龙．消费领域的元宇宙：研究述评与展望[J]．外国经济与管理，2023，45(8)：118-136．

[120]姚日煌，李旦，朱建东．物联网现状和发展趋势分析[J]．电子质量，2023(7)：109-114．

[121]范成功．5G时代的物联网发展与技术分析[J]．信息与电脑(理论版)，2023，35(11)：35-37．

[122]马思宇．数字经济时代　AIoT产业迎来四个转型关键期[J]．通信世界，2023(11)：24-26．

[123]沈军．数字赋能，创新驱动，以绿色发展助推产业转型升级[J]．水泥工程，2020(1)：1-6，46．

[124]邵泽华，刘彬，权亚强，等．智能制造工业物联网体系研究与分析[J]．物联网技术，2023，13(4)：140-143．

[125]郑坚，王罡．智慧城市中的大数据与物联网技术运用分析[J]．信息系统工程，2023(9)：59-62．

［126］王旭红，申志华，刘亚萍．智慧生活：物联网技术在智慧城市建设中的融合运用［J］．中国新通信，2023，25(6)：50-52.

［127］黄光灿，马莉莉．工业互联赋能制造业服务化的转型逻辑与治理实践［J］．国际商务研究，2023，44(5)：98-110.

［128］Liu J，Zhang Z，Fidelis A．The Impact of Industrial Internet on High Quality Development of the Manufacturing Industry［J］．Cogent Economics Finance，2022，10(1)：213-223.

［129］陈旭杰．面向工业数字化的绿色金融服务研究［J］．金融客，2023(3)：43-45.

［130］鲁春丛．加快工业互联网创新发展　开启数字技术与实体经济深度融合新征程［J］．服务外包，2021(12)：36-37.

［131］毛光烈．对工业互联网产业创新生态组织体系发展逻辑的思考［J］．智能制造，2022(6)：10-12.

［132］李丽，李君．加快工业互联网平台建设，推动制造业数字化转型发展［J］．中国发展观察，2022(11)：53-58，13.

［133］黄洁，夏宜君．工业互联网"平台+"生态体系发展与应用研究［J］．互联网天地，2021(8)：36-39.

［134］张金钟，阿炜，许亚萍，等．元宇宙物联网技术探秘［J］．中国安防，2022(11)：33-36.

［135］王艳群．大数据时代背景下物联网技术的应用探讨［J］．数字技术与应用，2023，41(8)：111-113.

［136］高微，陈新元，王榕国．智能物联网 AIoT 的概念及应用场景的研究［J］．信息通信技术，2023，17(3)：80-84.

［137］杜兰．人工智能助力元宇宙向实而生，突破困境［J］．数字经济，2023(3)：22-25.

［138］钱学胜．人工智能×元宇宙：始于当下，同向未来［J］．张江科技评论，2022(5)：21-23.

[139]马红丽.元宇宙是"虚"还是"实"?[J].中国信息界,2022(2):47-51.

[140]郑丽,何洪流.元宇宙领域潜在安全风险分析[J].信息安全研究,2023,9(5):490-496.

[141]韩金朋,刘忠民,吕秋云,等.元安全:基于平行安全的元宇宙安全框架[J].指挥与控制学报,2022,8(3):249-259.

[142]王昶,邓婵,何琪,等.工业互联网使用如何促进中小企业智能化转型:驱动因素与赋能机制[J].科技进步与对策,2023(3):1-11.

[143]戴建平,骆温平.制造企业供应链数字化转型的机理与路径:基于工业互联网平台多边价值共创视角[J].财会月刊,2023,44(17):137-144.

[144]林海.5G+工业互联网应用与发展探讨[J].广西通信技术,2021(2):27-32.

[145]胡德兆.从"产业集群+工业互联"切入 加快制造业数字化转型[J].中国科技产业,2022(3):30-31.

[146]张李伟.工业云平台建设及其实践路径[J].电子技术与软件工程,2020(14):183-185.

[147]秦龙,陈志峰.基于工业云平台的个性化定制技术要求标准解读[J].信息技术与标准化,2023(4):69-71,83.

[148]陶冶.蓝思科技会吃撑吗?[J].英才,2021(Z1):38-39.

[149]买佳豪.蓝思科技:中国先进制造业崛起的缩影[J].光彩,2020(10):38-41.

[150]林俊.解析NB-IoT智能水表在智慧水务中应用[J].新型工业化,2022,12(7):265-268.

[151]智能水表:市场需求稳步提升营收业绩快速增长[J].股市动态分析,2019(36):44.

[152]王俊翔.All in 不是豪赌,是有准备的全力以赴:专访蓝色光标数

字营销机构首席创意官蔡祥［J］.中国广告，2023（9）：8-12.

　　［153］李喻.蓝色光标：科学+艺术，打造创意智能方法论：专访蓝色光标智能营销助手销博特项目负责人洪磊［J］.国际品牌观察，2022（6）：26-30.

　　［154］芯原 AI-ISP 技术带来创新的图像增强体验［J］.单片机与嵌入式系统应用，2022，22（11）：96.

　　［155］张竞扬.芯原董事长戴伟民：做芯片设计平台即服务（SiPaaS）应当耐得住寂寞，经得起诱惑［J］.中国集成电路，2018，27（Z1）：13-22.

　　［156］孙彬.赢在智能［J］.印刷工业，2023（1）：44，46.

　　［157］尤大伟.凌云光：以机器视觉为抓手，助力印刷行业转型腾飞［J］.印刷杂志，2022（3）：15-17.

　　［158］同辉.爱芯元智与大华股份共筑高质量合作伙伴关系［J］.电器，2022（7）：14.

　　［159］占济舟，张格伟.区块链供应链金融模式创新与保障机制研究［J］.供应链管理，2023，4（4）：32-40.

　　［160］王思瑶.区块链技术在金融创新中的应用分析［J］.全国流通经济，2023（5）：165-168.

　　［161］王家宝，蔡业旺，云思嘉.AI 盈利困局之下旷视科技的"硬核之路"［J］.清华管理评论，2022（12）：102-109.

　　［162］杨云飞.旷视科技徐庆才：依托 AI 深耕智慧物流［J］.中国物流与采购，2021（19）：22-24.

　　［163］杀出重围：寒武纪系列人工智能芯片［J］.学习月刊，2022（8）：58.

　　［164］林梦鸽.寒武纪-U，踏上 AI 芯片先行者征途［J］.经理人，2021（4）：30-32.

　　［165］程梦瑶.对话拓尔思：做语义智能领跑者，做数字经济赋能者［J］.软件和集成电路，2022（7）：31-35.

　　［166］王丁.人工智能和大数据赋能用户数字化转型［J］.软件和集成

电路，2021（8）：88-89.

[167]潘慧.视源股份：科技引领文化教育信息化建设[J].广东科技，2021，30（6）：53-56.

[168]丁景芝.增速放缓 视源股份迫近天花板[J].英才，2020（1）：78-79.

[169]勒川.汉王科技：三十而立，再次远征[J].中关村，2023（5）：58-61.

[170]王柄根.汉王科技：ChatGPT概念股 业绩前景如何？[J].股市动态分析，2023（3）：42-43.

[171]王晓刚.通用人工智能加速自动驾驶技术变革[J].智能网联汽车，2023（3）：44-47.

[172]刘启强.商汤科技：坚持原创让AI引领人类进步[J].广东科技，2023，32（2）：24-27.

[173]许栋梁.三六零安全公司盈利模式分析[D].北京：北京交通大学，2022.

[174]孙小程.产业奇点已现积极抢占大模型发展先机[N].上海证券报，2023-06-02（006）.

[175]刘吉洪.易华录：数据湖业务持续发展[J].股市动态分析，2021（20）：44-45.

[176]周少鹏.易华录：老业务稳健新业务爆发[J].股市动态分析，2019（39）：29-30.

[177]曹翠珍，郭宏峰.互联网企业IPO评价研究：以昆仑万维为例[J].广西质量监督导报，2019（2）：85-86.

[178]关前.与志同道合的人共同创造出足以改变世界的产品：记Opera联席CEO周亚辉[J].商业文化，2021（13）：10-11.

[179]牛畅.科大讯飞AI赋能智慧教育[N].中华工商时报，2021-07-30（004）.

［180］孙妍．联手华为科大讯飞"抢跑"万亿大模型国产算力平台［N］．IT 时报，2023-10-27（6）．

［181］邓玉．百度"文心千帆"：让企业开发自己的专属大模型［J］．中关村，2023（5）：62-63．

［182］赵熠如．聚焦人工智能领域　百度文心一言"亮剑"［J］．中国商界，2023（4）：34-36．

［183］搭建文旅元宇宙创新研发平台，山东省文旅虚拟现实科技融合发展中心揭牌成立［J］．中国有线电视，2023（2）：79．

［184］刘青青，石丹．歌尔股份："果链"巨头"漂移"元宇宙［J］．商学院，2021（12）：59-61．

［185］李国庆．量身定"智"解码浪潮信息智能制造转型实践［J］．智能制造，2023（5）：6-10．

［186］孙杰贤．浪潮信息的 AI 观：算力与算法一个都不能少［J］．中国信息化，2022（8）：34-35．

［187］季生．京东方，争夺"万物皆屏"话语权［J］．经理人，2023（10）：58-61．

［188］尹西明，苏雅欣，陈泰伦，等．屏之物联：场景驱动京东方向物联网创新领军者跃迁［J］．清华管理评论，2022（11）：94-105．

［189］李凌．乘风的芒果能否再破浪［J］．经理人，2023（6）：20-30．

［190］曾德祺，胡雨竹．传媒企业战略研究［J］．中国经贸导刊，2022（6）：88-89．

［191］文烨豪．巨头"拾荒"元宇宙［J］．销售与市场（管理版），2023（11）：90-93．

［192］任日莹．虚拟现实，欢迎来到"元宇宙"世界［J］．杭州，2022（18）：14-17．

［193］徐义涵．多元化战略对游戏公司绩效的影响：以三七互娱为例［J］．中国市场，2022（10）：89-91．

［194］三七互娱：积极承担社会责任，强化游戏双重功能［J］. 中外企业文化，2021（12）：20-22.

［195］赵皎云. 海康威视：为智慧物流园区提供强有力的技术和服务支撑：访杭州海康威视数字技术股份有限公司物流行业解决方案专家卢亚鹏［J］. 物流技术与应用，2022，27（3）：126-128.

［196］王新明，唐艳. 刚柔并济　海康威视供应链数字化转型［J］. 企业管理，2021（12）：63-68.

［197］郭一格. 物联网中移动通信技术的有效运用［J］. 科技与创新，2021（20）：166-167，169.

［198］罗颖婷. 5G 安全标准化进展研究［J］. 江苏通信，2023，39（4）：130-133.

［199］徐文杉. 上市公司可持续发展能力分析：以新天科技为例［J］. 老字号品牌营销，2022（22）：172-174.

［200］刘畅，刘胜利，王雪岩. 新天科技"四表合一"助推智慧城市发展［J］. 建设科技，2017（16）：31-32.

［201］任芳. 宝通科技鸿山基地的智能化物流系统建设［J］. 物流技术与应用，2021，26（12）：116-119.

［202］宝通科技碳中和输送带正式下线［J］. 橡胶科技，2022，20（8）：399.

［203］刘政鑫. 汇川技术：机器人贴近场景实现智能制造［J］. 机器人产业，2023（3）：45-47.

［204］墨影. 数自融合让汇川技术入"高端局"［J］. 纺织机械，2023（6）：54-55.

［205］李泽伟. 基于生命周期理论的电商平台财务战略及效果分析：以国联股份为例［J］. 全国流通经济，2023（19）：181-184.

［206］洪鸿. 国联股份再度发起产业链战"疫"行动［J］. 中国设备工程，2022（14）：2.